隆起サンゴ礁島の環境史

沖縄・八重山諸島の地域コミュニティと土地制度

藤井 紘司
Fujii Koji

本書のねらい

本書は八重山諸島の隆起サンゴ礁島のモノグラフである。八重山諸島は琉球弧の南端に位置し、八重山郡の経済の中心地である石垣島をはじめ、竹富島、黒島、小浜島、新城島（上地島、下地島）、西表島、由布島、鳩間島、波照間島、日本最西端の与那国島などの有人島からなる。

石垣島や小浜島、西表島、与那国島は、山地・丘陵からなる「高い島」に、竹富島や黒島、鳩間島、新城島、波照間島は、石灰岩の台地・段丘からなる「低い島」にあたる。低い島とは隆起サンゴ礁の島である。隆起サンゴ礁のシマで暮らしを立てることは難しい。度々起こる干ばつや頻繁に来襲する台風などの不安定な気象条件、生活用水の確保などのさまざまな制約があるからである。そのうち、もっとも大きな制約的な生活条件は土地が限られていることである。ゆえに、シマ人は細心の注意を払いつつ、土地の使い方を文化的に洗練させてきた。

本書では、こうした隆起サンゴ礁のシマ固有の土地制度を軸とした暮らしを立てる方法と仕組みについてあきらかにしていく。本フィールドでは、さまざまな生活条件の変化を受けながら、地域コミュニティが地域内の土地や空間の使い方に方向性を指し示すことで、シマの暮らしは成り立ってきた。その力は、浜辺や池沼といった共有地はもとより、田畑や宅地、墓地といった私有度の高い土地に対しても及んでいる。

とはいえ、この力は恒常的に作動してきたわけではなく起伏をもってきた。また、近代的土地所有制度と観念としての私的所有権の浸透は、シマの土地制度に多大なる影響を与えてきた。ここ半世紀でいうと、私有権を根拠とした「開発」行為がその最たるものといえる。

本書は、こうした生活条件の変化のなかで、人びとが創造してきた巧妙なしかけやルールを環境史的にあきらかにしていくものである。コモンズ研究を大きなうねりとし、「小地域の自治力」〔三俣・菅・井上 二〇一〇：一九七〕に注目が集まる昨今において、隆起サンゴ礁島はとくに興味深いフィールドのひとつといえる。わが国の地域コミュニティは、不幸なことに大状況を受容する仕組みとして機能してきた過去があるが、コミュニティや地域主権を謳うこの時代だからこそ、小さなコミュニティの機能や自治力をあらためて検討しながら、人びとの創造性をどこに見てとるのかという点を明示していきたい。

隆起サンゴ礁島の環境史【目　次】

第二部　焼香

第一章　子孫の絶えた家の先祖祭祀——波照間島における預かり墓と焼香地　101

隆起サンゴ礁の環境史

沖縄・八重山諸島の
地域コミュニティと土地制度

序章

第一節　研究前史

鳥越皓之〔一九九四a：一八‐三二〕によると、コミュニティの評価や位置づけを試みてきた研究は大きくは三つの立場に分けることができる。①近代化論と②文化型論、③地域自治論である。はじめに、これらの立場を検討しつつ、本書のよって立つ考え方を提示する。

一つ目の近代化論によって立つ研究者は、沖縄の「村落共同体」の社会的発展段階をうらなってきた。たとえば、九学会連合沖縄調査（一九七一～一九七三）において、社会学班調査チームリーダーの松原治郎〔一九七六〕は、沖縄農村の特質に①一九世紀末までは、多様な自給的作目をつくっていたが、サツマイモやサトウキビ、パイナップルなどのモノカルチャー農業に変化したこと、②生産力水準が著しく低位にあること、③二〇世紀初頭以降、全国的に飛躍的に農業生産力が上昇していくなかで、生産力水準が一貫して停滞的に推移していること、④地理的・自然的条件にくわえ、政策的な放置といえる国民経済からの隔離、⑤沖縄県内の農業生産の水準や経営規模の面できわめて大きな地域格差があること、⑥農業就業人口や農家の減少率が他府県に比べてはるかに高率であることをあげている。

松原〔一九七六：五五七〕は、これら沖縄農業の生産力水準の低さと脆弱性をふまえ、前近代の沖縄社会の特徴を「アジア的共同体」としてとらえている。大塚久雄〔一九五五：七五‐七六〕にならえば、「アジア的共同体」とは、①部族あるいはその部分体である血縁集団が土地の共同占取の主体となる、②私的占取の対象はヘレディウム（宅地とその周囲の庭畑地）のみで、土地の主要部分はすべて共同体による共同占取のもとにある、といった定義になる。

また、社会学班調査チームメンバーの与那国暹〔一九七九〕は、カール・マルクスの『資本制生産に先行する諸形態』が提示する歴史理論を適用し、①共同体所有地の定期割替制や②共同体的土地所有にもとづく共同体成員の直接的な共同労働、③村落の共同体規制、④剰余労働の収奪者としての専制国家の存立などを根拠に、前近代の沖縄村落を「アジア的形態」と位置づけている。そのうえで、薩摩と琉球王府の二重支配による徹底した剰余生産物の収奪や貢納政策などが個々の共同体成員による私財の蓄積を不可能な状態とし、「ヘレディウム（宅地とその周囲の庭畑地）」や開墾地を足がかりに私的土地所有が発展していく余地を奪っていたとする。

与那国の主眼は、沖縄の「停滞性」や「発展」を阻害する要因の解明にあり、のちに博士論文『ウェーバーの社会理論と沖縄』〔一九九四〕では、沖縄の伝統的な宗教や社会のありかたが近代化を阻む障壁になってきたとしている。たとえば、旧来の黒糖生産組合（砂糖組）や伝統的諸慣行の存在が沖縄の分蜜糖工場の導入といった近代化（＝資本主義化・工業化）の進展を遅らせてきたと指摘している。また、沖縄の固有信仰や祖先崇拝的規範、そのほかの呪術・迷信も近代化の障壁をなしてきたと評し、伝統主義的エートスや生活態度、ムラなどの強固な伝統的集団の支配により、経済生活は非合理化のままに、「ゲゼルシャフト」集団の不振をもたらしていると結論づけている。

松原や与那国のこうした見方は、戦後日本の人文・社会科学の全体的運動と関係している。すなわち、敗戦後、民主化や近代化の方向へと出発した日本が「封建主義の残滓」をどう処理していくのかという大多数の学者の問題意識に由来する〔高橋 一九八六：一一五〕。とくに、日本文化ないし日本社会のひとつの典型的な性格をもつ村落について、その封建性や封建遺制を指摘することが学徒の習わしとなった。その際に用いられた尺度が歴史的発展段階論をとる「村落共同体論」であり、中田実〔一九八六：一〇〕によると、一九五〇年代後半から六〇年代にかけて展開した「村落共同体論」は、マックス・ヴェーバーやマルクスの『諸形態』の理解とその適用という側面をもって、社会科学全体で取り組むかの様相を呈していた(1)。

この潮流に多大なる影響を与えたのが大塚久雄の『共同体の基礎理論』〔一九五五〕である。大塚の共同体概念は、フェルディナント・テンニースのいうゲマインシャフト的関係そのものではなく、ゲゼルシャフト的関係を内包し（固有の二元性）、資本主義誕生と封建的な共同体の解体とを「経過的な結合」のうちにとらえるものであり〔磯辺一九八五：四四五〕、共同体所有の縮小と私的所有の拡大、共同態規制（集団的、封建的な規範、ルール）の弛緩と私的領域の自立といったプロセスのなかで共同体は崩壊し、個人の自立により近代資本主義の時代を迎えるという考えであった。こうした立場からすると、共同体は「近代市民社会を支える価値法則の未貫徹状況＝個人の自立の阻止条件」〔中田 一九八六：一〇〕となり、解体すべき対象となる。とはいえ、一九六〇年代後半になると、戦後の社会状況のなかで受け入れられてきたこれらの発展史観に陰りが出てきた。

日本の村落研究を先導してきた村落社会研究会の一九六五年度大会の「『むら』の解体」をめぐる議論は興味深い対立を見せている。近代化論者の福武直や松原が、「むら」に前近代性や封建性、非民主性といった含みを付与し、近代化や民主化を阻むものとしてとらえる一方で、宮本常一や中野卓は、近代日本の資本主義の政治過程のもとで「村人の自治的生活組織」〔中野 一九六六：二六二〕が現実に即した創造性を見せているさまに注目するようにうながしている。

しかしながら、九学会連合沖縄調査（一九七一〜一九七三）の社会学班調査チームは、発展段階論的な議論を中心に据えた。調査チームのメンバーによるところも大きいものの、沖縄を対象とする日本の人文・社会科学研究が、沖縄社会を近代化論的に後進の地域とみなしていたことも大いに影響している〔安藤 二〇一三：三〇〇〕。たとえ

図１「名護ノ地割共有地ノ跡」
田村〔1927〕より転載。田村浩は地割制が薩摩の門割制にならった徴税の仕組みとして始まったものと位置づけつつ、「周期的地割ハ團體員ノ不平等ニ對スル均等化ナリ」〔田村 1927: 478〕と言及する。

ば、沖縄研究をながらく主導してきたのは、民俗学や民族学、社会人類学であるが、柳田国男や折口信夫ら民俗学者が力を注いできた民間信仰の研究――たとえば、「本土の仏教以前ともいうべき状態」〔大藤 一九六五：一三〕といったとらえかた――や、岡正雄〔一九五八〕の種族文化複合論を筆頭に、沖縄文化の系譜を見極めようとする性格を帯びていた。これらのさまざまな学問的布置や、沖縄社会の経済的停滞性および地割制などが歴史的発展段階を推定する「村落共同体論」の呼び水となって、「アジア的生産様式」という経済様式が「アジア的停滞性」をもたらしているとする沖縄に対する日本本土の社会的想像力を強化してきたのである。

二つ目の立場として文化型論をとりあげたい。この立場によって立つ研究者は「沖縄人自身のエートノスの全体的把握や非日本的な要素の究明」〔石田 一九五〇：八七〕に関心があり、沖縄固有の文化の型を強調してきた。すなわち、沖縄では、本土に比べて地主制に類似する制度が発達せず、農地を比較的均等に配分する地割制があることなどから、「平等の権利義務を強調する価値観」〔与那国 一九七六：五七四〕があり、そうしたものが固有の社会的性格に由来するものと位置づけてきた〔図１〕。

この文化型論は、沖縄研究をながらく主導してきた民俗学や人類学の信仰生活の探求や祭祀論的世界観研究〔図２〕に影響を受けており、「文化体系をシェアする村落共同体」といったニュアンスを多分に含んでいる。こうした記述は専門書というよりは、入門書や概説書といった短文でエッセンスを伝えるものに少なくない。たとえば、日本村落研究学会編の『むらの社会を研究する——フィールドからの発想』において、佐藤康行は①「聖地を回って祈願するシマの祭祀は住民にとって、同一の世界観を共有する「空間」を形成している」こと、②「土地の総有〔地割制〕、共同労働、共同店、公民館の活動など」に特徴があり、とくに地割制が「住民が互いに相手を平等に扱う習慣」の形成につながっているとしている〔佐藤 二〇〇七：一四五 - 一四六〕。

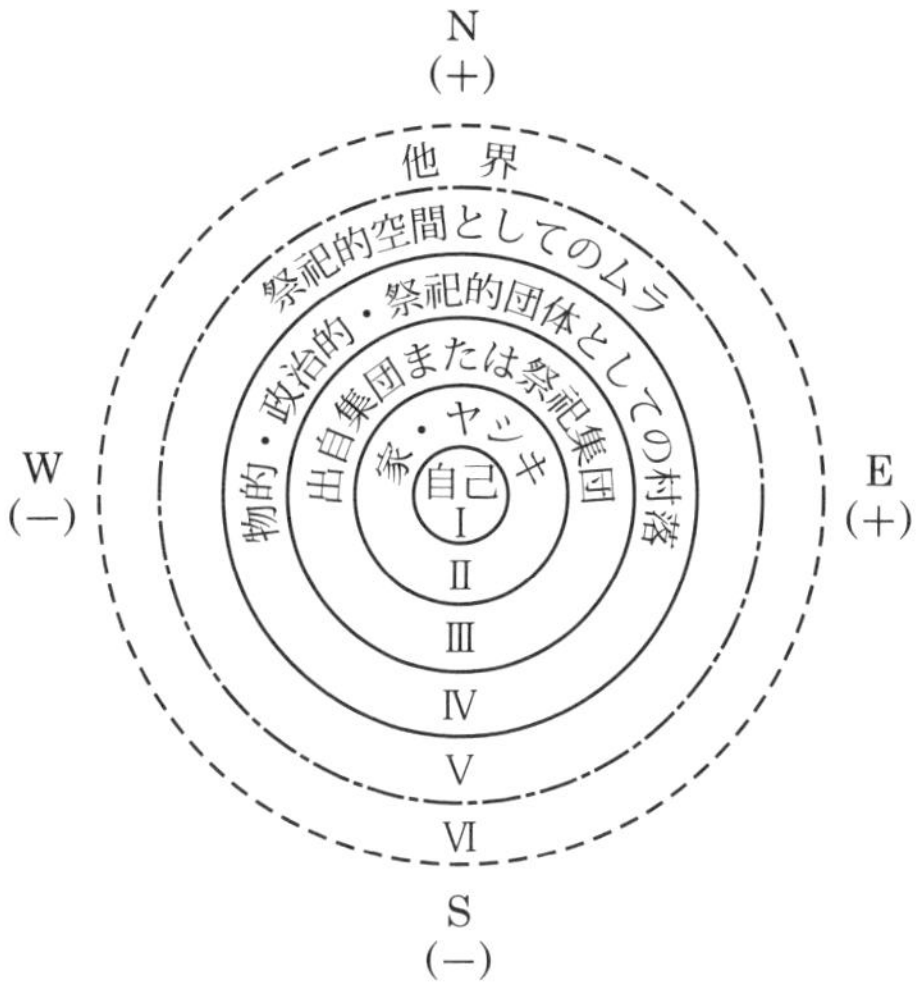

図２　象徴論的村落秩序モデル
村武〔1976: 372〕より転載。村武精一は「ひとつの物的・政治的団体としての伝統的な村落社会や町社会は、またひとつの小宇宙を構成している」〔村武 1976: 371-372〕と言及する。

厳密にいうと、沖縄の共同体の平等性については、文化型論のみならずさまざまな立場の論者が指摘してきた。それらの主張を大きく分けると、その価値観が本源的に連続してきたことを強調するものと、歴史的に形成してきた側面を強調するものと、衰退してきたことを強調するものがある。

たとえば、仲吉朝助は「地割の直接の目的は、各地人をして偏肥、偏瘠なく土地を公平に使用せしむるに在る」〔仲吉 一九二八c：七九七〕と言及し、この制度が原始共同体の慣行に由来し、「古琉球」に淵源があるととらえている。高良倉吉も「民衆生活の完結的な母体として機能する、琉球・沖縄社会の細胞に似た単位」〔高良 一九八七：一三八〕として共同体が「古琉球」から形を変えながらも存続してきたと主張している。これらの論者は、沖縄の共同体をいわば「自然村」〔鈴木榮太郎〕的なものとして位置づけ、文化の型が本源的に連続していることを強調してきた。

一方、安里進は、古琉球村落から近世琉球村落への歴史的転換を考古学的に跡付けつつ、大量の中国・東南アジアの陶磁器が大型のグスクに限らず末端の集落からも出土することから琉球社会に「原始的平等の原理」が貫徹していたと言及する〔安里 一九九八：一〇二‐一〇三〕。また、北原淳の場合は、古琉球の村落と東南アジア諸国の村落との文化的親近性（ルースな資源管理など）を示唆し、蔡温による近世の政治的改革や国家的統制の強化によって沖縄村落は「共同体的慣習」を定着させてきたとしている〔北原・安和 二〇〇一：九三〕。

以上のとおり、沖縄の共同体を語る際に、その平等性や公平性を強調するものは数多いが、本島北部の国頭郡国頭村奥集落の事例はとくに注目を集めてきた。沖縄の村落研究の古典『琉球共産村落之研究』〔田村 一九二七〕をもとに紹介しておきたい。

田村は「此ノ一部落ハ經濟上ヨリ自給自足ヲ營ムベキ自然的環境ヲ有シ村民ハ相隣共助ノ團結力強キ近世共産村落ヲ形成スルニ至レリ」〔同上：一四九‐一五〇〕とし、共同猪垣などの事例を出しつつ村落の団結力が強いことを強調する。そのうえで「奥ノ部落制度中最モ共産的施設ヲ有セルモノハ産業組合ノ實質ヲ有スル共同店ヲ中心トセル共有財産ナリ」〔同上：一五三〕と、奥共同店について詳細に報告している。

奥共同店の仕組みは以下のとおりである。奥は山間僻在の集落で交通が不便である。村人は各々一日一荷の薪木を共同店に搬入し、その対価に日用必要な雑貨を購入する。共同店は村人が伐採した薪木を一手に引き受け、奥の共有財産の共同船でもって那覇市場に販売し、帰路は日用雑貨品そのほか生活資料を搭載する。ほかの字から嫁や養子として入籍したものは加入金として金五円を納付すると、共同店の権利義務を有する。一方、他字へ転籍したものや住民同様の負担をしない出稼人は共同店に対する権利義務は自然消滅する。

特筆すべきは、共同店が飢饉の際の食料の配当や、天災や地変、病気、土地購入、学資金および出稼人の渡航費に対する貸付、学生の教化勧奨に対する手当の拠出、無料の共同浴場の設置などを担っていることである。また、酒販売に関しては、共同店において時間と升量を一定にし、夜の五時より七時まで一戸平均一日七勺と定め、最近一銭貯金として酒一合に付き一銭の強制貯金を実行しているとある。これらの実態から、田村は「住民ハ一切ノ平等権利ヲ之ガ共有財産ニ對シテ有シ相互扶助ヲ以テ一貫セルハ琉球共産村落最後ノ發展形式ト見ルベシ」〔同上：一六七〕と評している。

田村は「琉球村落共産體ハ古代ヨリ近世ニ亙リ而モ其ノ一部ガ現存セル」〔同上：九〕と記すように、一見、歴史法則主義的な書きぶりではあるが、奥共同店の仕組みを過去の遺制としてではなく、集団そのものの生きた内在的な原理としてとらえており、その際の語り口は文化型論に近いものとなっている。

また、近代化論者の与那国も「アジア的共同体の連続的継続性を示唆する」としつつも、「共同店はかくして資本主義的営利主義の攪乱から村落共同体を防衛する共同組織として設立に至ったといえるのである。この意味では共同店は資本主義経済のおとし子にほかならない。しかし共同店の出現が地割制下の村落共同体に密着した共同組織として、その伝統と理念を受け継いでいることは否定できない…（中略）…かかる共同体内部の並列的構造と共同体成員が公平を重んじ、平等の権利義務を強調する価値観とは決して無関係ではないと思われる。われわれはかかる共同体意識に根ざした社会組織を沖縄の多くの村落にみいだす」〔与那国 一九七六：五七四〕としている。

この文化型論は、沖縄の都市研究にも強い影響を与えてきた。たとえば、谷富夫は『過剰都市化社会の移動世代——沖縄生活史研究』〔一九八九〕において、沖縄県の特異な人口動態・移動の背後にある社会・文化的特性「沖縄的なるもの（＝沖縄的生活様式）」の析出を試みている。谷は「沖縄的なるもの」を、①自力主義（専門的な技能や技術、資格を獲得し、手に職をつけるあり方）、②家族主義（自己の生活をある程度犠牲にしても家族的な規範やつながりを優先するあり方）、③相互主義（家族や親族、友人、同郷、同村、同窓などの第一次集団のメンバーとの相互扶助的なかかわり方を重んじるあり方）といった三要素からなる「ゲマインシャフト的第一次集団の行動パターン」〔谷 二〇一四：七〕と定義している。

沖縄の文化型論は、地割制や共同店などのローカルな仕組みを論拠とし、相互扶助や「中間集団レベルでのネットワークや共同性」〔岸 二〇一三：三八七〕を沖縄社会を語る際の典型的なキーワードとしてきたのである(2)。

三つ目の立場は、地域自治論としてまとめることができる。ここ数十年はこの立場にグルーピングできる研究が進んできたが、その研究視角の幅はかなり広い。便宜的に四象限で表現してみると、ヨコ軸は経験的‐合理的、タテ軸は価値普遍的‐価値特殊的という分け方になる（図３）。

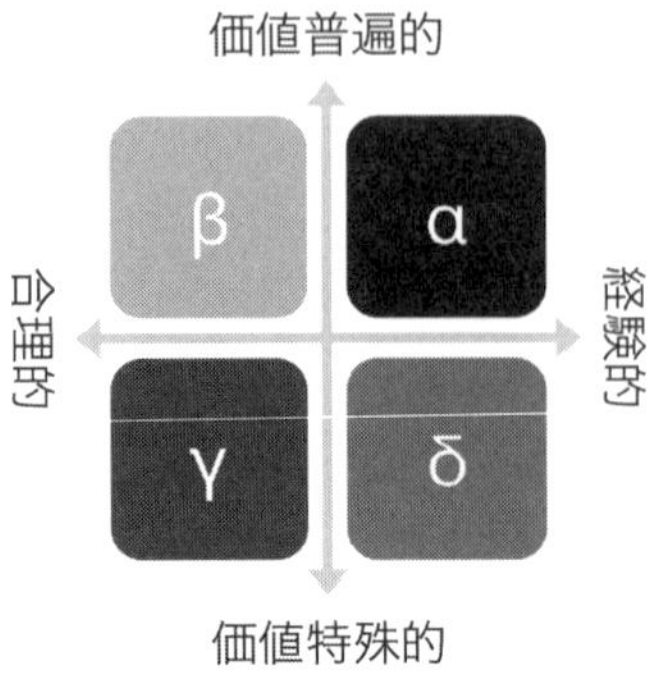

図３　地域自治論の研究視角

第一象限に分類した言説のうちもっとも魅力的なものは安里清信（あさと・せいしん／一九一三～一九八二）らによる構想である。安里は金武湾に面した与那城村（現在のうるま市）屋慶名出身の教育者で、金武湾の大規模な石油備蓄基地（Central Terminal System）建設に対し、「金武湾を守る会」を結成し、ＣＴＳ反対闘争を展開した人物である。

安里は「生存権」を自治の礎とする。安里のいう「生存権」は、沖縄人としての経験と風土に根ざしたところで概念化したものであり、したがって制定法でうたう生存権とは異なっている。端的にいうと、沖縄の海や大地に文化という根を下したウチナンチューとしての生き方を肯定するものである。花崎皋平は実存的サブシステンスの哲学と評価している〔花崎 二〇〇六〕。

ひとつの発言をとりあげたい。安里は金武湾の白イカについて以下のように発言している。

「セーグヮーがいなくなった浜磯、海藻の死滅した海でどうして白イカが生きていけるのか。白イカがとれなくなった島で、どうして人間が生きていけるか。生態系っていうのは具体的なものなんだ。人間が古来から自然と対話し、自然から学びとってきたもの、それをぬきにしては生きられない自然との具体的な関係をいうものだ。それを破壊して、人間だけで生きれる筈はないよ」〔安里 一九八一b：五六〕

安里のこのような情感の裏には「沖縄とはなにか」〔安里 一九八一a：四〕という抜き差しならない問いがある。安里は、嘉手納の農林学校を卒業後、一九三五年朝鮮に渡り教員となる。一九三八年の二度目の徴兵では、中国北部で悲惨な戦闘を経験し、一九四五年の三度目の徴兵でソウル近郊の仁川にいたときに敗戦を迎えた。安里は『新沖縄文学』において「除隊を待つ二一日、妻と子どもの自決と、残った二人の子を校長が預かっている報があった。…（中略）…小さい亀つぼに変り果てた妻子が除隊を待っていた。本田校長と二人で教育勅語を焼き払った。背に妻、胸に子、左右に戦友や中国の戦死者の十字架を背負って、生霊の如く生きて苦悩する」〔安里 一九七七：一五〕と記している。二度と教員にはならないと考えたが「先輩の先生方がみな戦死していない」ため教員生活に戻らざるをえなかった。

「捨て石」であった沖縄において民衆はどのように生き延び、戦後の混乱を生き抜いてきたのか、いったい沖縄とは何だったのかという問いを抱えつつ、その力の源泉を探ると、この土地の暮らしの根づく海や大地といった自らの生存基盤であり、「死ぬもん、そうせんと」と、畑を等分した共同体であった(3)〔金武湾を守る会 一九七八：八九 - 九〇、安里 一九八一b：一四二〕。「海と大地と共同の力で生存権を闘いとろう」という金武湾闘争のスローガンは、安里らの戦争経験や記憶からなるものであり、米軍基地も平和行政がもたらすＣＴＳもこれらの基盤を突き崩すものととらえていたのである。

「金武湾を守る会」は、裁判闘争で敗北したが、「自分たちが生きてきた根っこは海なんだ」〔安里 一九八一ｂ：一九〕というメッセージは沖縄社会のなかに伝わり、いくらかの開発行為の阻止につながっている。安里らの運動は「人類がいかに生きていくかということを、この金武湾から考えていく。そういうところから「ウチナー世」をつくっていく」〔安里 一九八一ａ：一四二〕といった具合に、自然との文化的交感に依拠した実存的な地域自治のあり方を志向している。

つぎに、第二象限に位置する経済学者の玉野井芳郎や多辺田政弘らの議論をとりあげたい。とくに地域主義[4]の主唱者であった玉野井は、安里らの主張と共振しつつも、カール・ポランニーの思想や地域経済循環を目指すエントロピー学派の知見をもとに理論的な議論を展開している。

多辺田〔二〇〇一〕がまとめた「沖縄で玉野井が見たもの」が参考になる。多辺田によると、玉野井が沖縄において注目したものは、①琉球エンポリウム、②米軍占領下の沖縄ルネッサンス、③地域通貨「Ｂ円」、④コモンズとしての海、の四点であった。

琉球エンポリウム仮説とは、地域の生活の一部となっている対内市場と、対外交易を通して物流を行う対外市場とが、発生も機能もまったく別のものであるとするポランニーの議論をふまえ、琉球王朝の大交易時代に、この二つの市場の仕組みが機能していたとするものである。市民の日常生活を支える対内市場は、共同体における再分配機能を補う役割を果たし、対外市場と分離することで日常生活の安定性を図っていたという。ここで玉野井が示そうとしていたことは、沖縄エコノミストや文化人が抱く、沖縄の中継貿易拠点化に対する幻想や外部経済依存ではなく、地域の日常生活を安定させるための「内的市場」の必要性であった。

玉野井はこうした視点から戦後沖縄の経済的自立化モデルを米軍占領下の沖縄に発見した。すなわち、一九五〇～五六年の沖縄に、味噌・醤油をはじめとした食品関係を中心に、ローカルな加工産業が勃興していること、食料や衣料からあらゆる日常生活に必要なモノとサービスの島内自給率がもっとも高まっていることから、地域経済の循環システムが成立し、同時に、三味線や泡盛、漆器などの沖縄の常民文化も復興していることに意味を見いだした。これらの経済活動を媒介したのが、一九四八年から流通した「B円」（軍票の一種類）というローカル・カレンシーであった。玉野井はこの「B円」が地域通貨として沖縄だけを還流し、地域内の投資・生産・流通・消費の流れをつくりだし、域内のあらゆる地場産業の勃興につながっていた可能性を指摘している。一九五八年、「B円」から「米ドル通貨制」へと移行し、米国や日本の経済と直接接続した結果、安価な輸入商品が流入し、地場産業や地域市場の多くが競争に敗退していく。対外市場との直結は、玉野井のいう「琉球エンポリウム」機能と対内市場の喪失をもたらしたのである。

多辺田がもっとも評価したのが、玉野井の遺稿となった「コモンズとしての海――沖縄における入浜権の根拠」と題した小論である。沖縄の海には、「浜辺からリーフに至るまでの間の独特な空間」（玉野井 一九八五：一）があり、地域住民（とくに女性を中心に）がこの空間で魚や貝などを採取し、日常の暮らしの足しにしてきた。玉野井は、この空間を「サブシステンスによって生存しようとする人たちの生活力に本来役立つ」（イヴァン・イリイチ・玉野井 一九八二：六〇）コモンズとして位置づけ、地域共同体や共同体と環境との関係性を定義するものと評価している。以上の四つが多辺田による「沖縄で玉野井が見たもの」である。

多辺田は玉野井の研究視角をふまえ、以下のとおり健全なエコロジーによって立つ「コモンズ」の意義を強調する〔多辺田 一九九〇〕。

「「自然と人間の共生」と言うとき、その人間とは、まず第一義的に、空間を共有する地域住民である。地域共同体は、自然環境と共存してきた歴史のなかで、その永続的あるいは更新的な維持・管理の方法（「共同体規制」と否定的に社会科学がよんだところの「共通の約束ごと」）をつくり出し、積み重ねてきたのである。したがって、最良の方法は、地域共同体が主体となる自治的な土地利用と自然管理（後に述べるコモンズとしての入会的資源利用と管理）に求められるべきであると考える。

環境問題を「私」（private）的部門のなかで処理する（費用・便益分析と社会的費用の内部化）か、「公」（public）的部門にゆだねる（社会的共通資本の公有管理）しかないと考えた経済学のアプローチが失敗の連続であった現在、歴史的経験をもつ「共《コモンズ》」的部門へのアプローチを模索することが重要である」〔多辺田 一九九〇：六八〕

このあたりの主張は、近代化論者らによる共同体を解体すべき対象とする主張と真っ向から対立し、一九七〇年代後半から八〇年代前半にかけて、遺制的部落論から村落の自治機能を評価する機能的部落論へと転回した農村社会学の潮流〔中田 一九八六：八〕と軌を一にする。

玉野井や多辺田の地域自治論は、環境と人間の共生システムとして環境調和的なコモンズの仕組みを機能的に評価するところに特徴があり、相互扶助的な社会関係をもった共同体を地域資源や環境の守り手としてとらえている。玉野井らの研究のオリジナリティは、経済を社会や自然のうちに位置づけたうえで地域自治を構想したところにある（図4）。ゆえに、玉野井らの地域自治論は現代文明批判やポスト近代の模索といったところに力点があり、安里らの運動の根本にある沖縄人とは何かという問いは希薄である。

つぎに、第三象限に位置する公民館研究をとりあげたい。戦後、沖縄の自治的生活組織は「公民館」や「字」と称してきた。一般的に公民館というと、社会教育法に基づき市町村が設置する公立公民館のイメージを喚起させる

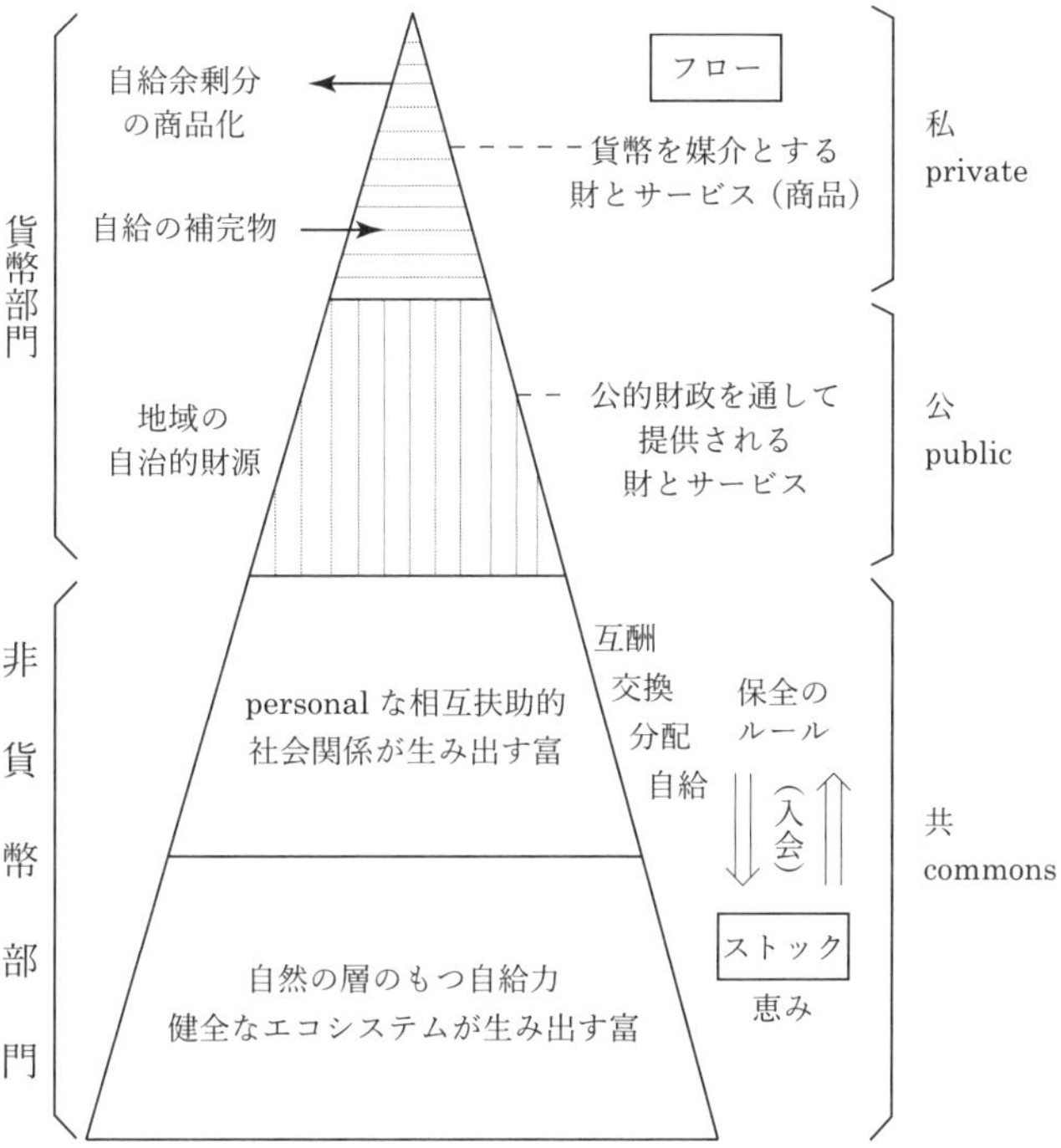

図４　多辺田による経済モデル
多辺田〔1990: 52〕より転載。

が、沖縄では集落の自治組織をさすことが多い。区別のために、公立の公民館を「中央公民館」、自治組織のほうを「自治公民館」や「字公民館」、「集落公民館」などと称している。

沖縄の自治公民館は、行政の末端としての機能を担う一方で、行政から独立した地区独自の活動や伝統芸能などの文化活動が活発なところに特徴があり〔松田二〇〇二：三六〕、伝統的な年中行事や祭りの取り仕切り、伝統芸能の継承活動、運動会などのスポーツ活動、青年団活動、教育隣組や学事奨励会などの教育に係る活動、地域史や字誌づくり、農事組合などによる共同の生産活動など、地域によってその活動の幅は大きく変わる。また、地域住民のアイデンティティを統合する役割を果たしてきたとする指摘も少なくない〔牧野二〇一八：二五五〕。

これらの自治公民館研究はおもに社会教育の分野のものであるが、沖縄の公民館研究をさらった山城千秋は「戦後沖縄の公民館の歩みと課題――公民館研究覚書（沖縄研究）」〔二〇〇六〕において、その特徴を以下のとおり抽出している。

① 沖縄の公民館は、戦後の郷土復興の拠点として位置づけられ、戦前の区事務所の伝統を継承している
② 一九五三年一一月の「公民館設置奨励について」（琉球政府中央教育委員会）は、米軍による成人学校中心のアメリカ型政策から日本本土の公民館を中心とする政策への転換となり、公民館への名称変更の契機となった
③ 日本本土の公民館制度が、奄美を媒介して琉球弧に伝播した
④ 一九五八年「社会教育法」が制定され、教育区立公民館に対する政府の補助、援助が明文化されるが、市町村教育区立の公民館は設置されず、補助金の予算も組まれることはなかった
⑤ 沖縄の公立公民館は、一九七〇年に国や琉球政府の援助を得た読谷村立中央公民館がさきがけとなる

〔山城 二〇〇六：一〇八〕

この一点目の「戦前の区事務所の伝統を継承している」ことについていくらか補足しておきたい。戦後、琉球政府の財政状況では、公立公民館を各地に建設することは不可能であった。そこで社会教育の担当者は、集落ごとに存在していた集会所に「公民館」という看板を掲げることにした。多くの集会所は、琉球王府統治下の行政区「間切り」を構成する「村」を管理してきた「村屋（ムラヤー）」をもとにしており、周囲に広場や拝所があり、もともと集落の中心であった〔上地 一九九六：四三〕。沖縄の自治公民館は、旧来の制度のうえにつくられたものといえる。琉球政府編による『沖縄県史 第二巻（各論編一）』〔一九七〇〕では、「村（字）」の行政末端機能について以下のとおり言及している。

「村（＝字）は、村民の全生活の規範として内法をもっており、戸籍の管理の一単位であり、多少の財産をもち、負債をおこすなど「法人格」をそなえているといわれ、また祭祀を執行した。このように村（＝字）は上から

の官治性にこたえるため、また村（＝字）人の結合、自治的規範を継続強化する最下級行政単位であった。…（中略）…上からの町村合併促進の過程で、村（＝字）の廃合や、他村（旧間切）への所属の移動がおこなわれ、同時に村（＝字）は、さきのとおり、法制上の地位を失うか、あるいはきわめてよわいものとされたのである。このような制度を採用した政府ではあったが、他面、村が従来までに果してきた役割り、つまり、官治の補完的役割りや、官治に適応してきた役割りを重視していた。これは、「旧慣」温存策のもとでの地方行政にあって、村（＝字）が、税徴収の場合や官通達を地方民へ周知させるさいに、きわめて大きな役割りを果たしてきていたからである」〔琉球政府編 一九七〇：四〇四〕

神田嘉延はこの記述を引用し、旧慣温存政策のもとで琉球王府時代の封建制や祭祀イデオロギーが残存し、国家総動員体制のなかでつくられた「部落会町内会等整備要領」を受容する素地が早くから確立していたことを指摘している〔神田 二〇〇〇：一二九‐一三〇〕。また、神田は「一部に字の村民の生活を規制していく内法が、「字条例」としてみられるのも、沖縄の旧慣の島・字の内法としての残存」であり、字の内法は「農民の自治的側面ではなく、年貢・税が個々の農民ではなく、村＝字に対して徴収するということで、村＝字の農民生活全体をコントロールしていくしくみのなかで、封建的な強い共同体規制の生活規範」〔神田 二〇〇〇：一三二〕として歴史的につくられたものであるとしている。

一方、公民館研究を主導してきた小林文人は、「そこでは、戦争や占領や基地等をめぐる歴史体験をもち、さらに現代的に生起するさまざまな課題を契機として、同じ地域・集落でともに生きていくために、集落の自治と文化を再生し社会協同（ユイマール）の関係を新しく蘇生させていこうとする営みが重ねられてきている。その背景にはたしかにムラの古い共同的社会組織や地域の伝統的文化・芸能に支えられるところがある。しかしそれをもって直ちに古い組織の残存とする見方は当たらない。伝統的なものを媒介としつつ、むしろ新しい協同と文化の再生、その地域的創造と挑戦、と捉えておく必要がある」〔小林 二〇〇二：一八〕としている。また、松田武雄も「自治組織と一体化した自治公民館は、権力支配の末端機関に化すおそれ、教育・学習機能の自律性への疑問という観点から批判され、軽視されてきた歴史を持っている。沖縄の字公民館もそのような問題性を孕んでいるが、伝統的な行事や芸能が字住民の求心力となって、崩れようとする地域の共同性を立て直す内発的なエネルギーが断えず生み出されている」〔松田 二〇〇二：三七〕ことを評価している。

このように公民館に対する評価は大きく二分しているが、ここでは、沖縄の公民館は「歴史的もつれあい」のうちに、行政の末端的な機能と自治的生活組織としての機能とを持ち合わせてきたことを指摘するにとどめておきたい(5)。

最後に、第四象限に位置する生活論をとりあげたい。少し俯瞰的に議論をおこしておきたい。日本語に「生活者」という言葉がある。この言葉は、日本の近代経験が編み出した日本語であり、翻訳することが難しい単語である〔苅谷 二〇一九：三三六〕。この生活者概念を検討した天野正子によると、戦後の「学者や知識人のほとんどが、一種のなだれ現象のごとく、近代主義の立場から日本人の生活を「歪んだもの」「遅れたもの」と否定的にとらえる」〔天野 一九九六：六〇〕なかで、今和次郎や思想の科学研究会、溝上泰子らは「自分自身のおかれた小状況の決定者」〔天野 一九九六：一〇二〕や「現実のなかで問いをたて、問いのなかから生活を創造する人びと」〔天野 一九九六：一一四〕のなかに主体性を見いだそうとしてきたと指摘する。苅谷剛彦は、天野の議論をふまえつつ、人びとが「自分自身のおかれた小状況の決定者」として暮らしをつくりだしていくことの積み重ね」〔苅谷 二〇一九：三四二〕のうちに日本の近代の経験をとらえなおすことを提案している。

生活をどうとらえるのかという点においてもっとも理論を鍛えてきたのは有賀喜左衛門や中野卓、鳥越皓之らの生活論である。生活論の源流は日本民俗学にあり、柳田國男の影響をつよく受けている。生活論の立場から環境問題が生じているフィールドにアプローチした鳥越は、「大なる自然の運行」においては人びとは自然に従うほかはないが、「小なる自然の運行」においては自然と人とは相互に影響を受けあう関係をもち、柳田民俗学は、常民のくふうの跡をさぐるという性向をもっているため、分析の主要な対象は後者の小なる自然に向かってきたと指摘する〔鳥越 二〇〇二：九一‐九二〕。鳥越のこの言明は柳田の環境論に絞ったものであるが、小状況のうちにある「常民のくふうの跡をさぐる」という方向性は、柳田以降の生活論が基調としているものである。

このうち柳田の学問を社会科学に整備しなおした有賀は、人びとの創造性を暮らしや生活の奥行のうちに読み取るために、いくつかの分析概念を用意し、人びとの生活組織が内外のさまざまな生活条件の変化を受け止めるためのフィルターの役割を果たしてきたことや、そのフィルターの背後にある人びとの生活意識の解明につとめてきた〔鳥越 一九八八：三八‐三九、鳥越 一九九四b：三六九〕。

本書にとって参考になるのが生活論の精緻化を図った鳥越による所有論であり、とくに、「共同占有権」を根拠づけようとした際に論拠とした研究である。すなわち、本源的所有論と総有論である。これらの議論は、私的所有権を保障する現行民法下において所有権者が処分できない土地が多いこと、その判断に村落が関与している事実から浮かび上がった仮説である。

まずは本源的所有論である。中村吉治や岩本由輝ら経済史研究者は、土地の帰属が所有権のみによってではなく、実際に耕しているものにもなにかしらの権利が生じていることを指摘した。中村は生活権や耕作権といった用語を使用し、岩本はマルクスの用語である「本源的所有」といった語彙をあてている〔鳥越 一九九七a：五三〕。研究史的には、本源的所有は、資本制以前の「村落共同体」の存在を前提とし、共同体所有のうち働きかけによって成立する権利のことを意味する。鳥越は、本源的所有とは「ある人が対象に〝働きかける〟ことによって成立する権利」〔鳥越 一九九四a：二八〕をさし、人びとは自分の生活をするために大地に働きかけをし、その土地に対する専有的な権利を獲得し、周囲もそのことを認めてきたとしている。

つぎに総有論である。農村社会学者や農業経済学者らは、農村において共有地のみならず、各家の私有する田や畑や屋敷地に対して、制限を加える力があることに気づき、このような権利の根拠を「総有」と名づけた。たとえば、農村社会学者の川本彰は「ムラの土地はムラ総有のもとにある。ムラ総有下にある土地は、単なる入会地や共有地のみではない。また、道路、用水路のみではない。資本主義社会の私的所有原則が貫徹しているかにみえる私的所有地においてもまたしかりである。ムラ全体の土地はムラ全体のもの、オレの土地もムラ人全体のオレ達の土地であった」〔川本 一九八三：二四三〕と指摘する（図5）。たとえ、一枚の田んぼが法的にその所有者のものとはいえ、みんなで整備した用水の供給や、ユイなどのかたちで共同労働の労力の提供を受けているのならば、集団的な働きかけがあってその田があることになる〔鳥越 二〇一四：五‐六〕。ゆえに、その一筆に「ムラの総有的な力」が生じるという理屈である〔川本 一九八三：三八一‐三八二〕。

川本によると、この「総有的な力」は、とくに村落の土地管理機能や土地利用秩序の維持といったところで表出する。ムラが生産や生活上の相互扶助の組織である限り、村落内の土地は社会的空間としてあり、生活組織としての「ムラ最大の機能は土地保全にある」〔川本 一九八六：一二六〕からである。むろん、全体の安定を損なわないような家々や個人の競争は許容しているとしている〔川本 一九八六：一一六〕。

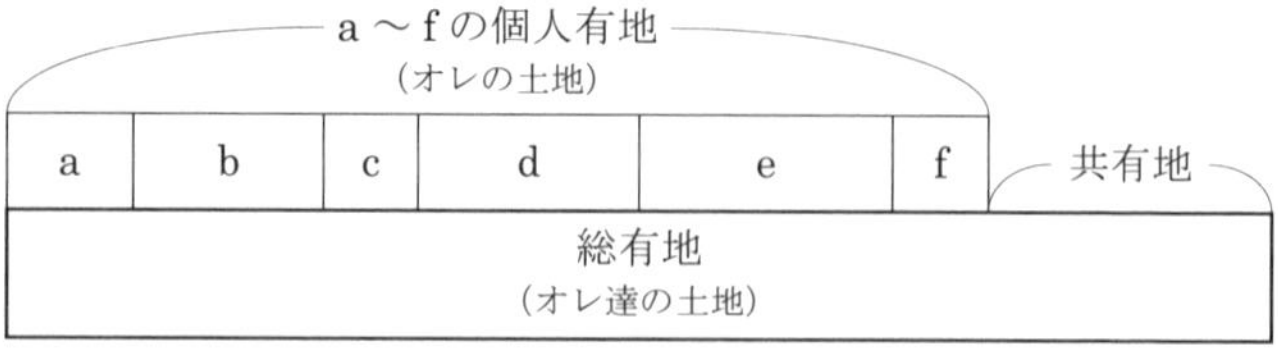

図5　総有地モデル
鳥越〔1997b: 9〕を基に作成。

鳥越はこれらの土地所有をめぐる習わしは「神聖にして侵すべからざるものである。なぜならば、それが侵害されれば、生活そのものが成り立たなくなる」〔鳥越 一九九七a：五九‐六〇〕からであるとし、働きかけることによって成立する権利として「所有の本源的性格にもとづく権利」や「共同占有権」という概念を提示している[6]〔鳥越 一九九七a〕。

この鳥越の立論の背後には、所有権より使用権が優先している実態を日常的に見聞してきた鳥越自身によるトカラ列島のフィールド経験がある〔鳥越 一九九七a：五七〕。たしかに南西諸島では、「所有の本源的性格にもとづく権利」に類似するものを数多く確認することができる。史料のなかにこうした事例を探してみると、たとえば、『琉球共産村落之研究』では、「開墾地ハ直チニ開墾者ノ所有ニ帰シ、前章ニ述ベタルガ如ク三年以上畠ヲ荒蕪ニ付シ他人之ヲ耕作スルトキハ前ノ開墾者ハ其ノ權利ヲ失スルモノトス」とあり、また、「他村人」や「寄留人」が開墾をしようとする際は、「村吏員及ビ總代即チ世持ニ協議シ其ノ承諾ヲ得ルヲ要ス、若シ總代限リ決定シ難キトキハ村民一同ト協議シ諾否ヲ決スルモノトス」と報告している〔田村 一九二七：三〇五 - 三〇六〕。

これらの一世紀ほど前の内法のみならず、戦後の公民館や字などの生活組織もシマのルールとなる「憲章」を定めてきた。竹富公民館による「竹富島憲章」（一九八六年制定、二〇一七年改定）では、「島の土地や家などを島外の者に売ったり、無秩序に貸したりしない」といった文言があり、私有地のうえにシマの規範のあみかけをしている。また、一九八八（昭和六三）年制定の「久高島土地憲章」では、「久高島の土地は、国有地などの一部を除いて、従来字久高の総有に属し、字民はこれら父祖伝来の土地について使用収益の権利を享有して現代に至っている。字はこの慣行を基本的に維持しつつ、良好な自然環境や集落景観の保持と、土地の公正かつ適切な利用、管理との両立を目指す」としている。これらの憲章はローカルな土地所有制度を軸にし、乱開発の抑止や地域生活の自治的保全を目的とした価値観を明示したものといえる(7)。

研究史をまとめたい。本章では、コミュニティの評価や位置づけを検討してきた研究を①近代化論、②文化型論、③地域自治論に分類した。

一つ目の近代化論によって立つ研究者は、九学会連合沖縄調査の社会学班調査チームの松原や与那国などをあげることができ、沖縄の「村落共同体」の社会的発展段階を位置づけてきた。とくに、共同体所有地の定期割替制である地割制などを根拠に、マルクス主義的世界像を沖縄社会にトレースし、近代化論的に後進の地域としてとらえてきた。

二つ目の文化型論の立場によって立つ研究者は「沖縄人自身のエートノスの全体的把握や非日本的な要素の究明」に関心がつよく、コミュニティが沖縄固有の文化の型を備えているとしてきた。すなわち、沖縄では、本土に比べて地主制に類似する制度が発達せず、農地を比較的均等に配分する地割制があることなどから、「平等の権利義務を強調する価値観」が沖縄社会固有の社会的性格に由来すると位置づけている。この文化型論は、沖縄研究をながらくリードしてきた民俗学や人類学の影響を受けており、「文化体系をシェアする村落共同体」といったニュアンスを多分に含んでいる。ゆえに、社会階層やコミュニティ内の差異については不問に付してきた。

三つ目の立場は地域自治論としてグルーピングできる。本章では、四象限に腑分けし検討した。

第一象限には、安里らによる実存的な地域自治論を当てた。沖縄という土地や海に文化という根を下したウチナンチューとしての生き方を標榜するもので、戦中戦後の混乱を畑を等分することで生き延びた経験から、沖縄人としての地域自治を構想するものである。沖縄人とはなにかという実存的な問いをもった立場にあるが、人類がどう生きていくのかといった普遍的な問いに接続していくような志向性をもっている。

第二象限には、玉野井や多辺田による地域主義的な地域自治論を当てた。環境と人間の共生システムとして環境調和的なコモンズの仕組みを機能的に評価するところに特徴があり、相互扶助的な社会関係をもった共同体を地域資源や環境の守り手としてとらえる。環境を軸とした俯瞰的な制度設計を志向する目的的かつ価値普遍的な性格をもっている。

第三象限には、社会教育学からのアプローチになる公民館研究を当てた。基本的にこの立場によって立つ研究者は、コミュニティが独自の文化活動や伝統芸能の継承、アイデンティティの統合といった機能を果たしていることを評価してきた。沖縄的なユイマールなどの社会協同のあり方を機能合理的に評価するという点に特徴がある。

第四象限には、経験主義をとる生活論を当てた。生活論自体も幅があり、一概にいうことは難しいが、しばしば普遍的価値観を相対化し、生活者たる人びとの暮らしのなかに創造性を感受するところにオリジナリティがある。

本書でとりあげる狭小な隆起サンゴ礁島では、その生活条件ゆえに、シマの生活組織がさまざまな巧妙なしかけやルールを創造してきた。本書は、これらの生活力の源泉を探っていくために、地域自治論に広く学びつつも、基本的にこの生活論の視角から検討していく。

第二節　八重山諸島

1　地理

沖縄県は九州から台湾に連なる琉球弧の南半分、およそ北緯二四度から二八度、東経一二二度から一三二度に位置する。距離にして東西約一〇〇〇キロメートル、南北約四〇〇キロメートルの海域に沖縄諸島や宮古群島、八重山諸島、大東諸島などが散在する。

八重山諸島は琉球弧の南端に位置し、八重山郡の経済の中心地である石垣島をはじめ、竹富島、黒島、小浜島、新城島（上地島、下地島）、西表島、由布島、鳩間島、波照間島、日本最西端の与那国島などの有人島からなる（図6）。行政区分では、石垣島は石垣市、与那国島は与那国町、その他の有人島は竹富町に属する。

太平洋探検で著名なジェームズ・クックによる島の二分法にならうと、石垣島や小浜島、西表島、与那国島は、山地・丘陵からなる「高い島」に、竹富島や黒島、鳩間島、新城島、波照間島は、石灰岩の台地・段丘からなる「低い島」に相当する（表1）〔目崎 一九八五：五四〕。亜熱帯海洋性気候に属し、平均気温は二四・三度（石垣島）と一年を通じて温暖で、年間降水量は二〇〇〇ミリを超える。貴重な野生動植物が生息・生育し、郡内に位置する石西礁湖は国内最大のサンゴ礁海域である。また、西表島には、イリオモテヤマネコやカンムリワシ、セマルハコガメなどの希少種や固有種が生息し、世界自然遺産（「奄美大島、徳之島、沖縄島北部及び西表島」）の登録を受けている。

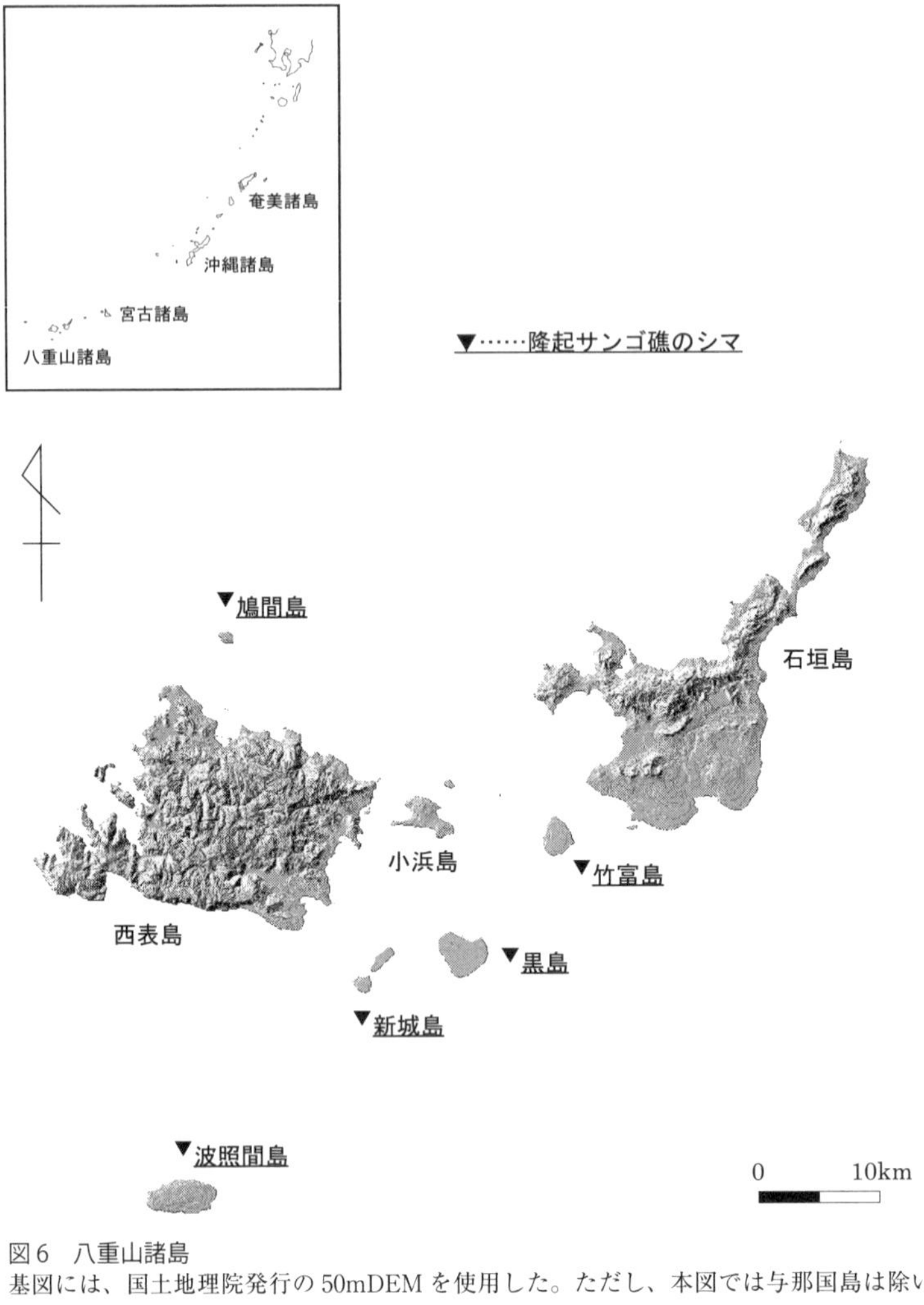

図６　八重山諸島
基図には、国土地理院発行の50mDEMを使用した。ただし、本図では与那国島は除いている。

表1　八重山諸島における島嶼別概況

		面積 (km²)	最高標高 (m)		石灰岩地質 (%)	水稲耕作	マラリア
高い島 (high land)							
石垣島		222.6	525.5	(於茂登岳)	17		
	(北部)					可	有病地
	(南部)					不可	無病地
小浜島		7.8	99.2	(大岳)	14	可	有病地
西表島		289.3	469.5	(古見岳)	7	可	有病地
与那国島		28.9	231.4	(宇良部岳)	41	可	有病地
低い島 (low land)							
竹富島		5.4	33.1		100	不可	無病地
黒島		10.0	14.0		100	不可	無病地
鳩間島		1.0	31.4		100	不可	無病地
新城島							
	(上地島)	1.8	13.0		100	不可	無病地
	(下地島)	1.6	20.4		100	不可	無病地
波照間島		12.8	59.5		100	可	無病地

島嶼面積は2008年度全国都道府県市区町村別面積調により、標高は国土地理院発行 1:25,000 地形図（2001年測図、2002年発行）により作成した。石灰岩地質の割合は、目崎（1980）を参照した。マラリアの有病地・無病地は、昭和30年代のマラリア撲滅以前の状態をさす。

2　産業と人口動態

一九二五（大正一四）年の『沖縄県統計書』によると、当時の沖縄県の総戸数一二万四三〇戸のうち、農業を本業とする戸数は八万四三〇四戸（七〇％）、水産業四二三一戸（三・五％）、鉱業二二七戸（〇・二％）、工業一万一四二七戸（九・五％）、商業六四四五戸（五・四％）、その他一万三七九六戸（一一・五％）であり、農家戸数が多数を占めていた。一九三五年前後の一戸当たりの経営面積は七反四畝であり、農家の多くは零細な経営規模であった〔戸谷 一九九五：五六〕。また、工業の内訳は、サトウキビを原料とした黒糖製造や女性による織物生産であり、家内工業を中心としていた。

戦前の沖縄の人口は約五五万～六〇万人ほどで長期に維持、年平均増加率は一％未満にとどまっていた。出生率は全国平均を下まわり、海外移民や本土出稼ぎなどの人口流出による社会減が著しいという特徴がある。本土では、地租改正により寄生地主制の進展や地主＝小作関係などの階層分化が進んだが、沖縄では、地主＝小作（ウェーキ＝シカマ）関係や村落内の貧富の差もあったが、そもそもの生産力の低位性や、移民と出稼ぎによって本土ほど地主＝小作関係が固定しなかった〔来間 一九九一：八、宮城 二〇一六：三七二〕。

一九四五（昭和二〇）年、沖縄戦により沖縄はその人口を大きく減らした。戦後、沖縄は米国の統治下に入り、高い経済成長を記録する。戦前と状況が変わり、全国一の高出生率の維持や平均寿命の伸長をみせ、人口は増加し続けている。

一方で米軍基地化が進み、本土復帰直前の一九七一（昭和四六）年時点では、所得構成比は第一次産業七・六％、第二次産業一八・一％、第三次産業七四・三％となり、農村から流出した人口の多くは、米軍基地経済や那覇都市圏のサービス業、財政資金投入の受け皿となった建設業が吸収し、農業中心の産業構造から大きく変貌した〔戸谷 一九九五：六四〕。

二〇一八（平成三〇）年の県民経済計算および国民経済計算によると、沖縄県の産業構造は、第一次産業一・三％（全国平均一・二％）、第二次産業一七・八％（全国平均二六・六％）、第三次産業八〇・九％（全国平均七二・二％）と、県のリーディング産業である観光・リゾート分野を中心とした第三次産業の比重が非常に高くなっている。また、第二次産業一七・八％のうち製造業は四・三％と全国平均（二〇・八％）の四分の一以下となっている一方で、建設業が一三・五％と全国平均（五・七％）を大きく上回っているところに特徴がある。八重山郡内に目を転じると、二〇一五（平成二七）年の産業別就業者数の内訳は、第一次産業二五六六人（一〇・三％）、第二次産業三七七〇人（一五・一％）第三次産業一万八六二二人（七四・六％）となっている〔沖縄県八重山事務所 二〇二一〕(8)。

沖縄県は、多くの海外移民や本土への出稼ぎ、那覇都市圏への人口集積（過剰都市化）、北部や離島の過疎化、高出生や長寿命などの特徴のある人口動態や人口移動をみせてきた。人口社会学的にさまざまな問題提起が可能なフィールドといえる〔若林 二〇〇九〕。そのうち、とくに八重山諸島の隆起サンゴ礁島の人口動態は激しい変化を経てきた。琉球王国時代の複数回にわたる強制移住や一七七一年の明和大津波、台湾への出稼ぎや「戦争マラリア」、そして戦後の復員および引揚者、開拓移民、半世紀以上にわたる過疎化(9)など、その人口動態は特徴のある様相を呈してきた〔cf. 高良 一九八二〕。本書では、これらの人口の増減による土地の使い方の変化やその際のコミュニティの役割などに注目することになる。

3 土地制度

沖縄県では、一八九九（明治三二）年から一九〇三（明治三六）年にわたる土地整理の執行により、近代的な土地所有権が確立した。仲地〔一九九四：一五〕によると、土地整理以前は、耕地の大部分を村落の共有地とし、定期的に割り替え・配分をする地割制⑽を布いてきた。

土地整理以前の田畑は、①百姓地（農民に分配して割替を行う）、②地頭地（地頭に給する）、③オエカ地（間切・村の役人に役俸として給する）、④ノロクモイ地（女神官ノロに給する）、⑤仕明地（開墾地で私有地であり、仕明請地ともいう）、⑥仕明知行地（士族の開墾地）、⑦請地、⑧払請地（ともに天災・疫病のため荒廃して藩庁に返納された百姓地を士族に授与したもの）の八種類に分かれていた。土地整理当時、①百姓地は沖縄本島全体の田畑の六七・一％、②地頭地一三・六％、③オエカ地七・〇％、④ノロクモイ地一・三％、⑤仕明地五・七％、⑥仕明知行地一・五％、⑦請地二・〇％、⑧払請地一・七％であった。このうち地割の対象になったのは、①百姓地や②地頭地、③オエカ地であり、とくに①百姓地がおもな対象であった〔浮田 一九七六：四二〕。

仲吉は「日本近代の地割に於ては、大部分は所謂古田中の水田を割替へ、畑を地割に供したる例は極めて少なけれども、琉球に於ては八重山島が近代水田中の「上納田」に限りしは寧ろ稀有の例にして、八重山島以外の村落は皆な田、畑、原野、山林、宅地稀には墓地を地割に供したり」〔仲吉 一九二八ａ：四五八〕と報告している。沖縄研究が、そのフィールドをおもに沖縄本島に設定してきたことから、沖縄の前近代の土地制度イコール地割制とのイメージが強い。

しかしながら、こうした旧慣制度の内容は、琉球王国の全域に共通しておらず（表2）、仲吉は、八重山では地割の対象は「上納田」に限るとしている。「家産として相続継承すべき耕地は原則として存在しなかった」とする言説も根強く流布しているが、実証的なモノグラフ研究では、各家の占有権は確認することができ〔Ouwehand 1985＝二〇〇四：一四二〕、民俗学者の竹田旦は「沖縄本島の地割制とは違い、いわゆる持地制の行われた宮古や八重山では、先祖伝来の地といった観念が発達していたようである」〔竹田 一九七六：一七二〕と報告している。本書の扱う事例の多くは、これらの研究と同じ傾向を示している。こうした社会的認知を得ている土地を明治の土地整理は法認し、私的所有の対象としたのである。

表2　地割村調べ

郡名	地割ヲ行ヒシ村	地割ヲ行ハザリシ村	合計
島尻	90	112	202
中頭	91	65	156
国頭	109	26	135
宮古	0	38	38
八重山	1	31	32
合計	291	272	563

田村〔1927: 341-342〕より転載。

甚大な戦災を被った沖縄本島では非常に多くの史料が焼失したが、竹富町の『土地台帳』が戦災を切り抜けたことは本書にとって不幸中の幸いであった。この史料を通じ、近代以降の土地所有の傾向とその変遷を把握することが可能となった。

4　「村」

図7は、字竹富の「池沼」トゥンナカーにあたる土地の情報を記した土地台帳の帳面である。土地台帳によると、「竹富村」所有であったトゥンナカーは、一九〇四（明治三七）年一〇月に、連名の個人三名へと所有権が移転している。この帳面上の所有主体たる「村」とは何かという点から、沖縄の地域コミュニティである公民館や字の位置づけについて言及しておきたい。

じつは、この「竹富村」は、自治体としての市町村とは異なり、沖縄県による旧慣温存政策のもとにあった「村」

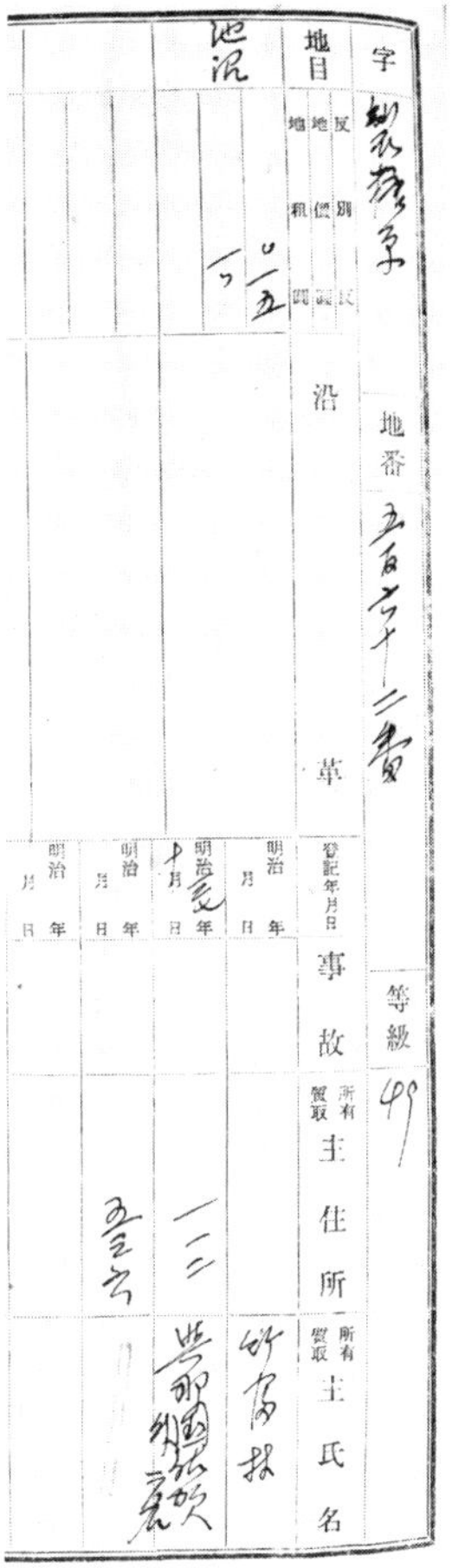

図７　土地台帳
（筆者撮影／ 2015.12.04）

のことをさしている。明治期の沖縄では、琉球王国以来の地方制度や税制を温存し、漸次本土並の制度に切り替えていった。地方制度の改正にあたり、琉球王国時代の行政区分であった「間切」とその下にあった「村」のどちらを行政区画（自治体）にするのか検討した結果、「間切」を行政機関として負担すべき義務を担うことができる規模と判断し、最下級機関として採用した。一八九九年施行の「沖縄県間切島規程」（勅令第三五二号）では、「区」や「間切」に公法上の法人格を与えている。

しかしながら、一八九九年制定の「沖縄県土地整理法」（法律第五九号）の第一三条には「間切山野、村山野、浮得地、保管地、馬場、牧場及間切役場ノ敷地等ハ其ノ区、区ノ字、間切、村又ハ其ノ権利ヲ承継シタル者ノ所有トス」とあり、山野原野などの入会地に関しては「其ノ区、区ノ字、間切、村又ハ其ノ権利ヲ承継シタル者」による所有を認めている。つまり、近代日本の法体系では、本土のムラは権利主体とはならなかったものの、沖縄では、沖縄県土地整理事業（一八九九～一九〇三）後のしばらくの間、「村」による土地の所有が可能であった。沖縄の入会林野研究を進めた中尾は、この「村」が「現在の如き法人ではなく、生活共同体というべき存在であったから、この条文は、生活共同体たる村の山野所有すなわち山野が村の入会地たることを法認したもの」〔中尾編 一九七三：二四〕と言及している。

ただ、この点の評価は難しく、中尾のように「村」を自律的生活共同体と位置づけることもできるが、琉球王国時代の末端の行政機関を発生母体とし、行政機関的色を帯びているという位置づけも可能である。さきにのべた、沖縄の公民館は「歴史的もつれあい」のうちに、行政の末端的な機能と自治的生活組織としての機能とを持ち合わせているという指摘は以上のことによる。

5　村落構造

沖縄の村落は、本土の「イエ」を構成単位とする「ムラ」とは質的に異なるところがある〔cf. 永野 二〇一八：二一〕。たとえば、沖縄本島の南部村落を対象とした北原淳〔一九九一〕は、村落の単位としての「ヤー（家）」の直系的観念は未成熟であり、無家格的・核家族的な性格を帯びていることや、門中の単位が個人である可能性を示唆している〔北原 一九九一：二四九〕。また、沖縄本島の北部村落の奥集落をフィールドとした佐渡和子は、「共同体が家族の排他的自立性の形成を抑制し、家族を単位とすることなく、直接ムラ人一人一人を掌握しようとする秩序をもってきた」〔佐渡 一九九〇：一二二〕とし、日本の村落研究が提示してきた村落類型のうち、年齢序列に基づく社会的統合を特徴とする年齢階梯制村落として位置づけている。これらの事例は沖縄本島のものである。

一方、本書のフィールドを対象とした江守五夫は「琉球八重山群島の社会組織――その概観と問題点」〔一九六三〕において、日常生活において機能する親族関係が双系的であることを指摘し、さらには、親族・非親族にかかわらず年長者に対して使用する親族呼称や、さまざまな擬制的親子関係や若者宿の慣行が「散在的に残存」していることから、「八重山群島においては、年齢階梯制は、沖縄以北の地域程に明確な形では見うけられないが、おそらくは琉球王朝の先島支配によって、かつて存在した同制度がフダ人制という人頭税組織に再編成され、ただ、いくつかの点でその残滓を今に留めている」〔江守 一九六三：七三〕と推定している。

これらの主張の再検討は本書の能力を超えるが、ヤーの家格性や固有のユニット的機能の軽視がいくらか過ぎているきらいがある。こうしたスタンスは、地割制によって各家の物質的基礎となる家産そのものが欠如しているといった仮説を前提に議論を展開していることによる。しかしながら、本書のフィールドでは、実際には先祖伝来の土地といった観念が発達してきた(11)。ゆえに、個別のヤーの自立性をおさえたうえで地域の動態を把握していく必要がある。

第三節　本書の構成

本書は、序章と三つの部、終章からなる。

第一部や第二部では、通耕地や焼香地といった特殊な土地所有・利用形態をとりあげている。とくに、第一部の事例は、人口が爆発的に増えた際の隆起サンゴ礁のシマ特有の居住戦略であり、地域コミュニティが島外の各種地目を共同で所有し利用してきたことを示す。第一部は、フィールドの生態的生活条件の記述という役割ももたせている。

つづく、第二部は、戦争や災害、移住政策、過疎といった人口減少を伴った生活条件の変化の際の対応と土地利用の事例であり、「預け預かり慣行」の分析を主としている。第二部の事例は、地域コミュニティ内において土地所有が正当性を伴う必要性があることを論じている。第一部や第二部はおもに田や畑といった耕地を記述の軸としている。

第三部では、近代以降の私的所有度が強いもしくは強まった土地に対するコミュニティによる働きかけの事例をとりあげている。具体的には、重要伝統的建造物群保存地区となった歴史的環境（宅地）や自然環境（保安林など）であり、ローカル・コモンズという枠組みでくくることができる。

本書で対象とした土地は、田や畑、宅地、墳墓地、池沼、保安林などに及び、土地台帳や地籍図を使用し、所有実態を実証的に解明する。第一部から第三部までの各章の独立性はやや高いものとなっているが、分析の軸は土地所有にあり、ローカルな生活コミュニティが暮らしを創るためにどのように土地を使用してきたのかを環境史的にあきらかにしている。

〈注〉

（1）鈴木広によると、「共同体」は「土地の共有という物質的な条件の上に成り立つ前近代的な社会関係を指すという含意が強く、またとくに歴史的由来を重視する日本の社会科学では共同体という用語を、近代以前に限って使うという暗黙の約束」〔鈴木 一九八六：一三六〕があると指摘している。

（2）谷は沖縄のゲマインシャフト的関係性が失業した人びとを有業へと救いあげていること、一方で、この網の目に外にある場合の沖縄での「生き難さ」を指摘している〔谷 一九八九：三〇二〕。近年では、この沖縄的な「中間集団レベルでのネットワークや共同性」〔岸 二〇一三：三八七〕のうちで生きる人びとのみならず、そこからこぼれ落ちる人びとの〈生〉のありように注目する研究も進展している〔野入 二〇一四、岸・打越・上原・上間 二〇二〇〕。また、野入直美〔二〇一四：四〇〕は、家庭に文化資本や社会関係資本、経済資本がある場合、「沖縄的生活様式」が充実していること、一方でこれらのネットワークや共同性にアクセスできない階層が存在していることをあきらかにしている。

（3）金武湾を守る会の平良良昭は、金武湾闘争を担った浜の住民や漁民による沖縄戦中・戦後体験の証言を「海と大地と共同の力――沖縄民衆の生存権の原像」と題してまとめている。この書類のなかに次の一文がある。「一切の国策が、もはや人々の何の救いにもならないばかりか、ただただ、「死」として人々に襲いかかる状況の中、それでも人々は生きのびてきた。沖縄戦体験を語る時、語り手たちは、必ずといってよいほど、「どうして生きのびてこられたのか不思議です。」ともらす。それでも生きのびてきた、生きのびることを可能にした「力」とは何であろうか。沖縄戦体験は、こうした視座からもう一度見直さねばならない。個々人が生き残るか、殺されるかは、ほんのわずかな偶然に左右されることでしかなかった。だが個々人の生と死を左右した偶然の要素をとり払って、人々に生き抜くことを可能ならしめた「不思議」に分け入り、その事実を自覚的なものとしてつかみとらねばならない。沖縄民衆は、その時、国家によって与えられ保証されたものではない。自前の「生存の力」を手にし、それと、しっかり結びつくことで生き抜きえたのであり、民衆自身が語る「不思議」に分け入ることは、この民衆自身の本然の生の姿と出会うことにほかならない」〔金武湾を守る会 一九七八：九七〕。

（4）玉野井は地域主義について「一定地域の住民が、その地域の風土的個性を背景に、その地域の共同体に対して一体感をもち、地域の行政的・経済的自立性と文化的独立性とを追求すること」〔玉野井 一九七七：七〕と定義している。

（5）鳥越は、地域自治会が明治初期に地方自治体から枝分かれしたことを地方自治制とひとつの地域の実態分析からあきらかにしている〔鳥越 一九九四a：二六〕。

（6）「所有の本源的性格にもとづく権利」と環境権との関係性については、以下の文章が参考になる。「環境の侵害とは、そこに住む者の（つまりその地域に働きかけをしつづけてきた者の）生活の侵害である。その侵害に対して、すでに伝統的に確立している「所有の本源的性格にもとづく権利」の侵害として主張できよう。「所有の本源的性格にもとづく権利」のうち、環境保全にかかわる側面を私は環境権とよんでいる」〔鳥越 一九九七a：六〇〕。

（7）生活論の立場から沖縄にアプローチした研究者に家中茂〔一九九六、二〇〇六、二〇〇九a、二〇〇九b〕をあげることができる。家中は、石垣島の白保集落や竹富島を対象とし、新空港建設や大型リゾートホテル開発といった生活条件の変化のなかで「金はいらない、海がいる」、「金は一代、土地は末代」といった「地元住民のあいだでの、繰り返しの生活のなかから出現する、価値づけられた感受性」〔足立 二〇〇四：五二〕をベースとした生活意識が表出し、その結果、新石垣空港建設反対闘争や町並み保存運動といった活動や、個性ある地域景観の創造や環境保全に結びついていることを評価している。

（8）『八重山郡誌』〔比嘉 一九一〇：一二‐一三〕によると、一九〇九（明治四二）年の八重山郡の輸出額は二五万一一九五円にして、輸入額は一八万七一七六円であった。その内訳を示すと、輸出品は、牛（五万五八〇円）、鰹節（四万五二九八円）、白下糖（二万四五七四円）、黒糖（一万五一七八円）、豚（一万三八九二円）、アダナシ（九八七七円）、アダン葉（九六九〇円）、貝類（九〇九〇円）、葉タバコ（七七九九円）、石炭（七二〇〇円）、赤絣木綿布（六五〇二円）、玄米（六三四八円）、スルメ（六二四〇円）、フカヒレ（五〇六〇円）、細上布（四八三一円）、海参（四七五〇円）など。輸入品は、白米（四万一七九七円）、泡盛（三万三六九〇円）、唐白米（二万一二八八円）、茶（一万五四六九円）、雑貨（一二一二円）、石油（八四七〇円）、大豆（七五九〇円）、刻タバコ（六九一四円）、塩（五九五〇円）、種子油（三五五〇円）、素麺（三四一四円）、醤油（二五五〇円）、白砂糖（二〇六八円）など。

（9）一八九二（明治二五）年の『沖縄縣統計書』〔沖縄県警察部 一九一一〕によると、八重山郡の総戸数三三七二戸のうち、農家戸数は二九〇六戸（約八六％）を数え、県内でも農業の比重は非常に高かったが、本土復帰の前後にいくつかの要因が重なり、大規模な農業離れを起こしている。とくに離島部では人口が流出し、二〇二〇（令和二）年の国勢調査速報値によると、郡内の人口は合計五万三二九七人、このうち八九％が都市部にあたる石垣市に集中している〔沖縄県企画部統計課「令和二年国勢調査速報　沖縄県の人口と世帯数（要計表による市町村別人口・世帯数）」〕。

（10）『沖縄法制史』〔森・鈴木編　一九〇三〕や田村〔一九二七〕、仲吉朝助〔一九二八a、一九二八b、一九二八c〕、『沖縄県旧慣租税制度』〔琉球政府編　一九六八〕に詳しい。

（11）鳥越は、年齢階梯制村落においても先祖観と深く関わったところで家格が形成していることを指摘している〔鳥越　一九八二：三三五〕。

第一部　往来

（沖縄県立図書館所蔵）

第一章　八重山諸島の近海航海者
――礁湖環境をめぐる水平統御の成立と終焉

第一節　はじめに

本章は、琉球弧の最南端に位置する八重山諸島を事例とし、異なる生態系を構成する「高い島 *highland*」と「低い島 *lowland*」とを丸木舟で往来し、生活を組み立ててきた農耕民による海上の往来をとりあげる。この農耕民に関し、一九〇四（明治三七）年の『琉球新報』（五月三日）には、「操舟に馴るゝは實に縣下第一とも云ふべきものにして恐らくは糸満人もこれには數着を輸せざるを得さるべし」とある。琉球弧における代表的な海洋民はサバニを操縦し、沿岸での追い込み網漁アギャーを得意とした糸満系漁民である。にもかかわらず、本章の対象とする農耕民は、糸満系漁民より舟の操縦技術が優れていたとある。なぜ、農耕民の操舟術が海洋民のそれを上回るのだろう。本章の主眼は操舟術を高めてきたその背景をあきらかにするところにある。そのため、本章の対象とするおもな時期は、上記の新聞記事の発行前後であり、土地台帳や同時代史料を研究素材として用いる。

「高い島」と「低い島」という分類概念は、南太平洋を事例として Thomas, W. L. Jr.〔1965〕が用いたものである。本書の事例とする八重山諸島は、この区分に対応する異なる生態系からなり、主として水稲と焼畑という二つの異なるダイナミクスをもった土地利用様式の相違としてあらわれてきた。「低い島」の住民はこの異なる生態系を往来し、水稲耕作と焼畑耕作とを営んで生活を組み立ててきたのである。この刳舟を用いた往来をさす民俗語彙はないため、本章では、浮田にならい「遠距離通耕」〔浮田 一九七四：五二三〕と表記する。この名称からうかがえるように、多くの先行研究はこの往来を「高い島」にある水田を〝通い耕す〟営みと理解してきた〔cf. 仲松一九四二、浮田 一九七四〕。しかしながら、この往来によって得られるものはそれだけにはとどまらなかった。おそらく、本章の問いを解く鍵はここにある。

第二節　先行研究と研究対象・方法

1　先行研究の検討

（1）蚊と税——病原体、もしくは権力

異なる生態系を往来し生活を組み立てる事例は、北東アフガニスタンやバルカン半島における牧畜民の移牧形態（1）や中央アンデスにおける農牧複合の生活形態（2）などの高度差を利用したものをはじめとし、さまざまな時代や地域において展開している。

それらの中のひとつのパターンとして、マラリアを媒介するアノフェレス蚊 *Anopheles* spp. の生息域と非生息域との往来がある。たとえば、地中海に位置するサルデーニャの牧畜民は、アノフェレス蚊の生息密度の低い高地に居住し、蚊の活動性が緩慢になる冬季に限り、生息密度の高い低地へ家畜の羊を季節移動させる〔Brown 1981〕。また、ヒマラヤ山脈を抱えるネパールでは、マラリアの跋扈する亜熱帯高度帯（標高一二〇〇メートル以下）を避け、基本的な集落配置は尾根上・山腹などの温暖高度帯（標高一二〇〇〜一九〇〇メートル）を中心としていた〔川喜田 一九六一、一九七七〕。小林〔一九九六a、二〇〇四、二〇〇五〕はこれらの高度差を用いた生活形態を自然環境に対する文化的適応ととらえている。

これらの事例と同じく、八重山諸島の通耕に関する先行研究は、おもに地理学が先鞭をつけており〔仲松一九四二、千葉一九七二、浮田一九七四、小林一九八四〕、通耕実践をアノフェレス蚊の非生息域である「低い島」と生息域である「高い島」との往来としてとらえてきた。すなわち、地理学の多くの先行研究は、これらの海上の往来を自然環境への適応として把握してきたのである。

一方、郷土史をはじめとする歴史学の領域では、通耕発生の背景に主としてローカルな政治的文脈を想定している。つまり、首里王府の施行した人頭税制度である。一九〇二（明治三五）年まで継続したこの旧慣租税制度は、先島諸島（宮古諸島・八重山諸島）などの一五歳から五〇歳までの男女に、米や粟、反布などを賦課したものである。この悪評高い租税制により、喜舎場永珣（一八八五〜一九七二）を筆頭とする郷土史家らの描く八重山諸島の近世史は、人頭税史といっても過言ではないほど抑圧的なものになっている〔cf. 大浜一九七一、牧野一九七二〕。ゆえに、統治機構の仕組みに関する詳細な分析はあっても、被支配者は「民衆」と一語でもって表現されるに過ぎず、もっぱら声無き「納税奴隷」として登場している〔cf. 三木一九八〇：一〇、高良一九八二：八〕。

さらに注目するべきことは、この「税制史観」が史料的な空白――琉球の近世史料の特徴のひとつに地方文書の数の極端な少なさがある〔梅木二〇〇〇：一二〕――によって拍車が掛けられてきた点である。たとえば、通耕に関する先行研究は、主として二つのデータ類を用いてきた。ひとつは朝鮮人漂流者の記録や首里王府の行政文書などであり〔伊波一九二七、小林一九九六b、佐々木一九七八、得能二〇〇七〕、もうひとつは調査票や聞き書きによって得られたデータである〔浮田一九七四、山口一九九二a〕。前者は為政者が作成した史料であり、後者は聞き書きによって採集したデータとはいえ、「税制史観」にからめとられた語りが中心となってきた。結果、「低い島」の住民による通耕は、租税制のためにやむをえずマラリアの猖獗する「高い島」と往来してきたという搾取の構図を表象するものととらえられてきたのである。

以上のように、先行研究や歴史解釈の言説は、「高い島」と「低い島」との往来の背景に「蚊」や「税」といった特殊な環境因子を想定してきたといえる。声無き被支配者層による往来は徹底して環境決定論的な解釈の下にあり、「低い島」の住民にとってこの往来がどのくらい日常的な実践であったのか、どのような工夫を重ねてきたのかといった環境可能論的な検討を十分に尽くしてこなかったのである。

(2) 日常生活を組み立てる——海域世界における生態史

これらの問題をふまえ、本章では、この海上の往来を日常生活の中でとらえるために、沖縄という地域区分を越え、アジア・太平洋地域の海域世界を対象とした、文化・歴史生態学における生態類型の研究成果と島嶼間交易を扱った民族学や文化人類学の研究成果を参照しつつ、秋道〔二〇〇〇〕の唱える資源をめぐる相互交渉の空間的広がりとその動態に注目する生態史の枠組みを導入する。

まず、「高い島」と「低い島」という生態類型について検討する。この生態類型の研究を主導してきたのは、「天然の実験室」といわれる海域世界のオセアニアを対象としてきた文化・歴史生態学の領域である〔cf. Goodenough 1957; Sahlins 1958; Kirch 1980〕。一九五〇年代以降では、文化生態学の影響を受けた文化人類学者らは、資源利用と社会集団との関連性について検討し、土地保有の体系を自然環境への適応様式のひとつととらえている。たとえば、その代表的な論者であるSahlins, M. D.（一九三〇〜）はポリネシアをフィールドとし、「高い島」と「低い島」とでは、出自集団に際立った差異があることを指摘している〔須藤 一九八四：二一〇〕。

平衡系としての人間‐自然系を前提とする文化生態学に対し、一九九〇年代以降では、人間‐自然系のあいだに景観*landscape*という媒体を措定し、ここに刻み込まれた人為の痕跡を読み解くことを目的とした歴史生態学の領域が活発化している〔cf. Kirch and Hunt 1997; Balée ed. 1998〕。英語圏を中心とした、この長期にわたる居住史と自然史とを総合する領域においても、「高い島」と「低い島」という類型は有効な分析枠組みとして用いられている〔cf. 山口 二〇〇九〕。

しかしながら、これらの研究はその関心から単数の人間 - 自然系を自己完結的に分析する傾向があり――閉鎖系として〔文化生態学における交換適応モデル *exchange adaptation model* を例外として〕――、複数の人間 - 自然系同士の相互関係に対する視座は不十分であったといえる〔Orlove 1980〕。せいぜい、その閉鎖系に対する外部衝撃として議論の俎上に載るのは、「侵入的 *invasive*」といった形容詞を伴った *bird flu* などの感染症や生物種の移入に限られている〔Balée 2006: 87-90〕。むしろ、この相互関係に焦点をあててきたのは――開放系として――、主として民族学や文化人類学における交易研究であった。

「高い島」と比べると、「低い島」の住民は「生態資源」――土壌〔肥沃度・酸性度・保湿度〕・水・植生・鉱物などのある生態系が包摂するモノのうち、そこに生活する人間が有用であると認識した自然物や現象〔印東二〇〇七b：一三〕――が乏しい不利な環境条件に順応するために、誇張的な物語を用いた有利な交換レートでの仲介交易、凸レンズ型の地下淡水層 *Ghyben-Herzberg Lens* 上部における根茎類栽培〔ピット栽培法〕、救荒食料としてのクワズイモ *Alocasia* spp.〔またはインドクワズイモ *Alocasia macrorrhiza* (L.) G.Don〕の移入など、種々の手段を採用し居住してきた〔牛島　一九七七、Alkire 1978; Sahlins 1972 = 一九八四：二八六 - 三三〇、印東一九九四、二〇〇七a、風間　二〇〇六〕。島嶼同士の交易・交換の結びつきは、それらの手段のうち代表的なものである〔cf. Malinowski 1922 = 一九六七、Sahlins 1962: 415-433〕。秋道はこの結びつきをエスノ・ネットワークと表現している〔秋道　一九九五：一四五 - 一八六〕。

たとえば、ミクロネシアの Sawei 交易は、「Outer Island」の中央カロリン諸島からウルシー環礁を結節点とし、「高い島」であるヤップへと一〇〇〇キロ以上に及ぶ交易体系のことをさし、その広域・長距離性において多くの注目を集めてきたものである〔Lessa 1950; Alkire 1965; 牛島　一九八七：二八一 - 三〇五、柄木田　二〇〇六〕。交易の対象となるのは、ヤップの住民にとっては象徴的な価値をもった腰布やヤシ製品、伝統的な航海術などの職能技術や知識などであり、「Outer Island」の住民にとっては「低い島」では入手することの難しかった土器や赤土〔カヌーの塗料）、玄武岩（火打石・砥石）、竹、ベテルナッツとキンマ、ヤムイモ、サツマイモ、ウコン、タカセガイ製の装飾品などの生態資源を中心としてきた〔須藤 二〇〇八：二〇七‐二〇八〕。

また、ニューブリテンの東側に位置するNew Irelandは、その東側に点在するNorthern Solomon Islandsと交易関係にあった〔Terrell 1986: 122-151〕。交易の対象となるのは、New Irelandの貝貨*Kemetas*と離島の特産品であった染料や土器、豚、カヌーなどである〔Kaplan 1976: 82〕。この事例では、New Irelandが「高い島」であり、その東側の小さな離島が「低い島」に対応している。

以上のように、「高い島」と「低い島」という生態類型は、その生態資源の偏在を補完するためにエスノ・ネットワークを形成する傾向があるといえる。こうした「低い島」の住民による交易は、生態資源に乏しい環境に順応するための生活戦略や象徴的な価値をもったモノを入手するためのものであり、これらの工夫を通して日常生活を組み立ててきたのである。

とはいえ、「低い島」の住民による生活戦略は、モノの交易にのみ特化してきたわけではない。交易を基盤としたエスノ・ネットワークは、異なるサブシステンス集団同士を前提としたモデルになっている一方、後述するように、本章の事例における特徴は、「低い島」の住民が「高い島」に各種地目を所有し、日常生活を組み立ててきたところにある。これらをふまえ、本章では、海域世界における資源をめぐる相互交渉の空間的広がりとその動態に注目する生態史を構想するにあたり、生態類型を記述・分析の枠組みとしつつ、交易モデルとは異なる所有モデルの資源利用をあきらかにすることを目的とする(3)。

2　研究の対象

「高い島」と「低い島」という生態類型は、琉球弧においても適用可能なものである〔目崎 一九七八、小林 一九八四、一九九六b、安渓 一九八八〕。表1は、八重山諸島の地形や地質、土壌などの自然環境に人文環境を加

表１　八重山諸島における生態類型

	高い島 (highland) —— Mountainous Island	低い島 (lowland) —— Emerged Coral Island
自然環境		
地形 (山地 / 丘陵)	有 / 大起伏丘陵	無 / 小起伏丘陵
地形 (台地 / 低地)	砂礫段丘 / 谷底低地	石灰岩段丘 / 海岸低地
地質	古期岩類・火山岩	琉球石灰岩 (第三紀島尻層)
土壌	赤黄色土	テラロッサ
水文環境	河川系	地下水系
森林	多	少
アノフェレス蚊	生息	非生息
人文環境		
民俗呼称	タングン	ヌングン
土地利用様式	水稲耕作 + 畑作耕作	焼畑耕作 + 常畑耕作
主要栽培穀物	稲	粟

自然環境の項目の一部は目崎〔1978: 23〕を参照した。「高い島」の住民は水稲耕作を中心とし、集落の近くの常畑で蔬菜類など、遠くの焼畑でサツマイモや穀類・豆を栽培してきた〔安渓 1998a; 1998b〕。

味した生態類型である。水文環境やアノフェレス蚊による感染症の有無など、多くの差異があり、これらの生態類型に対応する民俗語彙もある。山や川、水田があるという意のターグニ〔田国〕から転訛したタングンと、野原ばかりであって、川や山、水田がないという意のヌーグニ〔野国〕から転訛したヌングンという分類呼称である〔喜舎場一九七七：五〇〕。河川の発達したタングンでは、水稲耕作が可能であり、一方、起伏がほとんどないヌングンでは、焼畑を主とする土地利用様式に適していた。これらの民俗語彙は人間活動を含めた生態系を二つに分類するものといえる。

本章では、この在地の分類体系にならい「高い島」と「低い島」という生態類型を用いつつ、「高い島」の西表島と、その周辺の鳩間島や石西礁湖の中にある新城島や竹富島といった「低い島」をおもな調査対象地としている。行政上沖縄県八重山郡竹富町に属する。

新城島は上地島と下地島とをあわせた総称である。上地島は周囲六・二キロメートル、面積一・七六平方キロメートルであり、下地島は周囲四・八キロメートル、面積一・五七平方キロメートルである。一方、鳩間島は周囲三・九キロメートル、面積〇・九六平方キロメートルであり、新城島と同じく古くは珊瑚の造礁による典型的な「低い島」である。琉球石灰岩をおもな地質とし、生活用水の確保は難しい。一七三七（乾隆二）年の「諸村難易之所柄相しらへ」（石垣市総務部市史編集室編 一九九五b：六‐一三）によると、新城島については「右風気能有之候得共、地方石原ニ而畠地狭有之ニ付、海路壱里余之所到往通作毛仕候故、難住居所」、鳩間島については「右地方狭ク有之候得共風気能、海路壱里余之所到往通作毛手広ク相成所ニ而住居安所」とあり、両島ともに「海路壱里余」の西表島に通耕しているとある。

竹富島は周囲九・二キロメートル、面積五・四三平方キロメートルであり、同史料によると、「右両村風気能有之候得共、所中都而石原ニ而畠地狭ク有之候処、人居多家材木も石垣・古見・西表船路三、四里之所ら相求候故、難住居所」とあり、「船路三、四里」の石垣島や西表島から家の材木などを求めるので住みにくいと記している。また、三つの島に共通する「風気能」という文言は風土病がないことをあらわしている。すなわち、マラリアのことである。

3 研究の方法

本章では、土地所有の側面から通耕実態を裏付ける史料となる土地台帳（竹富町役場税務課所蔵）を用いる。この史料は沖縄県土地整理事業（一八九九～一九〇三）によって作成されたものであり、明治政府の巡察使や租税制度調査官の報告や統計とともに読み解くことができるものである。後述するように、土地整理時は土地に対する村落の価値基準が明確化していた時期であったため、土地台帳は資源利用の実態を所有権の側面から推し量ることのできる史料となる。

具体的には、土地台帳の記載項目（「字」、「地番」、「等級」、「地目」、「反別反」、「地價圓」、「地租圓」、「沿革」、「登記年月日」、「事故」、「所有質取主住所」、「所有質取主氏名」）を基にし、合計二七五四筆の土地の所有権者の属する大字を一筆ごとに特定し、必要に応じ、これらの情報を地籍図上に彩色表示した（土地の所有権者住所大字分類）。なお、地籍データの欠如した箇所は、税務課が保管している旧公図を適宜用いて復原した。

また、モデリングの素材としては、「宮良殿内文書」（琉球大学附属図書館所蔵）や「喜宝院蒐集館文書」（喜宝院蒐集館所蔵）を用いた。とくに、新城村や竹富村の頭職に就いていた宮良當整（一八六三～一九四五）の記したものを重宝した。同じく、同時代史料としては、笹森儀助（一八四五～一九一五）の『南島探験』（一八九四年）を参照し、図像史料としては、一八九〇年代の「八重山古地図」（沖縄県立図書館所蔵）や「八重山蔵元絵師の画稿」（石垣市立八重山博物館所蔵）を使用した。

統計データとしては、一八八五（明治一八）年当時の村落の実態をまとめたものである、田代安定（一八五七～一九二八）による『復命第一書類』（国文学研究資料館所蔵）のうち第二八冊「八重山島管内西表嶋仲間村巡検統計誌」と第三五冊「八重山島管内宮良間切鳩間島巡検統計誌」を使用した。その他、一八九二（明治二五）年時の統計データ「沖縄縣八重山嶋統計一覧略表」（沖縄縣八重山嶋役所　一八九四）や一八九三（明治二六）年時の「八重山島共有各村定数舩現在調」（法政大学沖縄文化研究所　二〇〇五：二九‐三一）を用いている。また、聞き書きによるフィールドデータは、生態資源の伝統的利用方法や海上の往来の消長を把握するために用いた。

第三節　海域世界のネットワークと生態系

1　南琉球弧のエスノ・ネットワーク

本項では、八重山諸島に関する最古の史料である朝鮮人漂流者の証言録や多良間島に関する一八世紀の史料から先島諸島（宮古諸島・八重山諸島）内の生態類型のエスノ・ネットワークを把握する。

まず、一五世紀後葉の済州島の漂流者による見聞を記した「成宗大王實録」一〇五巻（一四七九年）を参照する(4)。図1は島嶼別の生態環境や漂流者が見聞した情報をまとめたものである。この証言録によると、「材木」や「稲米」、「炊飯用鐵鼎・無足似釜・」といったモノのやり取りがあり、その移入のあり方を「貿易」や「貿賣」、「取」

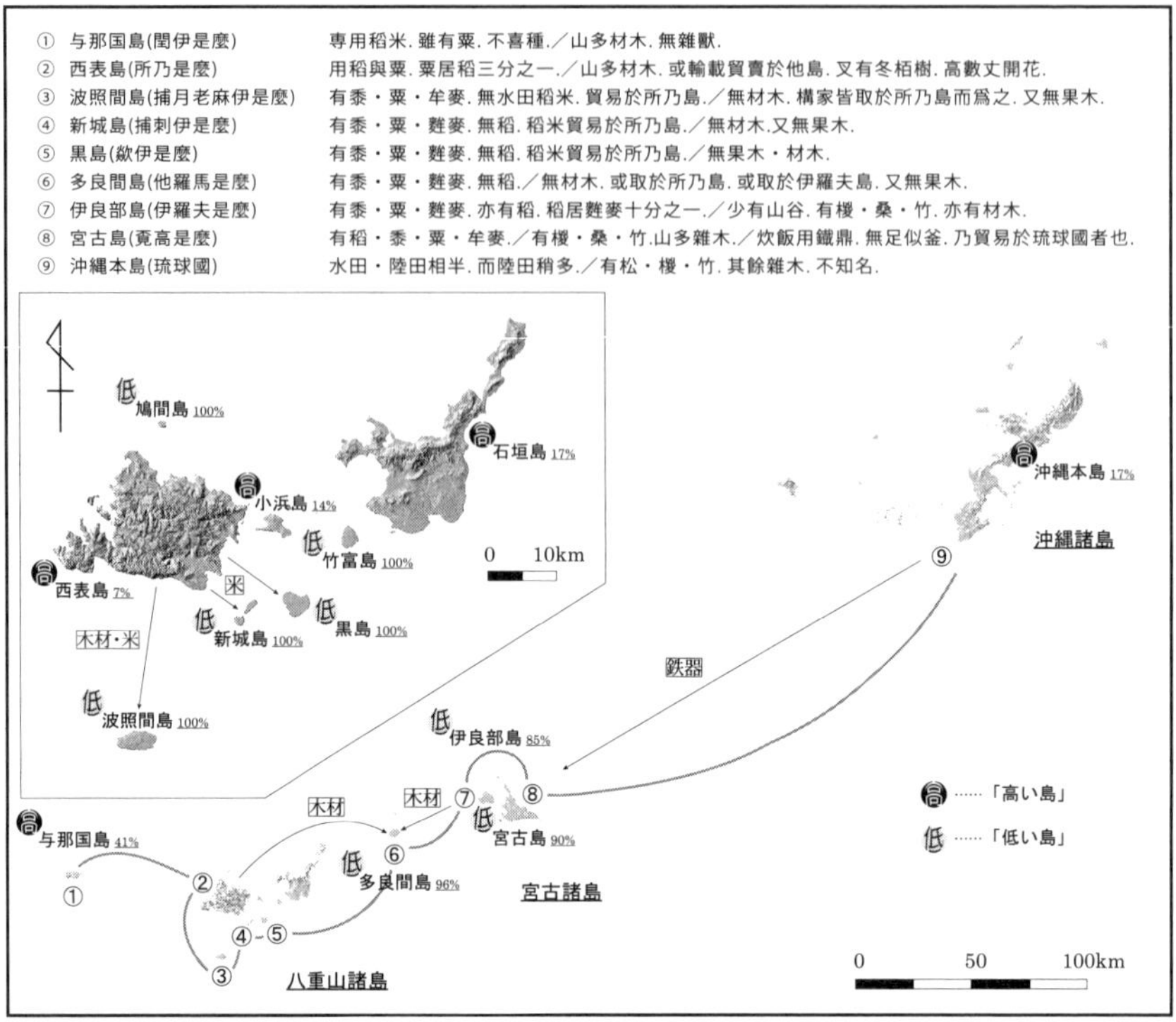

図 1　島嶼別の生態環境と朝鮮人漂流者の移送経路及び交易関係図（1479 年）
基図には、国土地理院発行の 50mDEM を使用した。「成宗大王實録」の記載情報は日本史料集成編纂会編〔1979〕を参照した。なお、各島名の右に表記した数字は石灰岩地質の割合である〔目崎 1980〕。朝鮮人漂流者は①から⑨の島嶼を経由し、本国へ移送されている。この記録によると、宮古島では、琉球国との「貿易」によって鉄製の釜を使用している一方、与那国島では、「無釜鼎・匙筋・盤盂・磁瓦器．塼土作鼎．曝日乾之．熏以藁火．炊飯五六日輒破裂.」〔日本史料集成編纂会編 1979: 961〕とあり、土を練って形を造り、日干しした後に、藁火で燻した、素焼きの粗製土器を使用している。ただし、「有鐵冶而不造耒耜．用小鍤剗田去草.」〔日本史料集成編纂会編 1979: 962〕とあり、木の柄に鉄の刃先をはめ込んだ耨耕具「小鍤〔ヘラ〕」は使用しているとある。この鉄の移入に関しては未詳ではあるものの、琉球国から与那国島へのモノの移入はあったと推測できる。ちなみに、『續々群書類從第九』〔國書刊行會編 1906: 311-321〕収録の「琉球國郷帳」（1668 年）によると、1635（崇禎 8）年、波照間島の田高は 37 石とあり、17 世紀前葉には、天水田が開かれていたことになる。

という文言で表現している。先島諸島では、「高い島」の西表島が「材木」や「稲米」を産出し、周辺の「低い島」や多良間島に移入している(5)。

宮古島と石垣島との中間に位置する多良間島(6)に注目すると、西表島や伊良部島から「材木」を「取」とある。また、漂流記には「無稲」とあるものの、一七五二（乾隆一七）年編纂の「宮古嶋記事」には、「八重山嶋の内平久保村へ多良間田と有之候由来の事　右多良間嶋之儀小離之故にて毎物不自由ニ有之八重山嶋へ致渡海隣嶋之取合睦敷有之多良間嶋より拾八里之所平久保村罷渡或ハ田を耕し或は材木を求め積渡嶋用為仕由候依之爾今平久保村へ多良間田と有之候事」（平良市史編さん委員会編　一九八一：六一 - 六二）とある。これによると、多良間島民は「毎物不自由」なために、石垣島の北部に位置する平久保半島に「多良間田」と呼ぶ水田を所有し、材木を求めていたとある(7)。

さらには、一七七一（乾隆三六）年三月一〇日（旧暦）、先島諸島を襲った明和大津波により困窮した多良間島民は、宮古島からの援助に頼っていたものの、冬期にはその援助が打ち切りとなり、八重山諸島に老若男女計二二七人の受け入れを求めている。「八重山島年来記」には、「上納米より壱人ニ而日ニ四合先ツ、相渡、根気付□□□□《次第村々》江配分ニ而口拵させ」（石垣市総務部市史編集室編　一九九九：八六）とある。「低い島」の住民にとって「高い島」とのネットワークは日常生活を組み立てるためであり、かつ非常時におけるセーフティ・ネットとして機能している。

2　生態系としての「高い島」と「低い島」

笹森儀助による『南島探験』は西表島の南北横断を含めた踏査記録であり、一九世紀末の同時代史料として貴重なモノグラフである。本項では、『南島探験』や宮良當整の「新城村頭の日誌」などの情報を基にし、西表島を中心とする人間 - 環境系について記述する。この当時の社会階層は公認の家譜を有する士族階層と平民階層とに分け

図2 「高い島」の景観
図の中央にみえる牧草地は、旧南風見村の南風見田である。（筆者撮影／2010.09.03）

られており、行政単位となる各間切（石垣間切・大浜間切・宮良間切）には最高位の「頭」を設けていた。宮良當整は頭職をはじめとし、多くの役人を輩出していた宮良家の当主である。これらの村番所に勤める士族層の村頭（旧与人）や平民層の代表である惣代や下役（田ぶさ、小横目、猪垣当、佐事、筑など）が村落の運営を担っていた。

亜熱帯海洋性気候に属する西表島の大部分は、亜熱帯の自然林の被覆する山岳地帯であり、標高四五〇メートル前後の連山と大小無数の渓流や河川が発達し、河口や内湾の汽水域には広大なマングローブ林を形成している（図2）。一方、ひとの居住地は海岸線沿いの僅かな地域に限られていた。笹森の記述には、「西表ハ全島有病ノ巣窟トス加フルニ時方ニ炎熱病猖獗セントス」〔笹森 一八九四：一四〇〕とあり、「ヤキー」と呼ぶ炎熱病が蔓延っていた[8]。近世期における開墾の進展と明和大津波の被害による原生林相の破壊に伴って死亡率の高い熱帯熱マラリアを媒介するアノフェレス蚊 *Anopheles minimus* の生息域が拡大し、「有病地」に位置する「高い島」の多くの村落は、一八世紀以降、衰退の過程にあったのである〔千葉 一九七二、山口 一九九二b〕。

踏査中の笹森が西表島の東部に位置する古見村を訪問した際に、熱病による「戸口減少」に対する対策を村吏に問うと、村吏は「私ハ俸給ヲ受ケ家族ヲ養フ者ニテ如何スレハ人口ノ減少ヲ防クニ宜シキカ何モ救濟ノ法ヲ辧セス唯年功ニ依テ此地位ニ至ルノミト」〔笹森 一八九四：一五三〕と返答している。この答えに笹森は「驚愕」し、「士族ハ平民ヲ制御シテ自己ノ家族ヲ養ヘハ足ル」〔笹森 一八九四：一五三〕と憂いている。実際、本章でとりあげる西表島の南東部に位置する南風見村や仲間村、北部の上原村や浦内村、北東部の高那村や野原村は、笹森によって「數十年ヲ經ス廢村トナルヘキ病毒激烈ニシテ甚シク人口減少ノ村」としてあげられている〔笹森 一八九四：三二〇－三二一〕。このうち、仲間村については「本村ノ滅亡ハ必ス遠キニアラサルヘシ」〔笹森 一八九四：一五七〕と述べている。

笹森による踏査の数年後の一八九九（明治三二）年、仲間村に立ち寄った新城村の村頭の宮良當整は、「万喜や（萬木屋）」や「石垣や（石垣屋）」には家族が数名おり(9)、茶請けや陶器を用いた酒肴による饗応もあったものの、二年後の旧暦一〇月四日に巡回した後には、「各家内破壊ナリテ…（中略）…人間ノ住居様ニモナシ…（中略）…今ヤ此ノ有様ニ到ルカト追想スレハ寂々トシテ妙ナル感情ヲ引起セリ、嗚呼其気ノ毒ナルコト名状ス難キ次第ナリ」〔竹富町史編集委員会町史編集室編 二〇〇六：五四〇〕と、その惨状を記している。

一八九三（明治二六）年、笹森の踏査によると、南風見村は戸数九戸、人口二九人（男一六人・女一三人）を数えている。ただし、「其他農夫男女數十人合宿居スル」〔笹森 一八九四：一五八〕とあり、通耕に従事していた「低い島」の住民が同村に寝泊まりしていたようである。農事暦（七月一九日）からして稲刈りの時期であり、この作業には女性も参加していたことがわかる。聞き書きによると、田植えや収穫のような労働力を必要とするときには、女性や子供なども参加するが、除草や獣害防除の見回りなどは基本的に戸主が中心となっている。マラリア感染に脆弱な女性や子供、老年層などに対するリスク回避のためである。ゆえに、「低い島」の住民は家の労働力を稲作と畑作とで配分し、「高い島」の水稲耕作を壮年・若年層の男性が、「低い島」の畑作耕作を女性や老年層が担うことが多かった。

「低い島」の薄い石灰質土壌は、その中に十分な養分を蓄えることが難しく、集落に近い「ウチバタ〔内畑〕」では、豚糞尿を主とする肥料や灰を用いつつ、サツマイモや蔬菜類、タバコなどを栽培し、集落から遠い「アリバタ〔荒蕪せる畑〕」では、夏季頃に繁茂した草木に火入れし、粟や麦、豆などの混栽・輪作を行っていた〔仲吉 一八九五：二四〕。野本〔一九八四：五六八‐五六九〕によると、戦前までは、私有地・共有地にかかわらず一括して火入れしたという。一九世紀末期、八重山諸島全体での畑地の比率は、常畑が全畑地の三分の一であり、焼畑は三分の二を占めていた〔仲吉 一八九五：二四〕。

笹森の踏査した前年（一八九二年）の属人統計データである農産収穫物類の石高・斤目を参照すると、「低い島」の村落にとって、通耕が欠くことのできない生活基盤となっていたことは疑いようがない（表2）。このことがうかがえるエピソードをひとつあげると、一九〇〇（明治三三）年の旧暦四月一〇日、本章の対象地である「低い島」に、土地整理出張官員が測量調査のために滞在している。この際に、村落の代表者である惣代は、税金対策のために島内の浜辺の原野を国有にし、「高い島」にある共同牧場（後述するムラボカ牧場）を「村有」（＝共有地）にしたいと申し出ている〔竹富町史編集委員会町史編集室編 二〇〇六：一一七‐一二二〕。「低い島」の浜辺の原野は、防風林・防潮林となるアダン *Pandanus odoratissimus* L.f. やソテツ *Cycas revoluta* Thunb. などが生育し、炊事で用いる薪や山羊の飼料などを入手することのできるローカル・コモンズであった。しかしながら、こうした土地の多くを所有することは容易ではないとし、浜辺の原野を国有とし、一方、島外の「右牧場限ハ今ヨリ必要」なので「村有」として登記するように主張している。次節で記述するように、土地整理時（一九〇三年）に「村有」として登記している土地は、「低い島」の住民生活にとって欠くことができないものであった。なお、土地整理出張官員との話し合いでは、士族層の村頭を仲介としつつ、村落の平民層の代表である惣代たちの判断を尊重しているところ

表 2　農産収穫物類の石高・斤目など（1892 年）

	人口	耕地 (歩)		農産収穫物 (石)					農産収穫物 (斤)				家畜 (頭)			
	(人)	田	畑	米	粟	大豆	大麥	小麥	砂糖	藍	煙草	甘藷	牛	馬	山羊	豚
西表島																
南風見村	30	78,218	9,411	55	—	—	—	—	—	1,070	110	16,504	32	9	—	16
仲間村	9	30,907	17,316	22	2	2	—	—	—	1,151	88	12,844	9	2	—	9
上原村	118	321,823	158,427	227	—	1	—	—	146	7,155	144	277,392	83	14	6	55
西表村	541	899,209	249,510	633	—	2	—	—	354	1,851	228	513,572	143	25	11	192
古見村	142	480,104	110,505	367	—	2	—	—	558	2,034	—	279,936	149	47	—	62
高那村	41	120,300	39,000	150	21	—	2	7	—	12,859	1,098	313,644	55	21	—	22
竹富島																
竹富村	956	18,810	1,668,626	13	247	—	15	41	2,725	1,893	4,735	1,472,461	15	18	95	181
鳩間島																
鳩間村	163	195,615	353,319	92	—	—	—	—	—	456	22	82,360	55	—	2	53
新城島																
新城村	229	135,629	378,927	96	54	—	6	5	—	1,013	871	275,820	110	—	12	82

この表では、本章でとりあげる村落の数値のみを表示している。19 世紀後葉の西表島の仲間村には、竹富島や黒島、新城島の「百姓等所持のあい畠」が位置している〔得能 2007: 88〕。この統計によると、新城村は 1,013 斤のリュウキュウアイ *Strobilanthes cusia* (Nees) Kuntze を収穫している。この藍畑は西表島にあり、共同畑であった〔竹富町史編集委員会町史編集室編 2006: 398-399〕。1901 年の作付面積は 5 畝 21 歩である〔竹富町史編集委員会町史編集室編 2002: 301〕。ちなみに、15 世紀後葉の「成宗大王實録」によると、西表島の祖納（西表村）では「用稻與粟 . 粟居稻三分之一 .」〔日本史料集成編纂会編 1979: 963〕とあるものの、1892 年の統計には粟の収穫高は未記載である。

(「沖縄縣八重山嶋統計一覧略表」〔沖縄縣八重山嶋役所 1894〕により作成)

にとくに注目する必要がある。

以上をまとめると、「高い島」の村落と「低い島」の村落とでは、生活条件や村落の状態にかなりの相違があり、マラリアの猖獗や村吏の無策によって有病地に位置する村落は衰退し、一八九二年の統計〔沖縄縣八重山嶋役所一八九四〕では、西表島の人口密度は一・八二人／平方キロメートルになっている。一方、周辺のマラリアのない「低い島」の人口密度は、新城島六八・八人／平方キロメートル、鳩間島一六九・八人／平方キロメートル、竹富島一七六・一人／平方キロメートルであり、比較にならないほど高密度になっている。狭隘な耕作地しかない「低い島」の本来的な環境収容力をはるかに上回っていたと想定できる〔cf. 近森 一九八八：六四 - 七五〕。実際に、「至近年人数余多繁栄仕候付、作場狭ク罷成百姓及困窮候」〔石垣市総務部市史編集室編 一九九五ａ：九三〕という「低い島」に対する常套的な文言は、一八世紀の史料を中心に頻繁に用いられている。一般的に、焼畑を主とする地域では、人口の増加に対して耕作面積の拡大でもって対応する。とはいえ、隆起珊瑚礁を基盤とした「低い島」の土地は限られたものである。先に紹介した一八世紀の史料の中で、困窮という内圧に対して「高い島」の土地開拓へ関心が向いているのはこのためである。たとえば、一七三九年から一七四六年までの間に、数度にわたる大きな台風に見舞われた新城島では、「模合貯米」が底を突くほどの被害を出したという。そのため、西表島にある「やしら野」（後述するヤッサのこと）の土地を「九こうし」（方言でクージ。一クージは一六〇〇坪）借地したとある〔仲地 二〇〇二：二四〕。「低い島」には、直接風をさえぎるものがないため、とくに大きな被害を出しやすいのである（図３）。

本項では、一八世紀以降の「高い島」において起きた植生変遷により、強力なアノフェレス蚊の生息域が拡大し、有病地に位置する村落が疲弊・衰退しつつあったこと、一方、隆起珊瑚礁を基盤とした「低い島」の環境収容力が飽和しつつあったことをあきらかにした。また、二〇世紀初頭は土地整理の実施に際し、土地に対する村落の価値基準が明確化していた時期でもあった。「低い島」の住民は「高い島」に位置する通耕先に水田のみならず、各種

図3 「低い島」の景観——琉球石灰岩と珊瑚の乱積み
掘削機を用いた排水管の埋め込み作業（竹富島のアイノタ集落内）。石灰岩地質の土地を掘り起こすのは、たとえ掘削機を用いても難渋を極める。左後ろに見えるのは珊瑚の乱積み。防風機能をもった珊瑚の乱積みは畑周りだけではなく家周りにも配置される。畑周りの乱積みをアジラ、家周りの乱積みをグックという。（筆者撮影／ 2010.09.16）

地目を共同で登記してきたのである。次節では、土地台帳の分析を通じ、日常生活を組み立てるためにどのような各種地目を所有してきたのかをより詳細に記述していく。

第四節　海上の往来と村落の生活システム

1　往来に用いた「刳舟」

通耕には、一本の材木を刳り抜いた丸木舟をおもに使用してきた。この刳舟の材料には、主として西表島にあるリュウキュウマツ *Pinus luchuensis* Mayr を用いた。一八九三（明治二六）年の「八重山島共有各村定数船現在調」〔法政大学沖縄文化研究所 二〇〇五：二九 - 三二〕によると、政治経済的な中心地であった石垣島、孤島の与那国島や波照間島と比べると、石西礁湖内の離島の保有する刳舟数はかなり多いといえる（表3）。これらの刳舟は通耕に用いるためであり、かつ行政的な中心地であった石垣島

表3　島嶼別の船舶保有数（1893年）

	人口(人)	戸数(戸)	一戸あたりの刳舟保有割合(%)	舟の種類と隻・艘数				
				刳舟	五反帆	四反帆	三反帆	傳馬舩
石垣島	8970	1783	4.1	73				
小浜島	402	101	26.7	27				
西表島	526	165	20.0	33	2	2	1	1
与那国島	2102	379	0.5	2				2
竹富島	956	153	17.6	27	1			
黒島	585	125	17.6	22				6
鳩間島	163	37	73.0	27	1			
新城島	229	54	20.4	11		1	1	
波照間島	665	126	5.6	7	1			

人口や戸数は「沖縄縣八重山嶋統計一覽略表」〔沖縄縣八重山嶋役所 1894〕により、舟の種類と隻・艘数は「八重山島共有各村定数舩現在調」〔法政大学沖縄文化研究所 2005: 29-31〕により作成した。

への所用のために渡航する必要があったためである。前節でとりあげた朝鮮人漂流者の移送のような非日常的なネットワークとは質的に異なる日常的な往来生活を支えるものである。

この史料によると、新城村は「四反帆」と「三反帆」を一隻ずつ、刳舟一一艘とあり、鳩間村は「五反帆」を一隻、刳舟二七艘を保有している。「八重山島管内宮良間切鳩間島巡検統計誌」〔田代 一八八五b〕によると、遡ること一八八五（明治一八）年、本籍鳩間の平民三二戸のうち一三戸がそれぞれ一艘の丸木舟を所有している。このうちの一艘は寄留糸満の加治工伊佐の所有であり、通耕に用いた刳舟は一二艘である。すなわち、三戸に一戸以上の割合で刳舟を所有していたことになる。その八年後の一八九三年には、二戸に一戸以上の割合となり、刳舟の個別保有が進んでいることがうかがえる。また、史料にある「反帆」とは、マーランとも呼ぶジャンク型の船で、収穫の際などにも用いた。

二〇世紀に入ると、三枚の厚板を刳り抜いてはぎあわせた糸満系のサバニ――単材刳舟の一艘分の丸太で四、五艘作ることができる――が普及している〔川崎 一九九一：四二〇-四二一〕。つぎに、地域を絞ったうえで「低い島」の住民による通耕実態をあきらかにしていく。

2　村落の対応と惣代――西表島南東部の事例

まず、西表島南東部をとりあげる。この地域には、一八世紀に波照間島

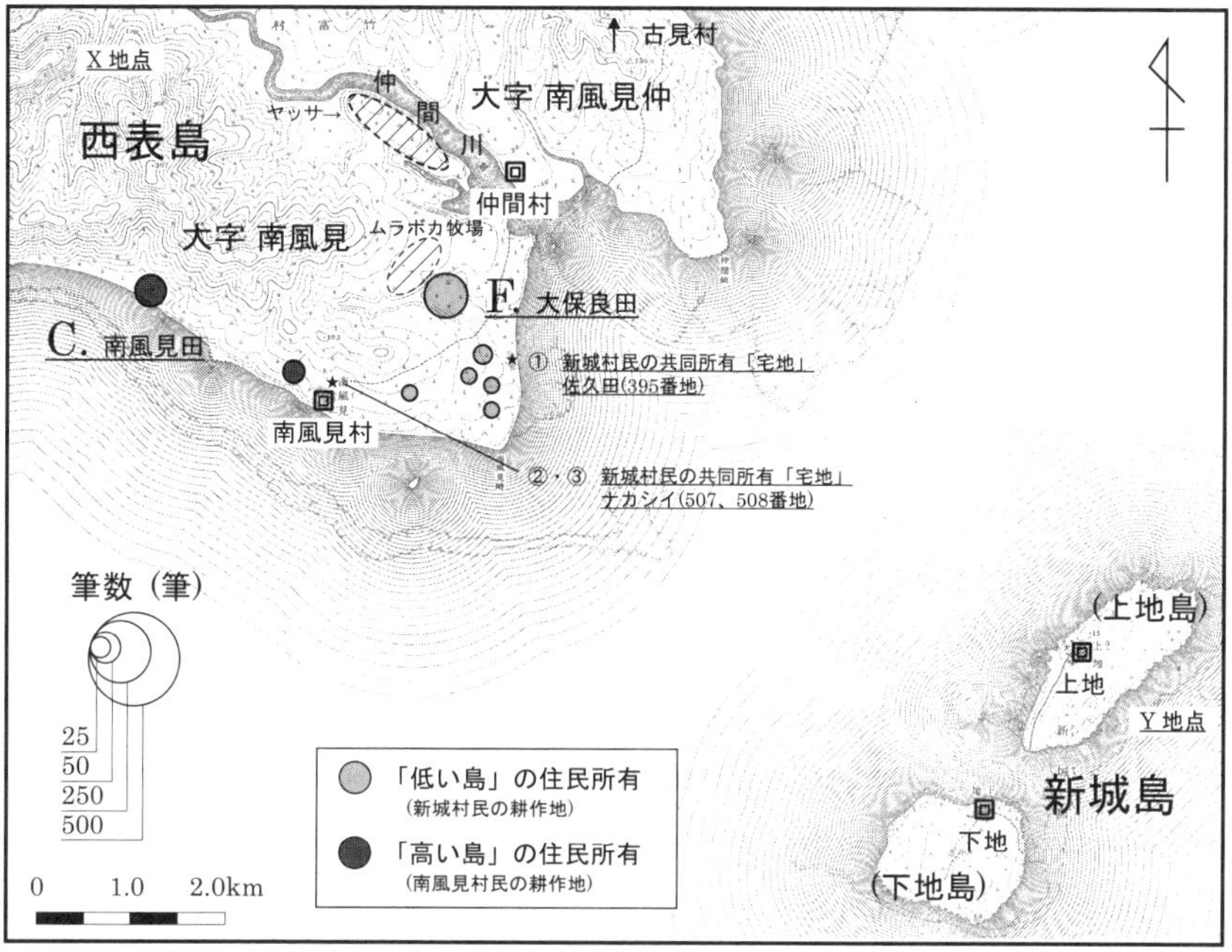

図４　西表島南東部と新城島（1903 年）
この図では、大字南風見の水稲耕作地のみを表示している。
（国土地理院発行 1:50,000 地形図「西表島南部」（1921 年測図、1923 年発行）に加筆して作成）

からの寄百姓——首里王府による集団移住政策——により創立した南風見村(10)と、古見村から分村した仲間村とが位置していた。南東約六・〇キロメートルには新城島があり、西表島の南東部は、この「低い島」との関わりが深かった。一八九二（明治二五）年当時の新城村は戸数五四戸、人口二二九人であり、田の耕作面積は一三万五六二九歩、畑三七万八九二七歩を数えている〔沖縄縣八重山嶋役所 一八九四〕。サツマイモの収穫高は二七万五八二〇斤にのぼり、粟は五四石、一方、通耕による米の収穫高は九六石であった（表2）。

やや時期は遡るが、行政上の往復書簡集である「参遣状抜書」では、一七〇四（康熙四三）年当時、「大浦やすら」——現在ではヤッサと呼ぶ（図４）——にある空き地を新城村民が田畑として耕作していることを報告している〔石垣市総務部市史編集室編 一九九五a：五六、五九〕。これに対し、首里王府は在地村落である古見村の承諾を得ることを条件に他島に位置する田畑の耕作を承認している。

「低い島」の住民と在地村落との耕作地が入り混じった箇所もあり、イノシシなどによる獣害を防ぐ猪垣の築造は共同の作業を求められていた。石垣島や西表島といった「高い島」はリュウキュウイノシシ *Sus scrofa riukiuanus* の生息地である。ブナ科樹木の優占する森林が大量の堅果（ドングリ）を供給し、その生息数は非常に多い。「田圃の半分はイノシシのもの」という謂いもあながち誇張ではなく、古くより猪垣をイノシシ防除の技術として用いてきた〔千葉 一九七〇〕。近世後期の史料には、これらの猪垣に関する記事を確認することができる。一七六八（乾隆三三）年、首里王府が在番・頭に布達した文書「与世山親方八重山島規模帳」には、「南風見村作場之内仲間、新城弐ケ村作場も有之候処、猪垣之儀ハ南風見村計ニ而相調迷惑之由候間、仲間・新城弐ケ村江も作地境切を以猪垣配分可申渡事」〔石垣市総務部市史編集室編 一九九二：五六〕とある。南風見には仲間村や新城村の耕地もあり、南風見村の負担を軽減するために、他の二村にも猪垣の築造を担当させることという通達である。在地村落との協同関係がうかがえる獣害対策である。

猪垣には、①石を積んで障壁とする石垣、②斜面を削り障壁とする切り土、③大岩や断崖などの自然物を猪垣の一部として利用する他、杭を打っていき横木をトウツルモドキ *Flagellaria indica* L. で縛るもの、メダケ *Pleioblastus simonii* (Carrière) Nakai を切りそろえ、地面に挿し込んで横に三段の竹を配置させるもの、サガリバナ *Barringtonia racemosa* (L.) Spreng. を一列に密植させる生垣などがあった〔野本 一九八七：五一六、花井 二〇〇三、蛯原 二〇〇九〕。数年で朽ちる木材や竹製の猪垣は、周辺から調達したものを随時継ぎ足し補修した。

笹森による報告には「村ノ周圍及耕地ノ周圍ニハ必ス石垣ヲ繞ラス」〔笹森 一八九四：一八三〕とあり、集落の周囲にも猪垣を巡らせている（図5）。とはいえ、「石垣ヲ村圍ニ繞ラスモ尚ホ足ラスシテ犬ヲ以テ防禦ニ充ツル」〔笹森 一八九四：一八四〕と、猪垣のみで獣害に対応することは難しく、別の対策としてイノシシなどを追い払うために犬を飼養しているとある。「八重山島管内西表嶋仲間村巡検統計誌」〔田代 一八八五 a〕によると、一八八五

図５　「八重山古地図」にみる西表島南東部
集落（南風見村・仲間村）を囲む防風林の外側に大規模な猪垣を確認することができる。（沖縄県立図書館所蔵）

（明治一八）年当時、仲間村では二〇頭の沖縄本島産の猟用犬を飼っていたようである。犬の売価は一頭につき米一斗である。イノシシを主とする獣害対策に、とくに腐心してきたことがうかがえる。

また、新城村の住民は西表島のムラボカに共同牧場を所有し、牛馬を放牧していた。土地台帳によると、一九〇三（明治三六）年、新城村はムラボカ牧場（ムラボカの一八六番）を「村」持ちの「牧場」として登記しており、一八九二年の統計では、一一〇頭の牛を飼養している〔沖縄縣八重山嶋役所　一八九四〕。

宮良當整の日誌に、このムラボカ牧場に関する興味深いエピソードがある〔竹富町史編集委員会町史編集室編　二〇〇二：二五八‐二六三、二六七‐二七三〕。これによると、一八九八（明治三一）年当時、牧場の近隣にザラザキ農園が位置していた。ムラボカ牧場は「慣例」的に放牧に近い状態にあり(11)、ザラザキ農園に牛馬が度々侵入し、農地は被害を被っていた。そのため、経営者である田中清三は、新城村民の惣代と「石壁築造」の約束を取り付けたという。この約束を果たすために必要な人夫一〇人を三日間派遣するよう新城村事務所に文書で依頼している。結局、感情的なやり取りに終始し、この「石垣築造」が履行されたかどうかは未詳ではあるものの、平民層の代表である惣代が農園主との交渉に当たっている。

次に、森林資源の利用について言及する。「八重山島管内西表嶋仲間村巡検統計誌」〔田代 一八八五a〕によると、一八八五（明治一八）年当時、西表島のブリミチ山の北部が新城村の杣山――管理主体を村落とする林野制度――であった。首里王府は一八世紀前葉から制度的に「低い島」の杣山を「高い島」の森林地帯に認めており、イヌマキ *Podocarpus macrophyllus* (Thunb.) Sweet などの良材は、王府の規制によって――士族層の住宅用あるいは蔵元の御用材となる――平民層の建築材として使用することが禁じられていた。とはいえ、人びとはソメモノイモ *Dioscorea cirrhosa* Lour. で赤く染め、雑木に紛らわせて利用したという〔安里 一九七六：六〕。根から赤褐色の染料を取ることができるこのイモ（方言名クール）はヤマノイモ科ヤマノイモ属のつる性の植物であり、からむしで織る上布の染料にもなる「高い島」の生態資源のひとつであった。

宮良當整の一九〇〇（明治三三）年の旧暦三月九日の日誌には、「当村惣代又ハ惣代資格アル村民ニシテ新城山林境界詳知ノ者壱名古見村迄差遣スベキ旨通達」〔竹富町史編集委員会町史編集室編 二〇〇六：八四〕とある。当時、八重山諸島は土地整理事業の最中であり、測量調査に当たる土地整理出張官員は杣山の境界を明確にし、査定図面を取る必要があった。ゆえに、土地整理出張官員は杣山の境界を把握している惣代などを西表島の古見村に派遣して欲しいと依頼している。惣代などがこれらの杣山の範域を把握していたのである。

また、森林資源は伐採し持ち帰るのみならず、苗の状態でも移入している。翌年の日誌には、杣山から数種類の苗を採取し、旧暦四月一五日と一八日とに分けつつ、計三一〇本のイヌマキや計七一六本のフクギ *Garcinia subelliptica* Merr. を島内にある「ヤマ」に植林している〔竹富町史編集委員会町史編集室編 二〇〇六：三六〇 - 三六三、三九〇 - 三九三〕。こうした活動により、「低い島」の植生が大きく遷移したのかは未詳ではあるが、これらを育て、浜辺の防風林や炊事で用いる薪に利用したと考えられる。

前節で述べたように、土地整理時（一九〇三年）に「村有」として登記した各種地目は「低い島」の住民生活にとって欠くことのできなかったものである。新城村民による通耕の事例で特筆すべきことは、田小屋の建っている「宅地」を共同で所有していたことである[12]。田小屋とは通耕先の住居である（図6）。広さは大体四メートル×四メートル、中柱はタブノキ *Machilus thunbergii* Siebold et Zucc.、その他の柱はアダンやヤマグワ *Morus australis* Poir. を用いる〔野本 一九八七：五一一〕。壁や屋根の材料はチガヤ *Imperata cylindrica* (L.) Raeusch. *var. koenigii* (Retz.) Pilg. であり、竹で床を張る。「低い島」の住民は島内にある焼畑の休耕地などからチガヤを調達し、本住居の屋根をふいたが、「高い島」に位置する田小屋に用いるチガヤはその周辺から採取・調達している。

図6 「八重山蔵元絵師の画稿」にみる明治中期頃の田小屋生活
年少者が炊事当番となる。女性用の笠や鞍、水甕なども確認することができる。
（石垣市立八重山博物館所蔵）

田小屋はおもに海岸の近辺に立地していた。ここから、新城村民の中心的な耕作地である大保良田と佐久田に通った。一九〇三（明治三六）年当時、小字大保良田の全一一三筆のうち一〇九筆は新城村民の個人所有であった（表4）。大保良田は「センゴクタバル〔千石田原〕」[13]と表現されるほど大規模な耕作地であった。

一方、南風見田（図2）はほぼ南風見村の個人所有の

表 4　西表島南東部の小字別にみた各種地目の筆数と「田」の所有質取主住所別の筆数（1903 年）

大字	小字		地目別の筆数 (筆) 宅地	田	(「田」の所有質取主住所分類) 西表島 南風見	西表島 仲間	西表島 古見	新城島 新城	その他	畑	原野	牧場	山林	保安林	池沼	溜池	拝所	墳墓地	雑種地	不明	総筆数 (筆)
南風見	A	南風見	4	2	2	—	—	—	—	2	32	—	2	—	3	—	—	—	1	—	46
	B	山田野	—	23	17	—	—	6	—	—	10	—	—	—	—	—	3	13	—	—	49
	C	南風見田	—	50	37	—	—	11	2	—	12	—	—	—	—	1	—	1	—	—	64
	D	ムラボカ	—	16	2	—	—	14	—	—	9	2	1	—	—	—	—	—	—	—	28
	E	ザラザキ	—	4	—	—	—	3	1	—	10	—	—	—	—	—	—	—	—	—	14
	F	大保良田	—	113	2	—	—	109	2	—	18	—	1	—	—	1	—	—	—	—	133
	G	佐久田	1	56	—	—	—	53	3	—	105	—	—	—	—	6	—	—	—	—	168
	H	ナカシイ	2	4	—	—	—	4	—	—	2	—	—	—	—	—	1	—	—	—	9
	I	アガリ	2	—	—	—	—	—	—	2	28	—	6	1	—	—	—	1	—	—	40
			9	268	60			200	8	4	226	2	10	1	3	8	4	15	1	—	551
南風見仲	J	屋敷	—	10	—	1	2	5	2	—	17	1	3	—	—	—	2	—	—	—	33
	K	ヨコイダ	—	4	—	1	1	—	2	—	11	1	1	—	—	—	—	—	—	2	19
	L	ウフマタ	—	4	—	—	2	—	2	—		—	1	—	—	—	—	1	—	1	7
	M	田春	—	13	—	—	12	—	1	—	5	—	—	—	—	—	1	—	—	—	19
			—	31		2	17	5	7	—	33	2	5	—	—	—	3	1	—	3	78

表の見方：小字ごとに各種地目の筆数の総計を読み取ることができる。「田」の所有質取主住所分類の項目では、その小字に位置する「田」の所有者がどこに住んでいるのかを表示している。たとえば、D のムラボカという小字には 16 筆の「田」が登記されている。このうち 2 筆を大字南風見に住所を置く個人（西表島の南風見村の住民）が所有し、その他 14 筆を大字新城に住所を置く個人（新城島の新城村の住民）が所有している。また、土地整理時（1903 年）、「畑」として登記している土地はかなり少ないといえる。おそらく、土地台帳上の「原野」は焼畑の対象となる休耕地を含み、さらに衰退の過程にあった村落に対する土地整理出張官員の配慮もあって、本来「畑」として登記するべきところを「原野」として登記したと考えられる。なお、佐久田はおもに天水田であった〔安里 1976: 2〕。（土地台帳により作成）

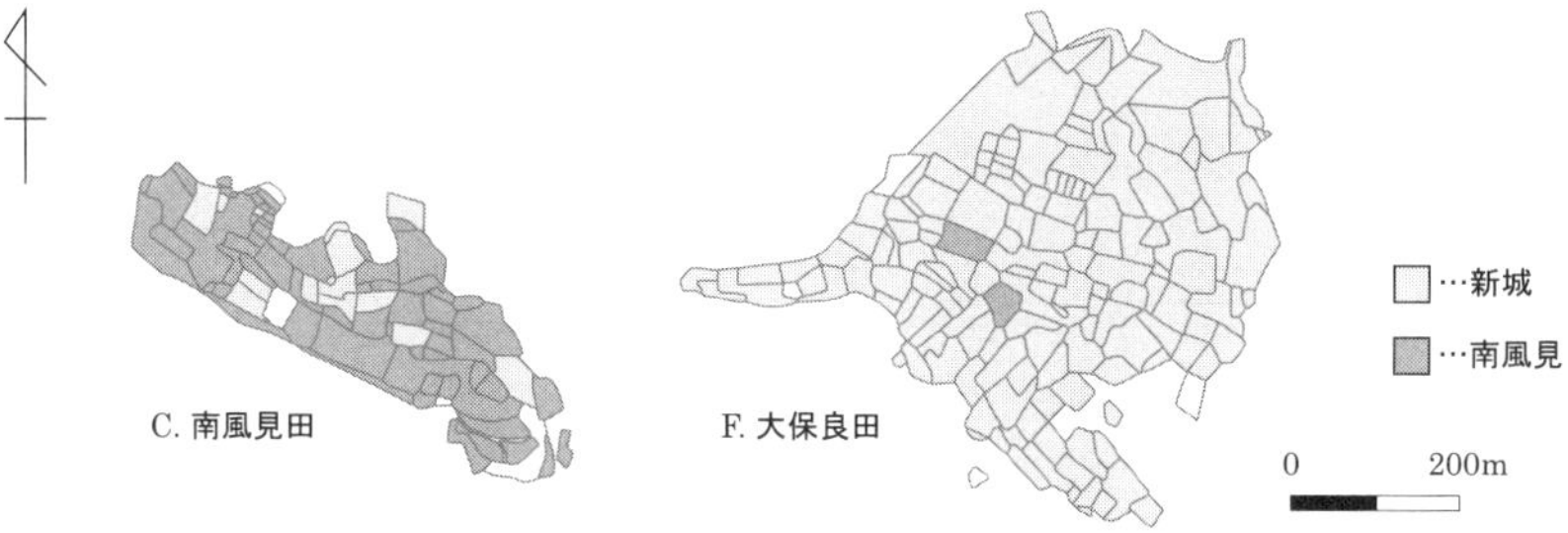

図7　南風見田・大保良田における土地の所有権者住所大字分類（1903年）
対応する地番は、南風見田（字南風見96～159番）、大保良田（字南風見202～334番）である。ただし、抽出した地番のうち、分類は以下のものに限る。
1）土地台帳の「所有質取主住所」項目が、大字の「新城」、「南風見」であること。
2）土地台帳の「地目」項目が、「墳墓地」、「牧場」、「溜池」、「山林」、「（官有の）原野」を除く、「田」、「原野」であること。
（地籍図、土地台帳により作成）

水田であった（図7）。一九〇三（明治三六）年、新城村は①佐久田の三九五番、②ナカシイの五〇七番、③ナカシイの五〇八番の三箇所を「村」持ちの「宅地」として登記している。①の田小屋は笹森の記述でいう「東方海濱ニハ新城島黒島人民ノ耕作小屋六七軒有リ」〔笹森 一八九四：一六一〕に相当し、国土地理院発行五万分の一地形図「西表島南部」（一九二一年測図、一九二三年発行）においても、この建物群を確認することができる（図4）。住民はこの箇所を「ソーデ」と呼んでいる〔山口 一九九二a：二三七〕。また、②や③の田小屋は南風見村の集落のすぐ背後に位置していた。前節で紹介した、笹森の遭遇した南風見村での「其他農夫男女數十人合宿居スル」〔笹森 一八九四：一五八〕とは、これらの田小屋や南風見村の空き屋敷などを利用した合宿であったと考えられる。また、収穫した稲の運搬には三反帆船を用いた〔安里 一九七六：八一〕。

3　在地村落との軋轢——西表島北部の事例

つぎに、西表島北部をとりあげる。この地域には、上原村が位置していた。北約七・〇キロメートルには鳩間島があり、西表島の北部は、この「低い島」との関わりが深かった。一八九二（明治二五）年当時の鳩間村は戸数三七戸、人口一六三人であり、田の耕作面積は一九万五六一五歩、畑三五万三三一九歩を数えている〔沖

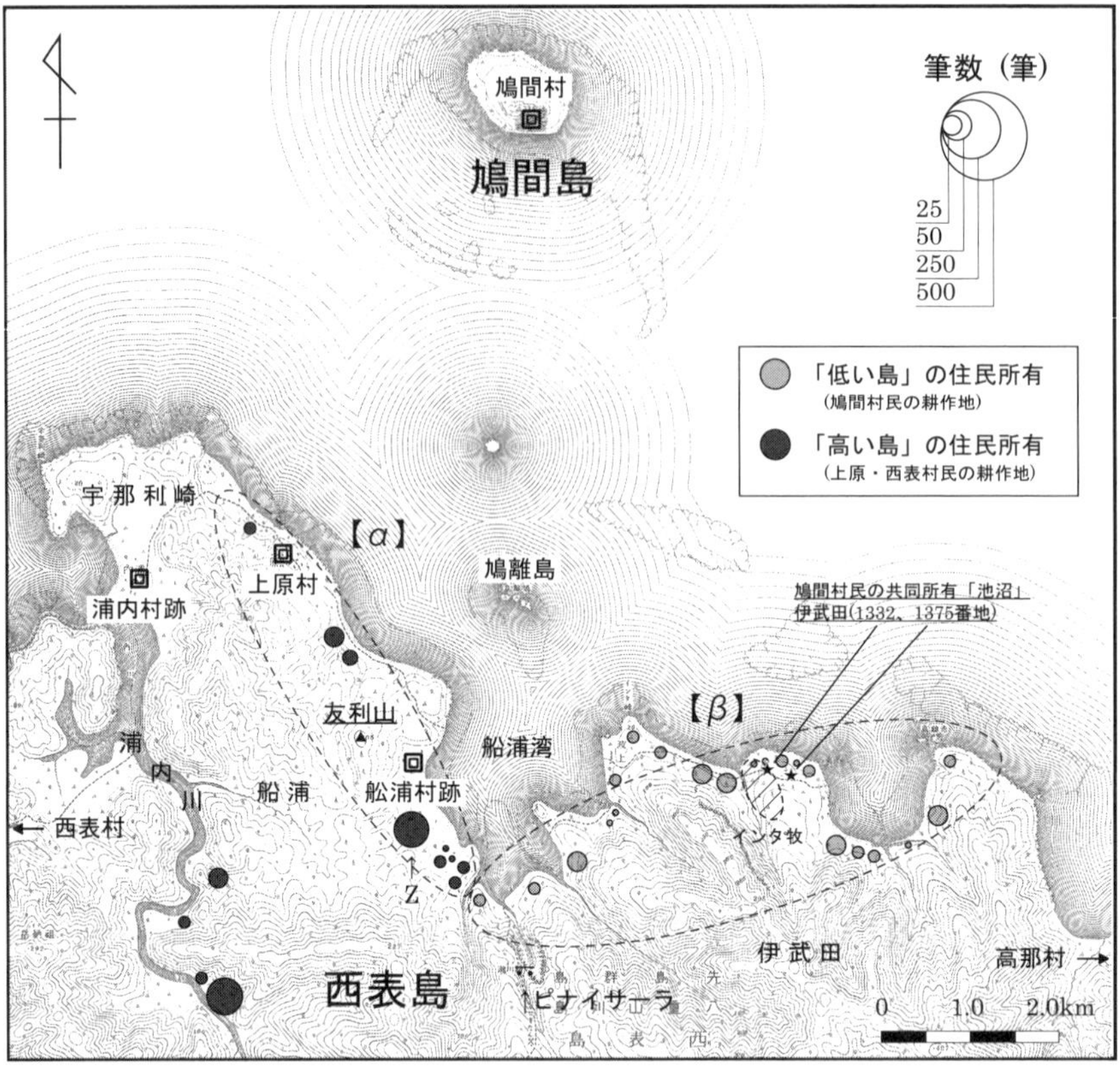

図 8　西表島北部と鳩間島（1903 年）

この図では、大字上原の水稲耕作地のみを表示している。「八重山島管内宮良間切鳩間島巡検統計誌」〔田代 1885b〕によると、1885（明治 18）年当時、西表島の「友利山」は鳩間村の杣山である。「低い島」の住民は「高い島」から建築材や舟材などを調達した。ゆえに、「高い島」を分布域とする樹木であっても、「低い島」の住民の使用する方言名があったという〔cf. 花城・盛口 2010: 96-97〕。また、鳩間節では、西表島の北海岸一帯を「南端」と表現している。この言葉づかいの中に、「低い島」の住民の地理感覚の一端を読み取ることができる。なお、鳩間村民の田小屋は伊武田の海岸沿いに点在していた。浦内川上流の水田に関しては安渓〔1978: 35〕に詳しい。1893（明治 26）年、浦内村は廃村している〔大浜 1971: 60〕。

（国土地理院発行 1:50,000 地形図「西表島北部」（1921 年測図、1923 年発行）に加筆して作成）

縄県八重山嶋役所 一八九四〕。サツマイモの収穫高は八万二三六〇斤にのぼり、一方、通耕による米の収穫高は九二石であった（表2）。

西表島の南東部では、新城村民は「センゴクタバル」をもつ狭域集中型の通耕形態をとっていたが、鳩間村民の通耕先は耕地分散が甚だしく進んでおり、土地の所有権者住所大字分類による復原は難しい（表5）。また、遡ること一七三七（乾隆二）年の「諸村難易之所柄相しらへ」〔石垣市総務部市史編集室編 一九九五b：六‐一三〕でも、鳩間村民の通耕地は「手広ク」と表現されている。図8は土地台帳や地籍図、旧公図を併用し、解析・復原した西表島の北部における水稲耕作地の分布図であり、伊武田に位置する耕地の広域分散型の通耕形態を読み取ることができる(14)。以下、ある古謡からその歴史を紐解く。後述するように、この広域分散性は在地村落との歴史的な因縁に由来している。

一八九三（明治二六）年七月一七日、刳舟を雇った笹森は小雨降る鳩間海峡を渡っている。上原村から出航し、

表5　西表島北部の小字別にみた各種地目の筆数と「田」の所有質取主住所別の筆数（1903年）

大字	小字	地目別の筆数（筆）宅地	田	（「田」の所有質取主住所分類）西表島 高那	西表島 上原	西表島 西表	鳩間島 鳩間	その他	畑	原野	牧場	山林	保安林	池沼	拝所	墳墓地	雑種地	総筆数（筆）
上原	N 宇那利崎	2	48	3	30	9	5	1	126	338	1	9	1	1	2	—	—	528
	O 船浦	9	291	9	170	81	31	—	29	162	1	10	—	2	4	17	—	525
	P 伊武田	—	311	1	35	86	189	—	14	49	1	2	—	2	—	—	18	397
	Q 鳩離	—	—	—	—	—	—	—	—	1	1	2	—	—	—	—	—	4
		11	650	13	235	176	225	1	169	550	4	23	1	5	6	17	18	1454

伊武田は大きな範域をもった小字であり、図8のβ域を含んでいる。（土地台帳により作成）

運賃は一人につき六銭である。この際に、笹森は「稲草苅取濟ミ運搬最中ニテ數艘ノ「ヤンハラ」船ハ稲ヲ山ニ積帆ニ任セテ往來セリ」〔笹森 一八九四：一四七〕と、鳩間村民が操船する稲穂を積載した山原船の往来に遭遇している。当時の穀物の貯蔵方法は「シラ」と呼ぶ稲叢・粟叢での保存であり、くわえて藁の利用は生活上欠くことのできないものである。そのため、穀物類は脱穀せずに運搬している。

この鳩間海峡での出来事に前後し、笹森は上原村の南東に位置する船浦村跡を訪ね、「船浦村ノ舊跡アリ今ハ森林繁蔚シテ寂寞ヲ極ム」〔笹森 一八九四：一四五〕と記している。この船浦村に関する史料は極めて乏しいが、鳩間節という名高い古謡に謡われている。鳩間村民が伝承してきたこの古謡には、海上の往来に対する自負がある[15]。

その大意を要約すると、鳩間村民の通耕地は上原・船浦村民の耕作地より地味が肥沃であり、収穫した稲や粟を満載した舟々が鳩間海峡を往来するというものである（図9）。一九一四（大正三）年、郷土史家の喜舎場が鳩間

鳩間中岡ぱりぬぶり、 （ナカムリに駆け登って）	蒲葵ぬ下に、ぱりぬぶり。 （クバの下に駆け上がった）
かいしや、生いたる岡ぬ蒲葵。 （美しく生えたる岡のクバよ）	ちゆらさ、列りたる頂ぬ、くば。 （高く並びたる頂のクバよ）
まんが、南端、見渡せば、 （対岸の浜辺を見渡して）	濱ぬ見るすや、小浦ぬ濱。 （見えるのは小浦の浜）
小浦ぬ濱から、通ゆる人や、 （小浦の浜を通う人々は）	蔵元ぬ前ぬ、人心。 （蔵元の前を歩くような大様な心持ち）
インダ、フク濱、下離、 （新しい開拓地は）	舟浦地やが、ましぬ地。 （船浦の耕地よりも肥沃である）
☞図8のβ域	☞図8のα域
舟浦人ぬ、見るみん。 （舟浦の住民は、見ているだろう）	上原人ぬ、聞くみん。 （上原の住民は、聞いているだろう）
稲ば作り、みゆらし、 （稲を作って稔らした）	粟ば作り、みきらし。 （粟を作って実らした）
前ぬ渡ゆ、見渡せば、 （前の海峡を見渡して）	往く舟、来る舟、面白や。 （舟の往来するは愉快な眺めである）
なゆしやる舟ぬど、通ふだ、 （どんな舟が往来している）	いかしやる舟ぬど、かしやらくか。 （いかなる舟がこんなにある）
稲ば積付け、面白や、 （稲を積み込み、あぁ愉快）	粟ば積付け、偖て美事。 （粟を積み込み、さぁ見事）
上原人ぬ、くるだら、 （上原の住民が来たら）	蛤ぬ殻し、酒飲まし。 （ハマグリの殻で酒を飲ませよう）
舟浦人ぬ、くるだら、 （舟浦の住民が来たら）	アデンガーぬ、殻しミシ飲まし。 （樫の実の殻斗で神酒を飲ませよう）

図9　鳩間節の歌詞と意訳
鳩間島のナカムリはビロウ *Livistona chinensis* (Jacq.) R.Br. ex Mart. *var. subglobosa* (Hassk.) Becc. が覆う丘陵状の森（標高31.4m）である。鳩間節はこのナカムリから対岸の西表島の連山とその手前の小浦の浜、そして前景となる鳩間海峡を往来する舟々を望んで叙情的に謡ったものである。鳩間島から対岸を眺めると、小浦の浜は白砂を敷き詰めたまっすぐな道のように見える。鳩間村民の耕作地はこの海岸沿いに点在していたので、この小浦の浜は鳩間村民にとってはなじみの深い道であった。なお、歌詞にある蔵元とは石垣島にあった行政機関の名称である。（喜舎場〔1924: 186-190〕により作成。筆者意訳）

島の古謡に詳しい成底タマーニ（当時七四歳）から歌詞やその成り立ちを聞き取っている。古老の伝承によると、鳩間村民はもともと上原・船浦地域（図8のα域）の荒蕪地を開墾し、農作業に従事していた。ところが、これらの通耕による収穫量は在地村民のものよりも多かった。不信を抱いた在地村落の住民は鳩間村民に耕作地の返還を迫り、鳩間村民は仕方なく開拓地を求め、実地踏査の結果、伊武田（図8のβ域）を最適地と判断し、新たな通耕対象地にしたという〔喜舎場 一九二四：一八六‐一九〇、一九六七：三二五‐三三四〕。

この口承伝承は通耕先にある在地村落との因縁の歴史があったことを示唆している。ゆえに、鳩間村民が酒に酔うと、この鳩間節の歌詞のおちに「上原人ぬ、くるだら、蛤ぬ殻し、酒飲まし。舟浦人ぬ、くるだら、アデンガーぬ、殻しミシ飲まし。」という諧謔的な句をつけ足したという。

このような通耕の引き起こした係争の類例は、やや時期が遡るが一八世紀後葉の史料にも確認することができる。一七六八（乾隆三三）年、首里王府が在番・頭に布達した文書「与世山親方八重山島規模帳」には、「小浜村より高那村江寄百姓いたし候者共、小浜村ニ而所持為致苧敷之儀、小浜村之百姓中江引渡筈候処、今迄持通之筋仕候由不宜候間、右苧敷之儀小浜村百姓中江可引渡事」〔石垣市総務部市史編集室編 一九九二：五三〕とある。これによると、西表島北東部に位置する高那に寄百姓した旧小浜村民が、今も小浜島の苧畑を所持しているのは良くないとし、小浜村の百姓たちにこれを引き渡すことという通達である。在地にある村落の耕作権がある面において優先していたことがうかがえる。

ところで、隆起珊瑚礁を基盤とした「低い島」は降水が直接地下に浸透しやすい〔小林 一九九六b：一六六〕。水資源の慢性的な欠乏は生活するうえで大きな課題であり、鳩間島では家単位で順番に水を汲むといった井戸利用のルールがあった〔大城 二〇一一：三六‐四〇〕。とはいえ、干ばつが続くと水の出が悪くなり、「高い島」からの輸送に頼った[16]。鳩間村民による通耕の事例で特筆すべきことは、水を得るための「池沼」を共同で所有していたことである。一九〇三（明治三六）年、鳩間村は①伊武田の一三三一番、②伊武田の一三七五番の二箇所を「村」

持ちの「池沼」として登記している。また、「池沼」以外に、鳩間村はインタ牧(伊武田の一三三一番)を所有し、一八九一(明治二四)年の調査によると、牛四八頭を飼育している〔小野編纂 一九三二:二五四〕。これらの牛は踏耕に用いた。踏耕とは何頭もの牛や馬を水田に追い込んで踏ませ、土を柔らかくし、床締めをする作業のこと――農学者の渡部はオーストロネシア *Austronesian* 型の技術ととらえている――である〔渡部 一九九〇:三九二〕。「低い島」の住民は水稲耕作のために牛を飼養する必要があったのである。これらの作業の合間に、近辺のマングローブ林に生息しているシレナシジミ *Geloina coaxans* やミナミテナガエビ *Macrobrachium formosense*、海岸の干潟に生息するテナガダコ *Octopus minor* などのタコ類を調達し、田小屋で調理したという。また、アノフェレス蚊を避けるために、田小屋では「高い島」に生育するタブノキの樹皮を乾燥させたものを燻していた。

本節では、一九〇〇年前後の具体的な通耕の様相を記述してきた。先に述べたように、一八世紀初頭の「低い島」の住民は、「高い島」にある在地村落の耕地近辺の空き地を借地し、小規模な通耕を行っている。しかしながら、「低い島」の環境収容力を上回る過剰人口に対処するには、居住ニッチ(生態学的ゾーン)外の生態資源をより積極的に獲得する必要があった。ゆえに、在地村落との軋轢を起こしつつも、分散的に開墾(広域分散型)したり、もしくはセンゴクタバル――土地整理時、ほぼすべての耕地が「低い島」の住民の所有地であったことから未開の地を新たに開いたと推測できる(図7)――の開墾(狭域集中型)に挑んだのである。いずれにせよ、結果的にこれらの開墾が在地村落との衝突を避けるための空間的なすみわけをもたらし、土地への継続的な働きかけが一九〇三年の土地所有権の取得につながる、「低い島」の住民による「高い島」の土地・資源利用の正当性を育んでいったのである。

第五節　海上の往来の消長

前節では、新城島や鳩間島を事例とし、近世末期には「低い島」の住民による海上の往来が興隆していたことをあきらかにした。本節では、その他の「低い島」の事例もとりあげつつ、近代の海上の往来の消長に言及する。

八重山諸島には、新城島や鳩間島の他に、竹富島や黒島、波照間島といった「低い島」がある（図1）。石西礁湖の外側に位置する波照間島は外海の孤島のため日常的な往来は難しく、一戸あたりの刳船保有割合は五・六%にとどまっている（表3）。一方、竹富島や黒島などの自島内にある程度の耕地を確保できる「低い島」は畑作の卓越した島であった（表6）。たとえば、一八九二年当時の統計〔沖縄縣八重山嶋役所　一八九四〕によると、竹富村や黒島村で飼育しているヤギ *Capra hircus* の頭数が八重山諸島の村落の中で突出しているのは、ヤギの廐肥を常畑に施肥する技術を発達させていたからである〔cf. 安溪　一九九八b：八二‐八三〕。これらの「低い島」に比べると、新城島や鳩間島の面積は二・〇平方キロメートル弱であり、島内のアリバタ〔荒蕪せる畑〕の耕地は限られている。

表6　「低い島」の田畑物産（1892年）

		面積 (km²)	人口 (人)	人口密度 (人 / km²)	耕地 (歩) 田	耕地 (歩) 畑	農産収穫物 (石) 米	農産収穫物 (石) 粟	家畜 (頭) 山羊
竹富村		5.43	956	176.1	18,810	**1,668,626**	13	**247**	95
黒島村		10.02	585	58.4	25,003	**1,608,729**	18	**291**	136
鳩間村		0.96	163	169.8	**195,615**	353,319	**92**	—	2
新城村	(上地島)	1.76	229	68.8	**135,629**	378,927	**96**	54	12
	(下地島)	1.57							

面積は「平成27年全国都道府県市区町村別面積調」（国土交通省国土地理院）により、その他の項目は「沖縄縣八重山嶋統計一覧略表」〔沖縄縣八重山嶋役所 1894〕により作成した。「八重山島管内宮良間切鳩間島巡検統計誌」〔田代 1885b〕によると、鳩間島では、1885（明治18）年当時、米70石・粟10石の収穫高を記録している。

くわえて、「高い島」への距離が相対的に近いという条件下にあり、これらが両島の通耕の発生とその成長を後押しする重要な要因となったといえる。

1　奉仕田畑をめぐる所有権の錯綜——西表島北東部の事例

新城島や鳩間島に比べると、西表島からやや距離のある竹富村民による、西表島北東部を中心とした通耕の事例をとりあげる。西表島北東部には、古見村と、一八世紀に小濱村からの寄百姓により創立した高那村が位置していた。新城村から竹富村の村頭へ移った宮良當整の一九〇五（明治三八）年六月一四日の「村日記」には、「古見地方、高（那）地方内当村民等作付ノ田地及古見山仕立ノ樟苗検査」〔竹富町史編集委員会町史編集室編 二〇〇五：一二一〕とある。この日、村頭らは西表島北東部に位置する竹富村の杣山である古見岳への植林の進捗状況や、「古見地方」と「高那地方」とにある田地への視察に出かけている（図10）。

「古見地方」の田地とは、古見岳の東側にあたる南肥田原や慶田城、與那良原、赤生崎、後田、計五つの小字からなる水稲耕作に適した裾野の「ヨナラタバル」にあたる。この大規模な耕地に関する記述が「喜宝院蒐集館文書」の一九〇〇（明治三三）年五月七日の「間切島会ニ関スル書類」に収められており、「字ヨナラ原田地自作人」は二〇名、「黒島村民田地小作人」は五名とある。竹富島民が自作農を営む傍ら、「黒島村民田地」を小作していることがわかる。「村民田地」とは、旧村役人への奉仕田畑である「ヲヱカ田」のことであり、一八九七（明治三〇）年、旧統治機構廃止の際に、各「村」持ちになったものである。一九〇〇（明治三三）年三月の「間切島会ニ関スル書類」には、「本文田地ハ前年来竹富人カ叶掛ヲ以テ耕作致居候」〔竹富町史編集委員会町史編集室編 二〇〇五：三〇五〕とあり、「竹富人」は黒島のヲヱカ田を前年（一八九九年）より「叶掛」（＝小作）している[17]。土地台帳によると、一九〇三（明治三六）年当時のヨナラタバルには小濱村や竹富村、黒島村の共有田地を確認することができることから、これらは旧ヲヱカ田であると考えられる[18]。つまり、ヨナラタバルは各村の旧ヲヱカ田のほか、

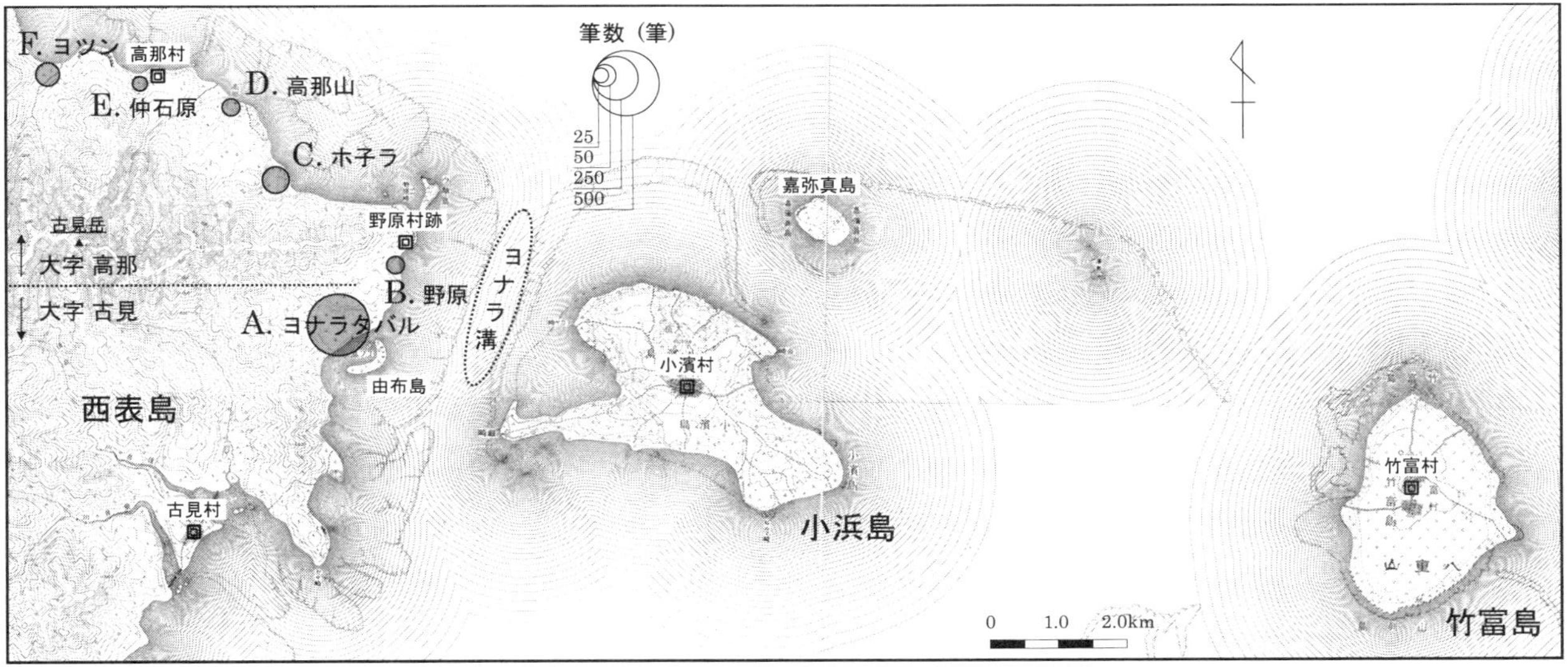

図10　西表島北東部と竹富島（1903年）
竹富島から西表島北東部までは距離にしておよそ20kmある。明治末期頃には、2～3戸につき一隻の割合で共有の舟を所持していた〔山城・上勢頭編 1971: 17〕。通常は小浜島の北側を通ったが、北西の季節風の強いときには南側を通った。所要時間は風の有無によってまちまちであった。順風のときは2時間程、向かい風や無風のときは半日以上かかることもあり、水深の浅いところは棹、深いところは櫓を使用しての航行であった〔浮田 1974〕。小浜島と西表島との間にあるヨナラ溝は航海の難所であった。幅2.5kmの海峡のうち、水深の深いところは幅1.0kmほどしかない。ゆえに、干満の際に非常に強い潮流を引き起こす〔矢野・中村・山崎 2002: 54-55〕。とくに、「ンチュ」〔辻 1985: 340〕という北風の満潮時は恐れられたという。宮良當整による「報告綴」〔竹富町史編集委員会町史編集室編 2005: 411-413〕には、この地域で水難にあった刳舟の報告がある。1906（明治39）年11月、「小浜島西方」、つまりヨナラ溝で3名の乗った刳舟が転覆している。干潮であったことや浅瀬であったことが幸いし、一同は再度刳舟に乗り込んで航海を続けている。とはいえ、転覆した際に「鍋壱個」や「山刀三刃」、「まあく四個」（未詳）、「鎌三刃」、「稲弐丸」、「白木箱壱個」といった所持品が流出している。白木箱とは衣類や寝具を入れる「ブンダイ」〔辻 1985: 337〕のことであり、浮きにもなるので海難に備えての必需品であった。また、ヨナラタバルの対岸に横たわる由布島には、マラリアを媒介する蚊が生息しておらず、かつ「五尺掘れば、飲める水」〔竹富（西）1925年生〕を得ることができた。ゆえに、由布島には数多くの田小屋が立っていた。後に、この入会宅地ともいえる島は竹富公民館が所有権を取得することになった。聞き書きによると、牛を所有していない個人は放牧されている牛を何頭か捕まえ、水田を踏ませることもあったそうである。また、1941（昭和16）年頃、竹富村民の数人が踏耕用の黒牛を共同で購入し、普段は通耕先のヨツンの東側にあった茅葺の掘っ立て小屋に住んでいた古老に預けていたという。（国土地理院発行1:50,000地形図「西表島北部」・「西表島南部」・「石垣島西部」・「竹富島」（1921年測図、1923年発行）に加筆して作成）

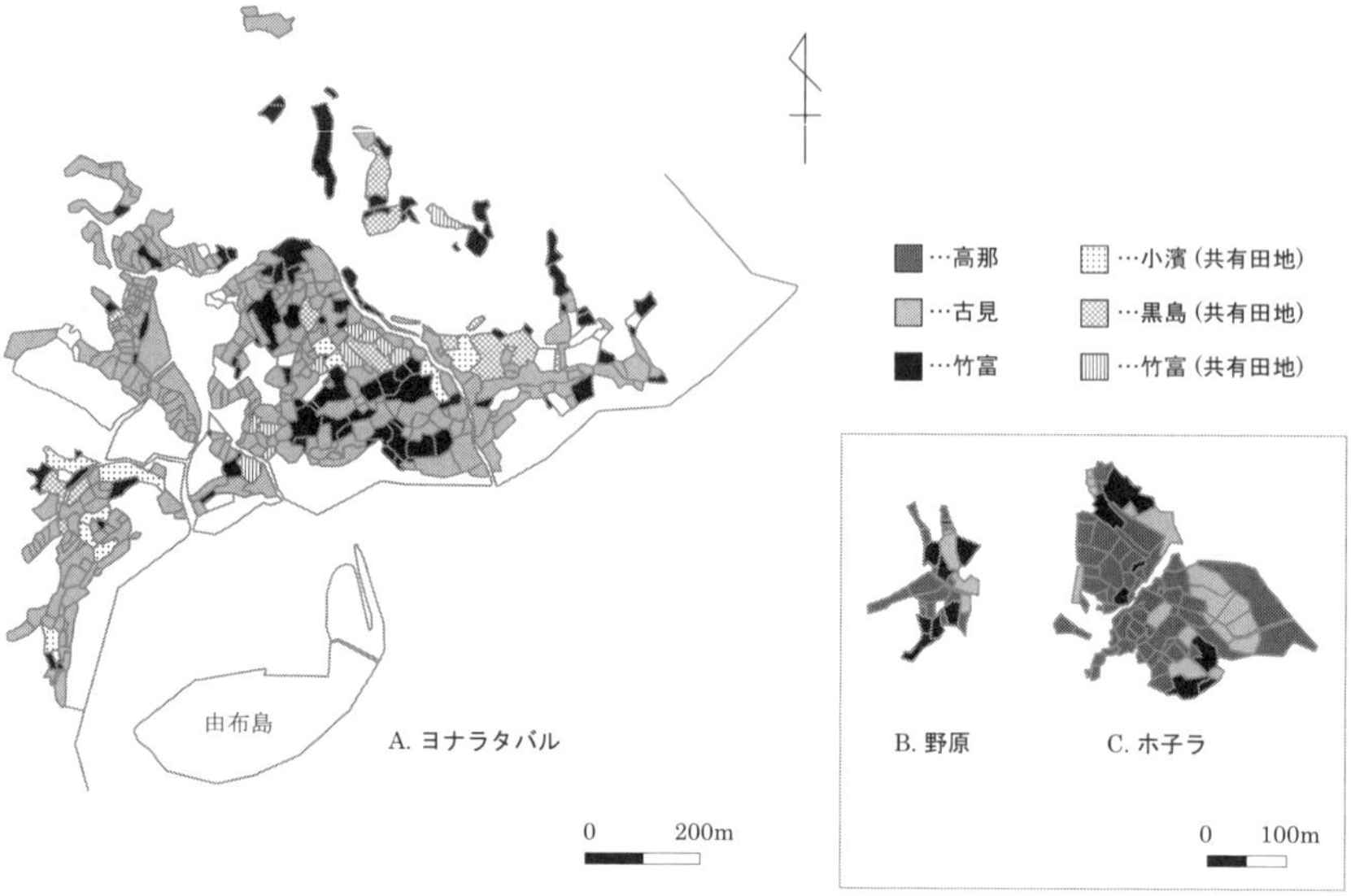

図11　西表島北東部における土地の所有権者住所大字分類（1903年）

小濱村の共有田地は総反別反2町6反6畝21歩（総筆数13筆）、竹富村の共有田地は総反別反1町6反6畝10歩（総筆数12筆）、黒島村の共有田地は総反別反3町4反3畝1歩（総筆数12筆）である。対応する地番は、ヨナラタバル（字古見619～1049番）、野原（字高那318～349番）、ホ子ラ（字高那356～438番）である。ただし、抽出した地番のうち、分類は以下のものに限る。

1）土地台帳の「所有質取主住所」項目が、大字の「高那」、「小濱」、「古見」、「竹富」、「黒島」であること。

2）土地台帳の「地目」項目が、「拝所」、「雑種地」、「墳墓地」、「（官有の）原野」を除く、「田」、「原野」であること。

（地籍図、土地台帳により作成）

古見村や竹富村の個人所有となっており、水田をめぐり各村民の所有権は錯綜した状態にあった（図11）。

また、「八重山群島風土病研究調査報告」（一八九五）によると、一八九四（明治二七）年六月に「竹富村某男」は「西表島野原村ニ赴キテ稲ヲ刈リ茲ニ宿泊スルコト三夜ニシテ帰村セリ」〔石垣市総務部市史編集室編　一九八九：二三三〕とある。「野原村」はさきの「村日記」にあった「高那地域」に位置する高那村の枝村である。土地整理時、竹富村民の所有地は、数筆ながらもヨナラタバルの北側にあたる「野原」（図10・B）や「ホ子ラ」（図10・C）にも位置していた（図11）。一八九二年当時の統計〔沖縄縣八重山嶋役所　一八九四〕によると、竹富村の米の収穫高は一三石であり、村役人への奉仕田畑の他には、極少数の田畑を耕すに過ぎない状態であった。しかしながら、この頃より、竹富村民による通耕が急速に活発化し、大規模な所有権移転が進んでいる。以下では、その経過をふまえつつ、「低い島」の住民による海上の往来の消長に言及する。

2　「高い島」の村落と「低い島」の村落

図12・図13は土地の所有権者住所を大字によって分類し、地籍図に色分けしたものである。一九〇三（明治三六）年時を基点とし、一九二六（大正一五）年時、一九五五（昭和三〇）年時とを比較している。図12の古見地域、図13の高那地域ともに、多くの土地において所有権移転があったことがわかる。ヨナラタバルにおいては「古見」から「竹富」へと多くの土地の所有権が移転している。聞き書きによると、明治の末期頃の古見では牛のピロー病が流行り、税を滞納せざるをえなかったという。集落から遠い場所にある耕作地の多くは公売にかけられることになり、竹富村民がこれらの土地を取得したようである。

先に述べたように、近世以降、有病地にあった村落は目に見えて衰退の過程にあった(19)。一八世紀初頭の古見の人口はおよそ八〇〇人に達していたものの、中葉頃から衰微し始めており〔千葉　一九七二〕、一八九二年には一四二人ほどになっている〔沖縄縣八重山嶋役所　一八九四〕。また、古見の北部に位置する高那村は、一七三二（雍

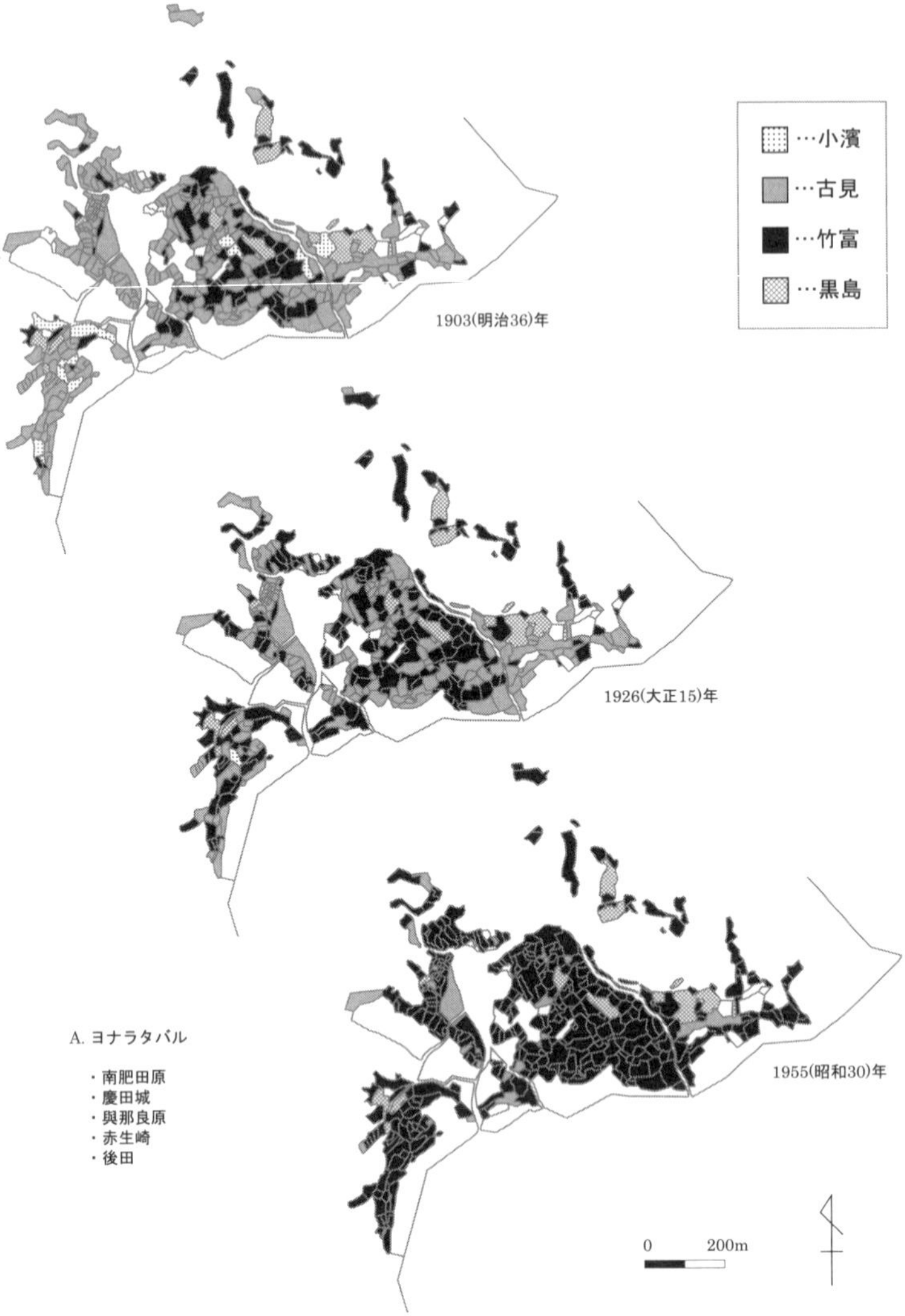

図12　古見地域における土地の所有権者住所大字分類の変遷
対応する地番は、ヨナラタバル（字古見619～1049番）である。ただし、抽出した地番のうち、分類は以下のものに限る。
1）土地台帳の「所有質取主住所」項目が、大字の「小濱」、「古見」、「竹富」、「黒島」であること。
2）土地台帳の「地目」項目が、「拝所」、「雑種地」、「墳墓地」、「（官有の）原野」を除く、「田」、「原野」であること。
（地籍図、土地台帳により作成）

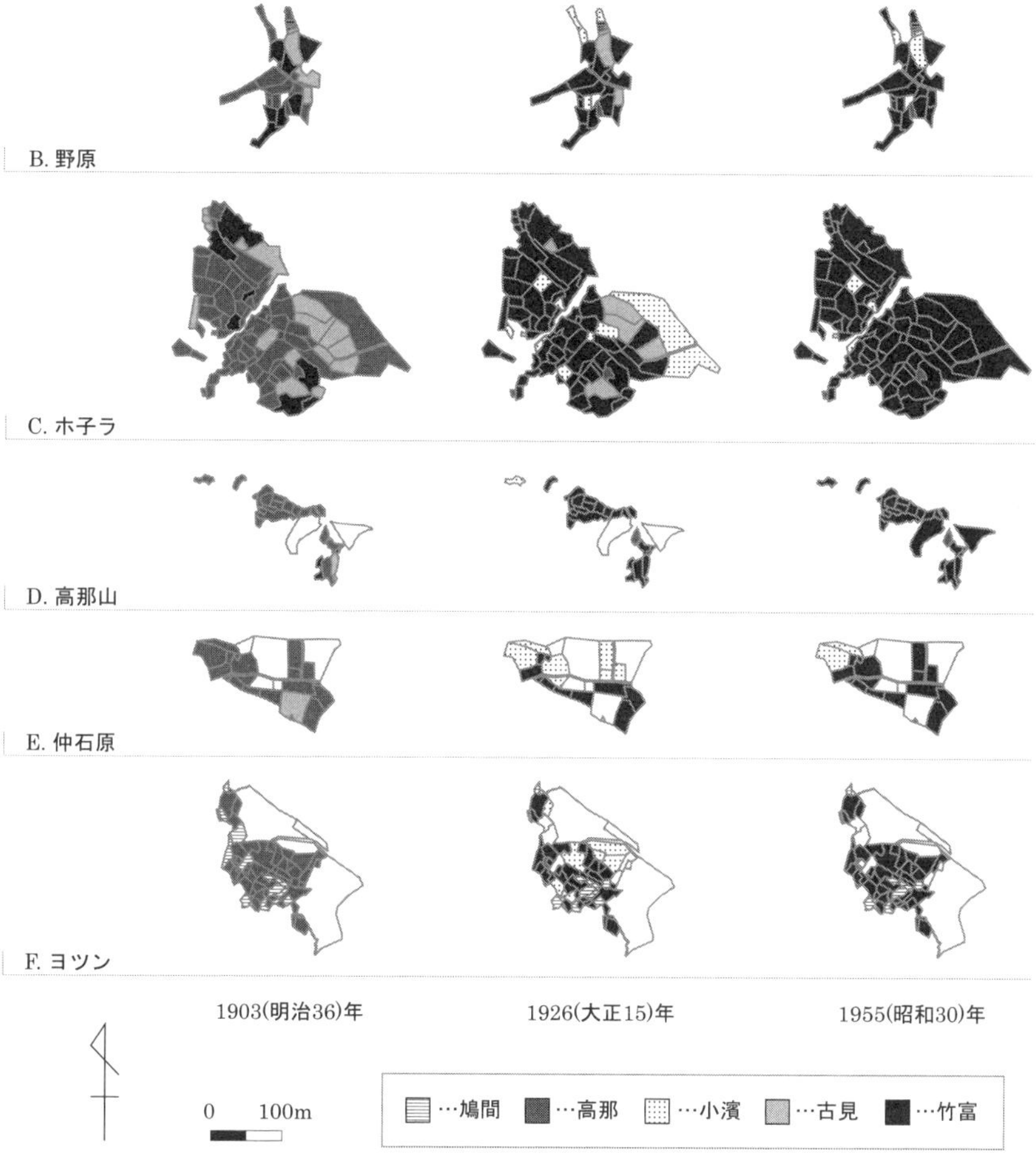

図 13　高那地域における土地の所有権者住所大字分類の変遷
対応する地番は、野原（字高那 318 ～ 349 番）、ホ子ラ（字高那 356 ～ 438 番）、高那山（字高那 281 ～ 317 番）、仲石原（字高那 137~159 番）、ヨツン（字高那 50 ～ 114 番）である。ただし、抽出した地番のうち、分類は以下のものに限る。
1）土地台帳の「所有質取主住所」項目が、大字の「鳩間」、「高那」、「小濱」、「古見」、「竹富」であること。
2）土地台帳の「地目」項目が、「山林」、「拝所」、「雑種地」、「墳墓地」、「（官有の）原野」を除く、「田」、「原野」、「畑」であること。
（地籍図、土地台帳により作成）

正一〇）年に小浜島からの寄百姓により創立した村である（図10）。一七三七（乾隆二）年には「男女弐百弐拾壱人」を記録している〔石垣市総務部市史編集室編 一九九五b：一〇〕。しかしながら、笹森が訪問した際には、戸数一三戸（本村七戸・枝村六戸）、人口四一人（男二四人・女一七人）とあり、古見村と同様に人口は減少している。以下は笹森が高那村の枝村である野原村の村長とのやりとりである。

村長ニ問フ
「丁壮ノ男多クシテ婦人少ナシ何故ニ他村ヨリ婦人ヲ迎ヘサルヤ」
答
「迎度ハ山〻ナレトモ有病地ノ故ヲ以テ來レハ死スルト爲ス故ニ無病地各島ノ婦人ニシテ誰一人來ル者ナシ」

〔笹森 一八九四：一五一〕

戸数六戸、人口一二人（男九人・女三人）の野原村を前にし、笹森は村長に問うたのである[20]。この村に関する記録はほとんど残っていないが、一九〇九（明治四二）年の『琉球新報』（七月一六日）に以下の記事が載っている。

「而して又嘗て西表島高那村に行きしことあり。村に六十余歳なる老爺あり。此者は野原村の住民なりしが該村か廃村となりしより止むなく此の高那に引移れるものなり。此爺は子三人あり。妻子五人の家族なりしが皆夭死して一人となれり。此高那に移る時尤も悲痛に堪へざりしは妻子の墓を棄て祖先伝来の田畑を棄てゝ他村に引移るの悲境に陥りしにありき云々と涙を流して語る」

〔石垣市役所編 一九八三：四〇五〕

上記の記事からわかるように、野原村民は明治中葉（未詳）に廃村をきっかけに高那村へ移ったものの、結局、笹森の予見どおり、高那村も明治三〇年代後半に廃村に至っている。高那村民は小浜島のアカヤ崎〔アカヤー〕にしばらく逗留した後、小濱村の集落へ移り住んでいる。土地台帳上における高那地域の「高那」から「竹富」、もしくは「小濱」から「竹富」への大字分類による所有権移転は高那村の廃村に起因しているのである（図13）。

西表島の南東部や北部の村落においても同様に、「高い島」の衰退した村落の住民は、二〇世紀初頭にはマラリアの心配のない新城島や鳩間島といった「低い島」へ移住し、在地村落の多くが廃村している。ゆえに、移住した旧住民は「低い島」の住民に耕地を売却、もしくは転居先からの通耕というかたちをとったので、海上の往来はさらに拡大することになった（表7）。また、その後、敗戦による出稼ぎ移民や復員兵隊の引き揚げにより、通耕の拡大する画期を再び迎えている。

ひるがえって、土地整理後の竹富村民による通耕の興隆に鑑みると、女陰石〔ピーヌンソー〕にまつわる伝

表7　船浦（図8のZ）の土地所有権の移転

地番	地目	反別反（歩）	所有質取主住所			変更履歴	
						西暦	事故
956	田	1,427	上原	→	鳩間	1910	所有権移転
957	田	515	上原	→	鳩間	1914	所有権移転
958	田	1,602	上原	→	鳩間	1910	所有権移転
959	田	809	上原	→	鳩間	1909	転居
960	田	211	上原	→	鳩間	1912	所有権移転
961	田	1,929	上原	→	鳩間	1912	所有権移転
962	田	1,722	上原	→	鳩間	1912	所有権移転
963	田	1,023	上原	→	鳩間	1912	所有権移転
964	田	526	上原	→	鳩間	1912	所有権移転
965	田	707	上原	→	大蔵省	1908	未詳
966	田	611	上原	→	鳩間	1919	転居
967	田	414	上原	→	鳩間	1919	転居
968	田	924	上原	→	鳩間	1914	所有権移転
969	原野	1,924	上原	→	鳩間	1915	転居
970	田	1,807	高那	→	鳩間	1914	所有権移転
971	田	111	上原	→	鳩間	1910	転居
972	田	425	上原	→	鳩間	1914	所有権移転
973	田	624	上原	→	鳩間	1914	所有権移転
974	田	606	上原	→	鳩間	1919	転居
975	田	104	上原	→	西表	1909	所有権移転
976	田	203	上原	→	大蔵省	1908	未詳
977	田	119	上原	→	鳩間	1914	所有権移転
978	田	206	上原	→	鳩間	1914	所有権移転
979	田	106	上原	→	鳩間	1912	所有権移転
980	田	329	上原	→	鳩間	1912	所有権移転
981	田	28	上原	→	鳩間	1910	転居

1909（明治42）年、上原村民10戸75名が鳩間島へ移住し〔高桑1982: 162〕、大正末期には上原村は廃村した。ゆえに、上原村の耕作地の所有権は鳩間村民へ移転、もしくは旧上原村民による鳩間島からの通耕といった形態に変化した。図8の a 域も通耕の対象地になったのである。（土地台帳により作成）

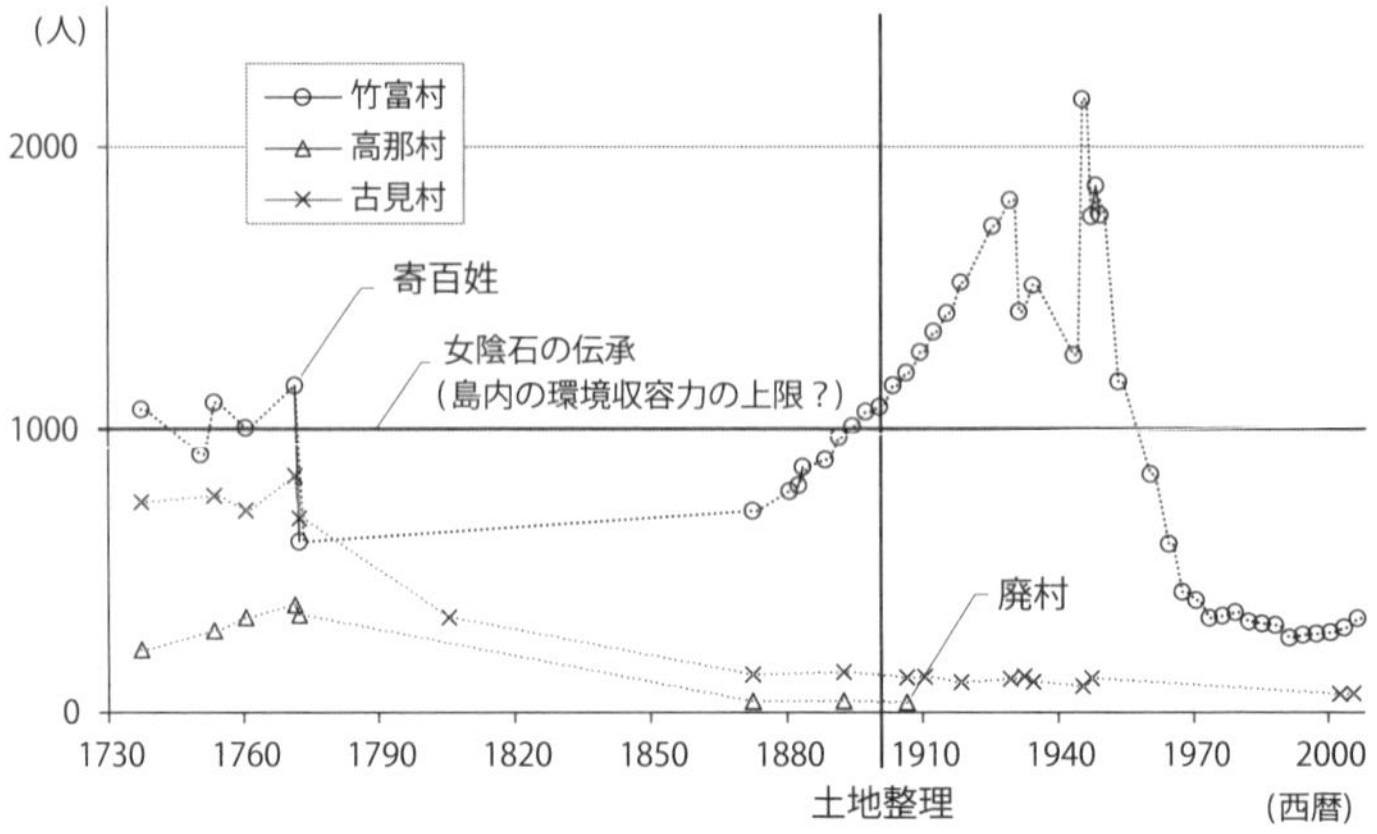

図14　竹富村・古見村・高那村の人口動態（1730年〜2000年）
竹富町史編集室提供資料や住民基本台帳、石垣市総務部市史編集室編〔1998〕により作成した。人口データの欠如は点線であらわした。

承は非常に興味深いものがある。この伝承によると、竹富島では「千人をこすと、生活ができない」〔上勢頭 一九七六：一〇六〕という。「低い島」の切実な環境収容力を喚起させるが、実際、明治年間以降、竹富島の人口は増加傾向にあり、一九世紀末には一〇〇〇人を超えている（図14）。「この島狭いでしょう。自分自分畑、全部畑耕作やっても食うだけないさ」〔竹富（仲筋）一九三〇年生〕という語りにあるように、「低い島」の過剰人口を吸収するために、遠距離通耕は興隆期を迎えたのである。また、土地整理による現金納への移行と相まって、現金収入の必要性が高まりつつあり〔神田 一九六八：五〇六〕、当時の主要な換金手段であった米作は必然的にうながされていたのである(21)。

しかしながら、興隆していた通耕も二〇世紀中葉には、西表島におけるマラリアの撲滅や沖縄県道二一五号白浜南風見線の敷設に伴う耕地の売却、卓越した操舟術を背景とした換金性の高いカツオ漁への進出、急速な過疎化の進行、一九七一（昭和四六）年の長期大干ばつや大型台風二八号の来襲などの度重なった天災、一九七二（昭和四七）年の本土復帰に伴う水稲生産調整政策などによって、衰退していくことになった。

第六節　水平統御の生態史――生態資源利用と政体とのせめぎ合い

本章では、八重山諸島における一九〇〇年前後を中心とした通耕実践の具体的様相を記述してきた。各フィールドにおいて狭域集中型／広域分散型、開墾型／売買型といったバリエーションはあるものの、これらに共通しているのは、非常に高い人口圧であり、「低い島」の住民は自然環境及び生態資源の偏在に対応するために、「高い島」において水稲耕作のための水田のみならず、共同牧場や杣山、畑、そして、水資源の不足を補うための「池沼」や「宅地」などの各種地目を共同で所有し、利用してきたことである。

これらの各種地目を所有しつつ、イノシシなどによる獣害を防ぐための猪垣の共同築造や、近隣の農地に被害を出してきた放牧的な共同牧場の石垣築造など、「高い島」に位置する在地村落との関係において、村落としての対応を求められている。くわえて「低い島」には生息していないリュウキュウイノシシを対象に猟をし――害獣の駆除や動物性タンパク質の摂取を主目的とする――、モッコク *Ternstroemia gymnanthera* (Wight et Arn.) Bedd. などの柱や梁材として有用な木材や、三線の棹に用いるヤエヤマコクタン *Diospyros ferrea* auct. non (Willd.) Bakh.、床材やざる及び食用の竹類、ロープ材としてのかずら類などの採取や、タブノキの香皮はぎなどを行っている〔今井一九八〇、山口 一九九二a〕。また、「高い島」の珊瑚礁域に生育するマクリ *Digenea simplex* (Wulfen) C. Agardh などの採取なども行ってきた。図15は「低い島」の住民による多岐にわたる資源利用を図示したものである。

このような日常生活の中に埋め込まれた種々の営為は、先行研究で述べられてきた納税用の米に焦点を絞った〝通い耕す〟という理解が不十分であることを示している。すなわち、通耕という概念を農事に限定してしまうと、「高い島」と「低い島」との往来を局所的にとらえることになる。ゆえに、従来の通耕という概念をより拡大させ、森林資源や飲料水などの生態資源の獲得といった行為を含める必要がある。この往来は交易などを介した生活物資

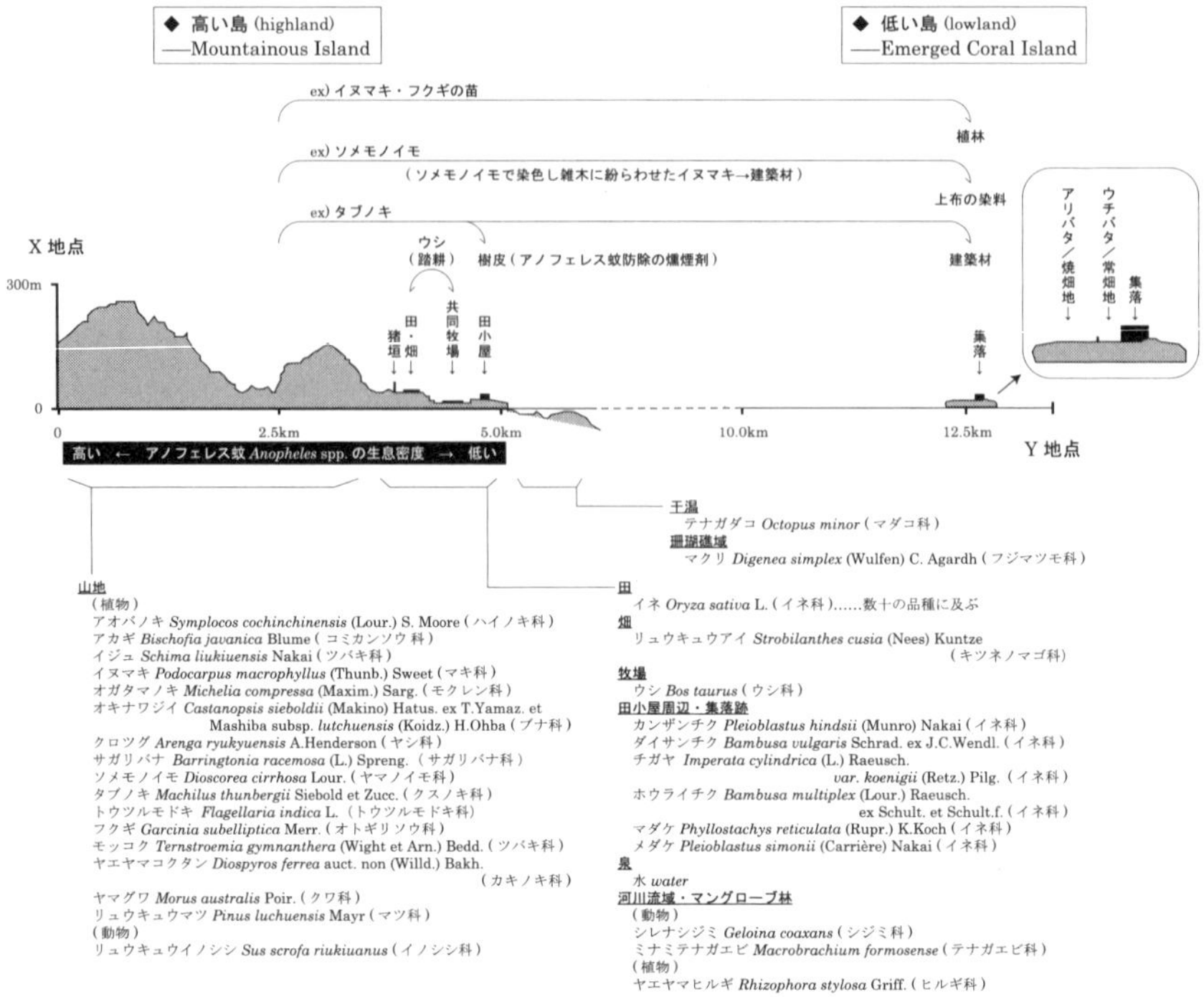

図 15　生態資源利用にみる水平構造
国土地理院発行の50mDEMを使用し、図4におけるX地点からY地点までの断面図を作成した。なお、利用する生態資源のうち植物項目の一部は山口〔1992a: 238〕を参照した。

の補完とは異なり、生活システムそのものを構成しているのである。通耕の産物のひとつとしての米は確かに多くの政策と強く結びついてはいるものの、それはあくまでこの海域に面として広がる資源利用のあり方のごく一部をとらえたものに過ぎないのである。

その意味において、本章の事例は中央アンデスにおける異なる生態学的階床 *ecological floors* を同時的かつ最大限に利用する垂直統御 *Vertical Control*〔Murra 1972 = 一九九九、cf. 大貫 一九七九、山本 一九八〇〕の構造と対比させていえば、海域世界における水平統御 *Horizontal Control* の構造といえる。垂直統御のモデルを提唱した文化人類学者の Murra, J. V.（一九一六～二〇〇六）の主眼は、中央アンデスにおけるⒶ垂直方向に分布する生態資源の利用方法の確立と、Ⓑ生産・流通を統御する政体――チャビン・ワリ・インカなどの広域を統一した文明 *horizon*――の形成との関わりにあったという〔稲村 二〇〇〇：二六二－二六四、關 二〇〇七：二一〇〕。本章にとって示唆的なのは、この Murra, J. V. の視角が生態資源利用の確立と統治機構の形成や権力側の政策との包括的な絡み合いの把握を目的とし、垂直統御という概念を構想したところにある。ひるがえって、本章で論じた八重山諸島における通耕は、この海域世界を統治してきた首里王府やその施策と過剰に関わらせた見方が中心となってきた〔千葉 一九七二、浮田 一九七四〕。すなわち、この往来を統治機構による強権的な貢租収奪という制度設計の枠内で把握してきたといえる。しかしながら、本章の事例に即して考えると、海域世界における通耕は首里王府の政策にそのすべてが起因するのではなく――たとえ政治権力が通耕で得られた穀物のほぼすべてを収奪しようとも――、「低い島」の住民が慣習化してきた水平構造の生態資源利用を首里王府が後追いで承認したものであり、生態資源利用と政体とのせめぎ合いとして統合的に把握されるべきである。

たとえば、首里王府などのちぐはぐで稚拙な政策はこの水平構造の生態資源利用のモデルをより活発に利用するという方向には向かなかった。その証左として、首里王府がこの往来に対する支援策を施したことは管見の限りなかった。むしろ、一八世紀を通じ、首里王府は「低い島」から「高い島」へと住民を移住させる寄百姓をかなり強力に推し進めている。この政策は人口の少ない地域に新村を建設し、農産増強・人口調整を図ったものである。しかしながら、新設村落の大半はその後しばしば住民を補充したにもかかわらず、この政策を撤回した半世紀後にはほとんどの村落がマラリアによって廃滅に帰したのである〔千葉 一九七二：四六二〕。この首里王府の失策は八重山諸島における固有の生態史の中で成立してきた水平構造の生態資源利用の形態を軽視したことに起因している。その意味において、租税制のためにやむをえずマラリアの猖獗する「高い島」へ往来してきたという税制史観は、政治権力による収奪のその強権性のみを過大にとらえた一面的なものに過ぎないといえる。

最後に、文化人類学者の Geertz, C.（一九二六〜二〇〇六）による議論を参照しつつ、海域世界における水平統御モデルの精緻化を図りたい。Geertz, C. は文化と環境を分離せずにシステム内部のダイナミクスをとらえる文化生態学の方法を利用し、島嶼部東南アジアに位置する「内インドネシア」にみられる棚田 *Sawah* と「外インドネシア」にみられる焼畑 *Swidden* という対照的な土地利用様式をサワエコシステム *Sawah Ecosystem* と焼畑エコシステム *Swidden Ecosystem* という二つの生態系 *Ecosystem* として把握している〔Geertz 1963 =二〇〇一：五二 - 七七〕。

この二つの類型の特徴は以下のようにまとめることができる。サワエコシステムは水が運ぶ無機物を養分として摂取し、システムの維持は人工の灌漑設備に依存している。著しい安定性と耐久性をもち、連作による収穫の逓減もない。また、人口増加に対しては、集中的で膨張的な反応、すなわち、労働集約化によって対応することができる、という性質をもっている。他方、焼畑エコシステムは土壌中に蓄えられない養分は動植物間において循環し、システムの維持は過度の雨量や日光から土壌を保護する熱帯雨林の働きに依存している。ゆえに、システムの均衡は極めて脆弱であり、人口増加に対しては、柔軟性を欠いた人口分散的な対応しかできない、という性質をもっている。そうして、オランダによる植民地統治（カルチャーシステム〔強制栽培制度〕や法人プランテーション・システムなど）の下で起こった人口爆発に対し、内インドネシアでは、既存の灌漑施設を改良し、棚田への労働投下量を増やし、技術・組織・制度を細部にわたって精密化させることによって対応してきたと指摘する。Geertz, C. はこの過剰人口の受容過程をアグリカルチュラル・インボリューション *Agricultural Involution* と呼んでいる。

一方、本章のとりあげた隆起珊瑚礁を基盤とした「低い島」におけるエコシステム *Lowland Ecosystem* の特徴は、石灰質土壌中に蓄えられない養分は動植物間において循環し、もしくは豚糞尿や灰などの施肥により、システムの維持は天水や防風機能をもった珊瑚の乱積みに依存しているところにある。この地下水系かつ狭隘な耕作地の「低い島」では、サワエコシステムのような労働集約化や焼畑エコシステムのような人口分散的な対応を見込むことは難しい。ゆえに、高圧な人口過剰に対し、「低い島」の住民は「高い島」の生態環境を自らの生活領域の中に組み込むことによって対応してきたのである。

表8　八重山諸島における水平統御の成立

	高い島 (highland)—Mountainous Island 西表島	低い島 (lowland)—Emerged Coral Island 新城島、鳩間島、(竹富島)	
エコシステム	Highland Ecosystem	Lowland Ecosystem	
① 栽培形態	α-1) 水稲栽培中心	β-1) 多種の畑作物栽培に多様化	
② 養分の供給形態	α-2) 水の運ぶ無機物に依存	β-2) 石灰質土壌中に蓄えられず動植物間において循環 β-2) 豚糞尿や灰などの施肥	
③ システムの維持	α-3) 人工の灌漑設備や踏耕に依存 α-3) イノシシ防除の猪垣や猟用犬に依存	β-3) 天水に依存 (干ばつの影響を受けやすい) β-3) 防風機能をもった珊瑚の乱積みに依存	
④ システムの均衡性	α-4) 安定・耐久的	β-4) 脆弱—狭隘な耕作地	
人口圧	真空 ⇔	高圧	→人口増加
生態環境			
生態資源	多 ⇔	少	→生態資源の欠乏
水文環境	河川系	地下水系	
☞アノフェレス蚊	生息	非生息	
植物相	照葉樹林 etc. (ブナ科樹木の優占) —イノシシに大量の堅果を供給	灌木・潅木 etc. —乾燥と人為的干渉(焼畑)による	
☞リュウキュウイノシシ	生息	非生息	
【過剰人口の受容過程】	増加する相互交渉 *ex)* 周期的な開発, 交換経済 —卓越した操舟術の発達— (在地村落との争いや協同を経て) →“すみわけ” (婚姻関係や養子縁組なし)		
		☞ 水平統御Horizontal Controlの成立 居住ニッチ(生態学的ゾーン)外の生態資源の獲得	

Alkire, W. H.〔1978: 93, 110, 135〕の「低い島」を舞台とした社会変動と適応過程モデル〔① Isolate system（孤立タイプ）、② Cluster system（集合タイプ）、③ Complex system（複合タイプ）〕を基に作成した。「低い島」である新城島や鳩間島の生活戦略は、Alkire, W. H. が② Cluster system に分類したプカプカ環礁とナサウとの往来関係に近似している。また、同時に「低い島」の住民は地域独自の特産品を産出・交易することによって生活を組み立ててきた（注3参照）。その意味において、本章の事例は中央カロリン諸島やマーシャル諸島を舞台とした③ Complex system——本章でいう交易モデル——と、② Cluster system とが組み合わさったモデルといえる。一方、施肥技術を発達させた「低い島」である竹富島や黒島の近世期の生活戦略は、開墾の推進及び特別な技術を発達させる① Isolate system に分類することもできる。

表8は、Alkire, W. H.〔1978: 93, 110, 135〕の「低い島」を舞台とした社会変動と適応過程モデルを参照し、作成したものである。本章はこの生態類型間を繋いだ生活システムを環境収容力の面的拡張を目的とした海域世界にみる水平統御と規定したい[22]。Geertz, C. のいうインボリューションを内包的な対応とするならば、本章のいう水平統御は操舟技術を基盤とした外延的な対応といえる。

文化生態学を批判的に継承したGeertz, C. の枠組みは個別の生態類型における内的ダイナミクスを描き出したものである。しかしながら、本章の対象とするような海域世界では、そこで展開してきた生態史を生態類型の自己完結的な内部ダイナミクスとしてとらえることは難しい〔cf. Alkire 1978: 94-111; 須藤 一九八九：二九八-三〇三、近森・塩崎 二〇〇八〕。その意味において、本章の提出した操舟技術を基盤とした水平統御というモデルは、海域世界における生態史を構想するうえで重要な契機になると考える。

第七節　おわりに——海域世界の「海上の道」

本章では、「低い島」の住民が「高い島」において所有してきた各種地目の記述・分析を通じ、ここにみられた海上の往来が「低い島」の日常生活に埋め込まれた生態資源をめぐる空間実践（環境収容力の拡張）であることをあきらかにした。

最初に紹介した『琉球新報』の記事内容と同様に、宮良當整は一九〇〇（明治三三）年の旧暦一〇月二九日の日誌に「当村民ノ舟乗術ノ達者、且気性ノ強キコト目ヲ振テ驚クベシ」〔竹富町史編集委員会町史編集室編二〇〇六：二六〇〕と、翌年には「前記ノ如キ風波ニテ航海スルトハ夫程舟乗ノ術巧ヲ得タルニアラサレハ果シ能ハス、当村民ノ其術ノ妙ヲ得タルハ実ニ感警スルニ余アリ」〔竹富町史編集委員会町史編集室編 二〇〇六：五二八〕と、両日ともに猛烈な波浪の中で伝間船を操って帰島した島民らに感嘆している。

先に述べたように、「高い島」と「低い島」とを往来する交易実践は基本的に「低い島」の住民による往来であって、生態資源の乏しい環境で居住するための生活戦略のひとつであった。ゆえに、「低い島」の住民は、たとえば、中央カロリン諸島のスター・コンパス *Star Compass* やマーシャル諸島のスティックチャート *Stick Chart* などの航海に関する知識及び技術であるウェイファインディング *Wayfinding* を育んできた〔牛島 一九七七：一五三-一五四〕。

これらと同じくし、通耕と操舟の技術とは歴史的に併行し成長してきたのである。本章の対象とした海域世界では、卓越した操舟術を培いつつ、農耕民の往来する〝海上の道〟をかたちづくってきたのである。

〈注〉

（1）北東アフガニスタンのパシュトゥーン遊牧民は低地と高地とにある牧野を規則的に一年に一往復したという〔松井 二〇〇一〕。ヨーロッパのバルカン半島においても同様な形態があり〔小林 一九七四〕、夏季には冷涼な高地へ、冬季には温暖な低地へと家畜を移動させるトランスヒューマンス *transhumance* は、二つの生態系を往来する典型的な生活形態である。

（2）中央アンデスでは、家畜のリャマなどを高地で飼養し、低地の畑でトウモロコシを栽培した。リャマはこれらの農作物の輸送・運搬を担った〔稲村 一九九六：一九六〕。

（3）安渓〔一九八八〕によると、ソテツの葉の灰は痩せた水田の肥料となるため、「高い島」の住民は稲束を土産とし、「低い島」の住民からこれらの灰を分けてもらったという。また、「低い島」の新城島では、一七世紀から一九世紀中葉までパナリ焼という土器を特産品としてきた。この土器は砂混じりの粘土にカタツムリや貝殻をつぶしたものを混合・手ひねりで成形し、タブノキやスナヅル *Cassytha filiformis* L. の樹液を塗って天日で乾かし、弱火で焼成して作る〔安里 一九七六：五八 - 五九〕。八重山諸島の各地では、この土器を鍋や水がめ、または、墓や床の間、仏壇に供える香炉、骨壺などさまざまな用途に用いていた。「低い島」の住民は通耕の他に、特産品を産出・交易することによって生活を組み立ててきたといえる。しかしながら、二〇世紀に入ると、化学肥料や陶器などの新しい技術製品が浸透・普及し、これらの交易形態は衰退していった。

（4）この史料は本国に帰還した漂流者が立ち寄った島々の「奇異な」風俗を証言録として記録したものであり〔日本史料集成編纂会編 一九七九：九六二〕、伊波普猷〔一八七六～一九四七〕による紹介を先鞭とし、数々の分析が試みられている〔伊波 一九二七、浮田 一九七四、佐々木 一九七八、小林 一九八四、一九九六b〕。たとえば、イネ栽培の分布状況〔小林 一九八四、一九九六b〕、農耕技術と食文化〔佐々木 一九七八〕、漂流者の保護・送還体制、牛や鶏などの家畜飼養の有無〔伊波 一九二七〕、米や森林資源、鉄器などの交易の状況〔得能 二〇〇七：三七 - 四三〕、ヤマノイモ栽培の卓越の問題〔佐々木 二〇〇三：八三 - 八四〕、服飾・装身具の記述を基にした比較民族学的な検討などの分析がある。

（5）ただし、この「稲米」に対する「貿易」という言葉づかいは誤りであり、通耕によるものとする指摘もある〔小林 二〇〇三：一四八、得能 二〇〇七：四一 - 四三〕。

（6）多良間島からは「高い島」を抱える八重山諸島の島影を見通すことができる。また、多良間島の北約八・〇キロメートルには水納島が位置する。昭和の初期頃まで、水納島民の獲った魚と多良間島民の栽培したイモとを日常的に交換する関係性をもっていた〔多良間村史編集委員会編 一九九三：六〇〕。

（7）なお、この記事は「多良間田」の由来を説いたものであり、一八世紀中葉の時点で伝承となっている。ちなみに、八重山諸島の中で新城島の方言は特異で、多良間島のものと極めて酷似しているとの指摘がある〔牧野 一九七二：一二六、一六四－一六五〕。

（8）一八九九（明治三二）年、『細菌学雑誌』掲載の「八重山島風土病研究報告」には、「有病地ノ住民ハ風土病ヲ畏怖スルノ念予想外ニ軽キガ如シ。之レ彼等ハ到底避クベカラザルノ災タルヲ覚悟シ更ラニ意ヲ注ガサルニ因ルナラン」〔石垣市総務部市史編集室編 一九八九：二八五〕とある。

（9）「八重山島管内西表嶋仲間村巡検統計誌」〔田代 一八八五ａ〕によると、一八八五（明治一八）年当時、「萬木屋」には萬木コヤマ（五一歳）と他一名、「石垣屋」には石垣真勢（四一歳）と他二名がいたようである。

（10）南風見村の創立に関しては『参遣状抜書』〔石垣市総務部市史編集室編 一九九五ａ：九三－九六〕に詳しい。

（11）隣接した牧場の牛がムラボカ牧場に紛れ込むことがあり、所有者を特定することができるように牛の両耳には印をつけていたという〔安里 一九七六：六七－六八〕。

（12）一九〇四（明治三七）年一〇月には、これらの「宅地」の所有者は連名での個人登記へ変更している（図4①の田小屋は新城村のうち上地の代表者である本底保久利・宮城加那、②と③の田小屋は下地の代表者である大嵩真佐利・宇立佐阿屋）。

（13）土地整理前の大保良田の呼称はウハラダ〔大原田〕である〔喜舎場 一九六七：二二五〕。聞き書きによると、センゴクタバルと呼びうる大規模な耕作地は石垣島の名蔵や西表島の祖納（仲良田 or 美田良）、古見（ヨナラタバル）、南風見（大保良田）の四箇所にあったという。

（14）「八重山島管内宮良間切鳩間島巡検統計誌」〔田代 一八八五ｂ〕によると、一八八五（明治一八）年当時、伊武田には「サギンタ原」、「ヨシキイラ原」、「トマタ原」、「インタ原」、「小浦原」、「ナカシ原」、「ナカタ原」といった鳩間島民による耕作地がある。また、「西表島北岸（パイタ）の微細地名」〔小濱 一九九六：二五〕においても、通耕地の広域分散性を明瞭に読み取ることができる。

（15）「鳩間ユンタ」も「鳩間節」と同様の内容である〔cf. 喜舎場一九七〇：四〇〇－四〇九〕。その他、通耕に関連する古謡には、竹富村から仲間村へ移住した小山真栄のことを謡った「まざかい節」〔喜舎場 一九二四：五二－五四〕などがある。

（16）一九二七（昭和二）年の『八重山新報』（一月二一日）には、鳩間島では、西表島から汲んできた水を「石油鑵」で一杯一〇銭ほどで売買しているとある〔竹富町史編集委員会町史編集室編 一九九五：三三七 - 三三八〕。

(17) 浮田〔一九七四〕は奉仕田畑の仕組みをふまえ、黒島からの通耕はおそらく人頭税廃止に伴い廃絶していると言及している。同様に、安溪〔一九七八：四二〕も役人の食糧のための通耕は行っていたとしている。

(18) 一九〇〇（明治三三）年三月の「間切島会ニ関スル書類」には、「字ヨナラ原ニ有来リ候、竹富村黒島村高那村古見村都合四ヶ村旧村吏之ヲイカ田並宮良間切旧頭之ヲイカ田」〔竹富町史編集委員会町史編集室編 二〇〇五：三〇四〕とあり、竹富村や黒島村、高那村、古見村のヲヱカ田はヨナラタバルに位置している。すなわち、小濱村の共有田畑とは、廃村後に小濱村へ移り住んだ高那村民の旧ヲヱカ田であると考えられる。

(19) 一九〇三（明治三六）年の『琉球新報』（九月九日）には、有病地に位置する村落の「滅亡を知りながら何故に移住せないかと云ふ疑問」に、①「村か倒れると吏員の数か減せらると云ふ様な当局者に直接の利害関係か有るに依り吏員等か尽力せなかつた」、②「他の無病地に移住すると比較的多くの労力を費すも有病地の如く収穫の多き耕地を得ることか寡き」、③「墳墓の地を離るに忍びない」、以上の三点を理由にあげている〔石垣市役所編 一九八三：一九六 - 一九七〕。

(20) 仲吉は「現今戸數僅少ナル村落ハ凡テ所謂上村ニシテ叉タ風土病多キ土地ナル〇即チ風土病ノ爲メ住民死亡ノ割合多キノミナラズ上村ニシテ國税ノ負擔多キヲ以テ他村ヨリ入婚スルモノ少ナク爲メニ其住民ノ繁殖少ナシ」〔仲吉 一八九五：四三〕と記している。

(21) 喜舎場〔一九七五：三七八 - 三七九〕は、土地整理事業の影響について、①「土地整理の結果土地所有権が獲得されたので、土地愛護の念が強化され、肥料を使用し、耕作に精魂を打ち込んで生産を増強したこと」、②「各自便宜の土地を売買交換することも自由となり、徒労徒費を省いて生産が増加したこと」、③「人頭税の時代は職業の選択は束縛されて一定の農作に強制されていたが、整理後は職業の選択も自由になつて適地農作も自由となつたこと」、④「以前は土地を抵当物としての資本の融通も不可であつたが、土地整理後は抵当も可能となり、売買質入等も許されて自由になつたこと」、⑤「土地整理と共に租税制度が改正され、納税の主体は人に移り、現品物が現金納となつたのである。したがつて自治制の発展と教育の普及等によつて参政権獲得をうながしたこと」、⑥「現金納に改つたので物々交換経済から貨幣経済時代に入り、農業上にも換金作物に重点を置き、経済界も変遷向上を見た」、以上の六点をあげている。

(22) ポリネシアのクック諸島・プカプカ環礁を事例とした近森・塩崎の論文〔二〇〇八〕には、非常に興味深い指摘がある。面積三・六平方キロメートルほどの「低い島」のプカプカ環礁では、漁撈を営みつつ、島内でタロイモやココヤシを栽培してきた。この環礁の南東約九〇キロメートルには面積一・二平方キロメートルほどの「低い島」であるナサウが位置し、プカプカ島民共有にの慣習的な保有地である「モツ *Motu*」になっていたという。本章にとって参考になるのは、この島嶼間の往来を「低い島」における環境収容力の拡張ととらえているところにある。すなわち、伝統的な首長制社会組織を深化させつつ、「モツ」であるナサウにおいて貴重な現金収入源となったコプラ *Copra*――ココヤシの果実の胚乳を乾燥させたもの――を集約的に生産し、商品経済の浸透に対応することによって、プカプカ環礁の過剰人口を支持していたという〔cf. Alkire 1978: 86-90〕

Sep. 3, 2010

由布島遠景。古くは島の南側には古見村の御嶽があり、土地台帳上も「古見村」が所有主体であった。当初、役場もこのことは理解しており、「島は村*所有地でもないし、他の官有地でもない。古見部落の拝所で、学校をつくれとかつくるなとか言えない所」（西表編 1997: 224）としていたが、町はいつしか竹富公民館に「売買」し、所有権が移っている。こうした土地（序章の第二節の4を参照のこと）の位置づけをめぐって、不可思議な書き換えを確認することができる。

※ この「村」は行政村のことをさす。

Feb. 18, 2024

通耕の際に用いてきた西桟橋も、いまや夕日を眺めに観光客が集まる。日が沈むと、次第に星空が浮かび上がる。

第二部　焼香

第二章　子孫の絶えた家の先祖祭祀
——波照間島における預かり墓と焼香地

第一節　はじめに

家の永続という人々の願い(1)は、多くの民俗学者が関心を払ってきたテーマであり、本章の対象とする絶家はこの願いと表裏一体をなしている。家永続の願いがついえるとき、どのような対応をとってきたのだろうか。本書の対象とする沖縄は、凄惨を極めた地上戦などによる大量死を経験した社会である。その事実を前にし、先祖祭祀に携わる者の多くが、どのように戦没者を供養していくのか、その方途に苦心・苦慮してきたという〔笠原 一九八九：八八‐八九〕。

こうした問題への関心は、古くは、柳田國男によって表明されてきたものでもある。柳田は、日本の近代化の過程で、過疎・過密をもたらした向都離村型の社会的移動や大量の若い戦死者たちを生み出した戦争によって、死後の祀り手が不在となり、多くの無縁仏が生じることに危機意識をもっていたという〔中筋 二〇〇六：二四‐二五〕。たとえば、柳田は「今日は永住の地を大都會に移すのは十中八九迄ドミシード即ち家殺しの結果に陥る」〔柳田 一九六二（一九一〇）：三九〕と指摘し、都会に住むと先祖・子孫という考え方が後退し、家の永続を脅かすという。

民俗学や社会学では、こうした生活条件の変化に際し生まれてきた、先祖代々墓の建立〔坪井 一九八六：二一四－二二六〕や共同納骨碑の造立〔孝本 一九九二〕といったしかけに注目してきた。本章の関心もまたこれらと同じくし、以下では、家の盛衰のなかで生じる子孫不在という状況に対し、どのように対処してきたのか注目する。

第二節 分析視角の提示

1 ヤーの永続とシジ

沖縄のヤーは、日本本土のイエと比べると、儀礼的・先祖祭祀的側面でより厳格な性格をもっているという(2)。ヤーは家屋・家庭・世帯・家族などを意味し、日本本土のイエと同様に、なんらかの一系性をもって永続させるといった特徴がある〔小田 一九八七：三四八、渡邊 一九九〇：六八〕。北原・安和〔二〇〇一：二〇－二一〕によると、日本のイエと比べると、沖縄のヤーは実質的な家産の欠如や系譜関係の曖昧さといった特徴があるという。とはいえ、これらの比較研究の多くは、沖縄本島のヤーを前提にしたものであり、本章のとりあげる波照間島を含む八重山諸島は、沖縄本島と地割・土地所有のあり方やヤーの構成原理が異なる点も多々あるため、その異同に注意しながら以下に記述をしていきたい。

ヤーについて述べる際、沖縄社会研究をリードしてきた門中研究は避けることのできないものである。門中とは、ある家〔ムトゥ〕とそこから分かれた分家およびその分家から分かれた家々からなる父系出自集団である。一九六〇年代以降、人類学の領域では、出自論が興隆し、沖縄の門中を対象とした社会人類学研究が活気づいていた〔渡邊 一九九〇：二三一〕。

これらの研究はいくつかの事実をあきらかにした。すなわち、門中観念および制度には地域的な偏差があること、その偏差は首里を中心とする沖縄本島南部の中央から周辺への民俗文化としての門中の波及という過程の中であらわれてきたこと、各地の門中以前の出自体系には柔軟性がみられること、などの事実が調査研究の地域的広がりに伴って指摘されるようになった〔小田 一九八七：三四六〕。これらの事実からして、社会人類学者らは、観念上の準拠枠組みとなる門中という民俗モデルが周辺地域へとスプロールし、在来の古い出自体系に取って代わっているとした〔笠原 一九七七〕。

ここで注目したいのは、これらの研究が門中化以前の古い出自体系をどのようにとらえているのかということである。多くの研究者は「従来から存在していた cognatic な出自を基礎とする何らかの集団、あるいは父系出自を理想型としながらも柔軟性をもって形成されていた既成の集団」〔高桑 一九八二：一五九 - 一六〇〕、ないしは「他系養子・婿養子・非嫡出子を伴う女性の分家、あるいは御嶽祭祀集団への共属など、さまざまな要素を柔軟・未分化に包みこんでいた既存の集団形態」〔笠原 一九八九：八六〕といったように、「双系的」ないし「選系的」な出自体系ととらえている〔ex. 江守 一九六三、村武 一九七〇〕。この「双系的 cognatic」という概念は、「単系的 unilineal」な出自体系に当てはまらないものを一括して示したブラック・ボックスのような概念である〔高桑 一九八二：一五九、渡邊 一九九〇：一〇四〕。

出自論の系譜について再考した渡邊〔一九九〇 七六 - 一一〇〕によると、出自 descent という概念は、アングロ・サクソン的な民俗概念から発し、性 sex という関係基準や血族 cognates に範囲を限定する基準とを含めているという。渡邊は、出自とは個から個への伝達関係を示す原則であり、性基準の他に、居住や土地権、婚姻、養取などの別の基準があるとし、cognatic というブラック・ボックスがそれらの基準の一般化を阻止してきたと指摘する。すなわち、必要なのは、それらの分析概念を無批判的・演繹的に事例にあてはめることではなく、各個別社会の民俗概念を分析概念化していく方法であるという。

こうして沖縄を対象としたエミックな研究から「柔軟」で「未分化」な基準をとらえる民俗概念として、血筋や家筋、ヤシキ筋、世帯筋、権威筋といったさまざまなシジ〔筋〕というものに注目が集まったのである。たとえば、馬淵東一〔一九六五〕は、八重山諸島に位置する波照間島の各家々のなかに複数の拝所に所属している家があることに注目し、それらを把握する分析概念として、男系の血筋を軸としつつも、養子や婿養子を迎えて存続させる「家筋」や婿養子がもたらした男系の「血筋」、別のヤシキに移住した場合に加わる「ヤシキ筋」という三つのあり方を提示し、こうしたさまざまなシジが同時に存在していることを指摘したのである。

くわえて、渡邊のいう権威筋は系譜関係の発見と創造といった系譜の擬制性をとらえたものである〔渡邊 一九九〇：二三九〕。また、中根千枝〔一九六二：二八八‐二八九〕は墓や位牌を媒介とした社会的・作為的な行為の結果、門中への帰属が定まるという極めて注目すべき指摘をしている。これらのエミックな研究は、家の継承には、世代ごとの慎重な交渉とその決定過程があることを示している〔渡邊 一九九〇：七四〕。

本章にもっとも関わる分析概念は馬淵の提示したヤシキ筋である。すなわち、家人の死滅や〔再び帰島する見込みのうすい〕転出した家の屋敷跡に移り住んだ場合、もとの家の帰属していた拝所に対する負担や奉仕義務を相続している事例から、馬淵が概念化したものである。馬淵以降の研究者は、このヤシキ筋という概念を「空間ないし場所〔位置〕そのものに媒介された紐帯」〔笠原 一九八九：九〇〕といった意味で用いている。屋敷に住み続けるという社会的・作為的な行為の結果、シジが発生していると指摘しているのである。しかしながら、馬淵の提示したヤシキ筋の典拠となった波照間島での事例をつぶさにみると、このシジは絶家を防ぐ方法と深く関わっており、屋敷のみならず家総体の処遇の中で検討するべきものである。この家総体の処遇をとらえるためには、預け預かり慣行(3)という特殊な土地利用に関する研究を紐解く必要がある。

2 土地と先祖祭祀との関わり

沖縄県では、明治政府による一八九九（明治三二）年から一九〇三（明治三六）年にわたる土地整理の執行により近代的な土地所有権が確立した。土地整理以前はというと、沖縄本島では、地割制により耕地の大部分が村落の共有地であり、これらの耕地は定期的に割替え・配分されてきた。仕明地という開墾地には私有が認められているものの、家産として相続継承すべき耕地は原則として存在しなかった。

とはいえ、こうした旧慣制度の内容は琉球王国の全域に共通しておらず〔植松　一九九六〕、先島諸島（宮古諸島・八重山諸島）では、生産力の低い低度利用の耕地が多かったので、貢租総額を頭数を基礎とし算定する人頭税方式が取られてきた。耕地に関してはその詳細な実態は未詳ではあるものの〔植松　一九九六：一五一〕、各家の占有権は確認することができる(4)〔Ouwehand 1985 ＝二〇〇四：一四一〕。こうした土地が明治の土地整理により私的所有の対象となった。また、村落内での売買譲渡が可能であった屋敷地に対しては無税であり、家産としての意味が古くから存在していた。

一方、沖縄本島では、屋敷に安置してある位牌を外に移すことを忌避し、屋敷地と先祖との結びつきが強いとの指摘がある〔植松　一九九六〕。預け預かり慣行に注目すると、こうした先祖と土地との結びつきは耕地に対しても及んでいることがわかる。

預け預かり慣行は「同一村落の農家間での無料の土地貸借慣行」〔北原　一九九一：二一二〕として、主として農業経済学者らが関心を払ってきたものである〔ex. 農政調査委員会　一九七六：八六‐九八、磯辺　一九八九、仲地　一九八九、来間　一九九〇：八三‐八六〕。農業経済学者らは、預け預かり慣行の背後に共同体的土地利用の慣行があると仮定し、その経営の側面に関心を払ってきた。なかでも杉原たまえは、この慣行を「土地の所有者または農家構成員が、移民や出稼ぎによって他出する際に、他の家族員や親戚に対して行われる使用貸借であって、基本的に小作料および離作料・有益費などが一切入り込まない農地の維持・保全の方式」〔杉原　一九九一：二六九〕と報告し、流動的な労働力の移動に見合う土地の利用調整としての機能を読み取っている。そうして、預かり地のタイプを、①（移民・出稼ぎなどによる）労働主体の就業状況によるもの、②小商品生産を目的とするもの、③位牌の継承者が不在あるいは欠けた際に、その位牌の移動に付随するもの、という三つに分類している。

預け預かり慣行の経済性に注目する杉原は、このうち、位牌の移動に伴う耕地は経営の中核地にはなりえない周辺的な扱い(5)が与えられているとし、おもに①と②の事例を基に、その柔軟な土地の利用慣行の経営面での合理性を指摘している。結果、位牌の継承者が不在あるいは欠けた際の預かり地の意味を過少に取り扱っている。しかしながら、それらの研究の用いたローデータを確認すると、預かった「土地からの上りは先祖祭りの費用」〔農政調査委員会 一九七六：九二〕といった具合に、家のまつりごととの関わりが強くうかがえる。すなわち、預け預かり慣行は「農地の維持・保全の方式」といった家の経営（土地利用）の側面のみを切り出すのではなく、家の持ち合わせる特徴をふまえ、家総体の処遇として把握するべきものである。

本章の取り上げる波照間島の預かり地は焼香地といい、家のまつりごととの関わりを予感させるものである。これらをふまえ、本章では、波照間島の預け預かり慣行の事例として、構成員の絶えた家の屋敷（宅地）や墓、耕地などの家総体の処遇に注目していく。

第三節　預かり墓の発生

1　地域概況と民俗語彙

本節は、ある多数の墓を抱える一軒の家の生活実態を紐解きながら、島の歴史的な経緯を追ってみたい。その作業にさきだって、まずは、本章の舞台となる波照間島の地域概況について言及する。

波照間島は、石垣島の中心部から約六〇キロメートル南西に位置する。二〇一五年一〇月時点、波照間島の世帯数は二六八世帯、人口は五二一人である（竹富町「竹富町地区別人口動態票」より）。島名の由来は「果ての珊瑚礁〔ウルマ〕」であり、隆起珊瑚礁からなる面積一二・七平方キロメートルほどの扁平な島である（国土地理院「全国都道府県市区町村別面積調」より)。八重山諸島の他の「低い島」と同様に、島内の耕作可能な土地は狭隘であり、耕地の細分化が極度に進んでいる。

島には五つの集落（冨嘉《フカ》・名石《メーシ》・前《メー》・南《ペー》・北《ニシ》）があり、もっとも古い集落の冨嘉は島のやや西部に位置しているが、その他の集落は島のほぼ中央部にかたまっている。各集落にはウチィヌワー〔集落の御嶽〕と呼ぶ拝所があり、集落に居住する人々は家単位にこれらの御嶽に関係している。御嶽の神行事に携わる司やパナヌファ、ヤマニンジュなどの神役・氏子組織は基本的に集落単位で構成されるなど、各集落は政治的・宗教的に一定の独立性を保持している〔上野 一九九六〕。

家のことをヒー、家族をヒーニンジュという。親族関係をあらわす語彙には、父方の親族を意味するタニカタ〔種子や精液・方〕（＝イヤカタ〔父親・方〕）や母方の親族を意味するシィカタ〔土壌・方〕（＝アヴァカタ〔母親・方〕）、共同労働の核となり日常生活の基礎単位となるウトゥザマリなどがある〔Ouwehand 1985＝二〇〇四：一六四〕。このウトゥザマリは親族論でいう双系的な親族カテゴリーであり、エゴや配偶者の兄弟姉妹を含めた横の世代的関係を意味している〔住谷・クライナー 一九七七：一四〇〕。

また、波照間島には、もともとまとまった墓地がなく、墓は集落の周辺や島の北部に散在している。由来のわからない墓も数多くあるが、墓の形態からある程度はその新旧を把握することができる。『波照間島民俗誌』を執筆した宮良高弘によると、墓の新旧は古いものから順番に、第一期：崖のくぼみに放置する崖葬墓、第二期：珊瑚礁の石垣を四角に積みめぐらし、その上に簡単な茅を葺いた墓、第三期：茅葺の代わりにカチョーラ（やや曲がった形の珊瑚の板石）を置いた大型の墓、第四期：亀甲墓という四形態に分類することができるという〔宮良 一九七二：八二〕。現在、祀られている墓は基本的に第三期と第四期のものであり、第二期の墓はシッパカ（捨て墓）といい、野ざらしの墳墓になっている。

2　預かり墓と焼香地

本節では、南集落のA家の事例を通して、預かり墓の実態とその発生について検討する。A家（世帯番号㉓）は沖縄本島勝連半島にゆかりのある家と考えられている（図1）。首里王府の統治下の八重山諸島では、公認の家譜を有する士族階層と平民階層とに分けられていたので、家譜の作成が禁じられていた平民階層のA家の一九世紀半ば以前の親族関係を読み取ることは難しい。なお、現在の当主〔一九一七年生〕の祖父母には、子供が生まれなかったため、隣家のB家（世帯番号㉘）の四男を養子に迎えている。この養子が当主の実父である。

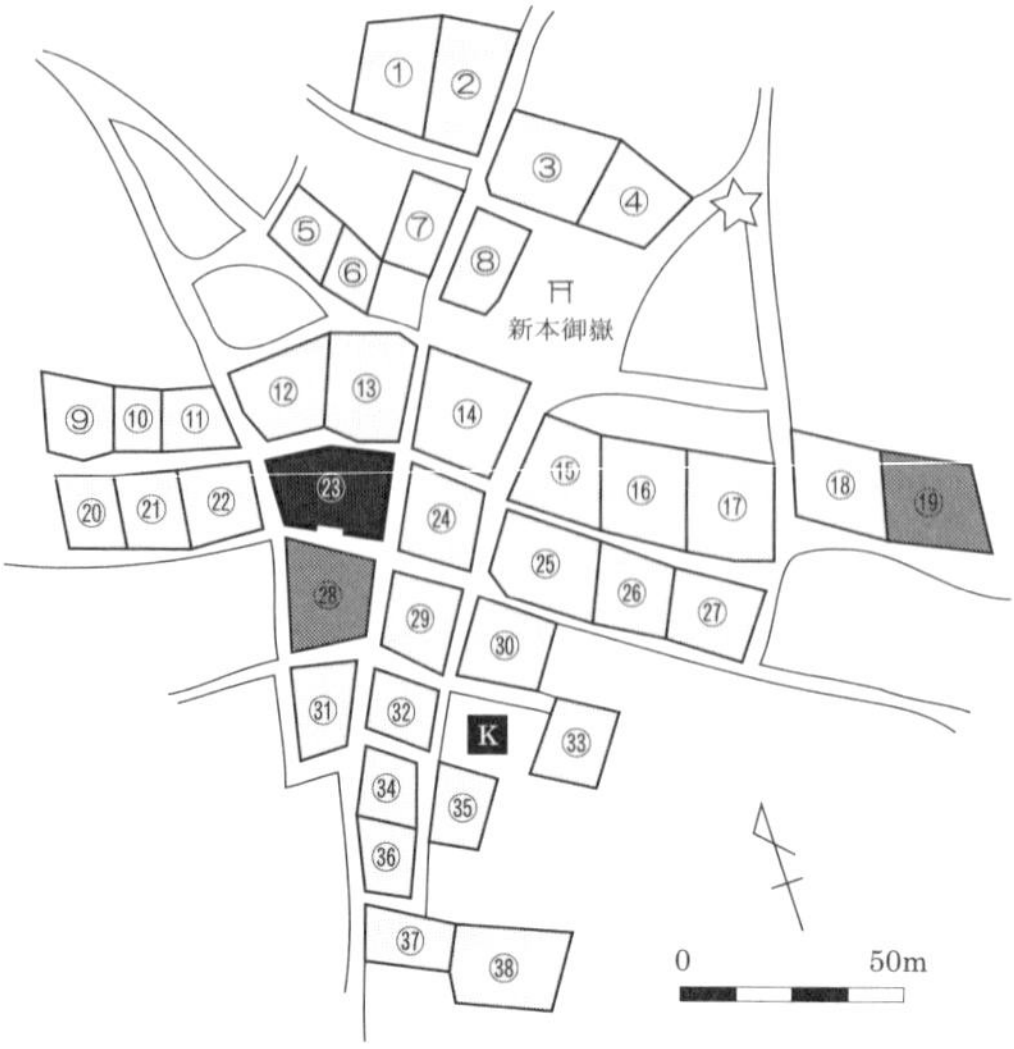

図1　南集落の家と世帯番号

現在、A家では七町歩ほどのサトウキビ畑を所有するに至っている。この土地の集積は島の預け預かり慣行と関連しているようである。実際に墓と関わる契機である盆行事〔ソーリン〕に焦点を当てると、その実態があきらかになる。島では、先祖迎えの日〔シキルピン〕の前に、雑草の繁茂する墓の除草や清掃をし、盆の始まりを告げる焼香をする。A家では六つの墓（ⓐ・ⓑ・ⓒ・ⓓ・ⓔ・ⓕ）をまわっている（表1）。一日では回りきれないので、何日かに分けて墓掃除をしている。一九八七年に新造したⓑの亀甲墓以外は、宮良の分類でいう第三期のものである。この亀甲墓は島の北部のジャングルの中にあるA家の古墓・元墓（ⓐ）が納められた骨で満杯の状態になっていたので、車で通えるようにシィビラ道沿いに新造したものである。この二つの墓（ⓐ・ⓑ）がA家のものであり、その他の墓は他家のものである。島では、こうした墓をアジィカリィ

表1　A家の管理している墓

	墓の名称【家名】	対になる屋敷の所在地	墓の情報：タイプ	状態	預かった時期
a	古墓・元墓	南集落	第三期	自家の墓	—
	【A家】	世帯番号㉓	・現在、納められた骨で満杯の状態 ・墓の側面に早くに亡くなった子の墓室		
b	シィビラの墓	南集落	第四期	自家の墓	—
	【A家】	世帯番号㉓	・シィビラ道沿い（1987年、新造） ・曽祖父・父・母の遺骨を古墓（a）から改葬 改葬の選択は穀籤による（米粒をつかむ、偶数可・奇数不可）		
c	メダレーの墓	冨嘉集落	第三期	預かり墓	不明（おそらく150年以上前）
	【不明】		→現在、A家が墓と焼香地を預かる →屋敷地には、隣家の分家が入る◎		
d	-	南集落	第三期	預かり墓	不明（おそらく150年以上前）
	【不明】	世帯番号⑲	→現在、A家が墓と焼香地を預かる →屋敷地には、隣家（世帯番号⑱）の分家が入る◎		
e	ターレーの墓	南集落	第三期	預かり墓	昭和30年代
	【B家】	世帯番号㉘	→B家の絶家に伴い、A家が屋敷地と墓、焼香地を預かる		
f	-	不明	第三期	預かり墓	昭和30年代
	【不明】	（冨嘉集落？）	→B家の絶家に伴い、A家が墓（＋焼香地？）を預かる もともとはB家の預かり墓か（おそらく150年以上前）		

パカ〔預かり墓〕と呼び、おもに第三期の形態をとっている。

　このうち預かりの経緯がわかっているのは、昭和三〇年代に構成員のいなくなったB家（世帯番号㉘）から預かったⓔとⓕの墓である。B家の屋号はターレーといい、船頭の意味である。古い家らしく、敷地の南東部には屋敷神〔ヤシィキィンカン〕を祭っていた。このB家の衰退の背景には「戦争マラリア」と呼ばれる戦災があった。第二次世界大戦の末期、波照間島から西表島に疎開した一般住民がマラリアに集団罹患し、多数の被害をもたらしたものである（表2）。当時、一日に二度死人を担ぐことがあるほど〝毎日葬式〟であった。全人口一六七一人に対して五五二人が亡くなった。

　戦時下、B家には家長夫婦と長女、長男、四女、五女が住んでいた。ところが、昭和二〇（一九四五）年の初夏から夏にかけて、家長夫婦と長男、五女がマラリアにより次々に亡くなったのである。生き残ったのは長女と四女であった。戦後、長女は結婚し、B家を継いでいたものの、この長女が亡くなり、家族は島を出た。そのため、親族ら関係者が集まり、誰がB家を預かるのかを話し合った。基本的には、日常生活の基礎単位となるウトゥザマリという双系的な親族関係にある家がこうした家を預かるようである(6)。

表3はB家の全所有地と所有権移転先をまとめたものである。墳墓地は所有権移転していないものの、屋敷地や耕地

表2　南集落の世帯別戦災実態一覧

世帯番号	屋号	人数	マラリア関係		戦死者数
			罹患者数	死亡者数	
①	タフケー	12	12	4	
②	ゲートゥー	10	9	1	
③	アリ	13	11	3	1
④	ナッセー	7	7	5	
⑤	アトタジメー	11	11	0	
⑥	サッシィー	7	7	1	
⑦	トンチェー	7	7	2	
⑧	ペットゥー	10	10	2	
⑨	シラホ	10	10	0	
⑩	フナスケー	7	7	2	
⑪	アリ	5	5	3	
⑫	シマジレー	7	7	2	
⑬	タジナー	12	11	5	1
⑭	ムーゲー	10	9	3	
⑮	イジムレー	6	6	3	
⑯	キナムテー	14	14	10	
⑰	アリフナシケー	10	9	3	1
⑱	ブタケー	13	10	2	
⑲	ブタケー	5	5	3	
⑳	トンチェー	6	6	0	
㉑	スマズレー	7	7	0	
㉒	ターフク	4	4	0	
㉓	カッチィェー	15	14	3	1
㉔	スクデェー	7	7	2	
㉕	ソコバレー	16	14	6	2
㉖	クシメー	10	9	4	1
㉗	フナボイ	9	9	6	
㉘	ターレー	6	6	4	
㉙	ゲートゥー	7	7	2	
㉚	メームゲー	11	10	5	1
㉛	ナカフナシケ	8	7	3	1
㉜	メームレー	6	6	4	
㉝	イレベー	6	5	1	1
㉞	メーサッツェー	5	5	2	
㉟	ナガスクバレー	9	8	6	
㊱	スクバレー	12	12	6	
㊲	ソコバレー	6	6	5	
㊳	メーフナシケ	9	9	5	
	計	335	318	118	10

世帯番号は図1のものと対応している。屋号の表記や人数については、史料により若干のゆれがある。

表3　B家の全所有地と所有権移転先

	小字	地番	地目	反別反	所有権移転先の世帯番号		小字	地番	地目	反別反	所有権移転先の世帯番号
1	西原	363	墳墓地	-	-	25	慶原	3873	畑	3,226	㉓
2	毛原	1097	墳墓地	-	-	26	慶原	3875	原野	4,208	⑯
3	毛原	1117	田	720	㉓	27	下白原	3925	原野	12,301	㉓
4	地真津原	1513	田	521	㉓	28	下白原	3928	田	517	⑯
5	加亭良原	1545	田	307	㉓	29	下白原	3946 -1	田	426	⑯
6	据石原	2906	畑	228	㉓	30	下白原	3947 -1	原野	10,014	⑯
7	据石原	2960 -1	畑	420	-	31	下白原	3947 -5	原野	1,412	⑯
8	据石原	3031	宅地	119	㉓	32	下白原	3952	田	124	⑯
9	据石原	3117	雑種地	106	㉓	33	白原	4027	田	217	㉓
10	据石原	3127	畑	23	注記	34	塢田原	4099	田	712	㉓
11	座須加原	3329	畑	1,524	㉓	35	塢田原	4314	田	317	㉓
12	慶原	3657 甲ノ三	畑	2,224	㉓	36	塢田原	4315	田	227	㉓
13	慶原	3657 甲ノ二一	畑	18,009	㉓	37	塢田原	4318	田	126	⑩
14	慶原	3657 甲ノ二四	原野	4,322	㉓	38	志多阿原	4513	畑	823	㉓
15	慶原	3721	田	319	㉓	39	志多阿原	4519	畑	4,619	㉓
16	慶原	3766	田	610	㉓	40	志多阿原	4524	畑	3,218	㉓
17	慶原	3789	田	204	㉓	41	志多阿原	4528	畑	3,019	㉓
18	慶原	3794	田	112	㉓	42	志多阿原	4566 -13	畑	2,005	㉓
19	慶原	3795	田	103	㉓	43	伊勢野原	4711	原野	9,901	⑯
20	慶原	3865	畑	1,614	㉓	44	伊勢野原	4750	畑	303	㉓
21	慶原	3868	田	117	㉓	45	伊勢野原	4758	畑	810	⑯
22	慶原	3870	田	222	㉓	46	大真津	5157	田	218	㉓
23	慶原	3871	田	919	㉓	47	美里	5455	田	715	㉓
24	慶原	3872	田	1,015	⑯	48	西比矢	6185	田	2,002	㉓

土地台帳により作成した。世帯番号は図1のものと対応している。なお、地番3127の畑は、図1に未掲載の南集落の新しい家に所有権が移転している。

の多くがA家へと所有権が移転していることがわかる（面積に換算すると、田：七九％・畑：九七％）。これらの耕地をパカサリィヌピテ／タナという。この語彙の組成は、パカ〔墓〕＋サリィ〔添える〕＋ヌ〔格助詞の「の」〕＋ピテ〔畑〕／タナ〔田〕であり、墓に添えられた耕地を意味している。現在では、もっぱら焼香地と呼んでいる。預かる家は基本的に自家の労働力との兼ね合いから、良い耕地を選択的に焼香地として預かるため、集落から遠く離れた条件の悪い小耕地などは放棄されることがあるという。

すなわち、波照間島の預け預かり慣行は、構成員の絶えた家の墓の焼香の義務を他家が継承する代わりに、それらの家の耕地を預かるというところに大きな特徴がある。家を預かるということは、屋敷〔宅地〕や墓、耕地などをセットで預かることを意味するのである。当時、波照間島では土地改良事業を進めていた時期であり、B家の耕地を預かるには、ある程度の資金力が求められていた。その余力があり、かつ「父の生家だから」とA家がB家の世話をすることになり、以降、A家が屋敷地や墓（ⓔ・ⓕ）、焼香地を預かっている。

一方、ⓒとⓓの墓を預かる経緯は未詳である。とはいえ、その墓とセットになる屋敷地の情報は伝わっている。ⓓは南集落の⑲の屋敷地に住んでいた家（家名未詳）の墓である（図２）。現在、この屋敷地には⑲の隣家（世帯番号⑱）の分家が入っているため、A家ではⓓの墓と焼香地を預かっていることになる。

図２　Ａ家の預かり墓のひとつ
うっそうとしたジャングルの中にあることがわかる（ⓓ）。
（筆者撮影／ 2012.08.26）

特筆すべきは、冨嘉集落の周辺にあるⓒの墓である。この墓は冨嘉集落のメダレーという屋号の家のものであり、この屋敷地にはいつしか隣家の分家が入り、今や、この家を預かったA家の当主のみがメダレーという古い屋号を記憶にとどめている[7]。興味深いのは、B家から家を預かった際に、B家の墓（ⓔ）と一緒に預かったⓕの墓もまた冨嘉集落周辺に位置しているという事実である。おそらく、この二つの預かり墓（ⓒ・ⓕ）は、一七七一年の津波とその後の寄百姓という政策によるものと考えられる。

一七七一年の明和大津波は先島

諸島（宮古諸島・八重山諸島）に甚大な被害をもたらした。ただし、この津波の被害の大小は地域によって大きく異なっていた。津波の被害状況をまとめた行政史料〔石垣市総務部市史編集室編　一九九八：四八〕によると、波照間島の住民一五二八人のうち津波の被害者は、公務で石垣島に出掛けていた一四人であった。一方、石垣島の南部村落は壊滅状態に陥っていたため、首里王府は被害の軽微であった地域から甚大であった地域へと、大規模な移住政策である寄百姓を施行したのである。波照間島民の多くが寄百姓の対象となり、石垣島の南部村落（白保村(8)へ四一八人、大浜村へ四一九人）に移住を余儀なくされた。その結果、島の人口の半数以上（約五五％）が流出し、島内にとどまった住民は六七七人（約四五％）に過ぎなかった。新村を建設し、農産増強・人口調整を図る寄百姓は、津波前からしばしば実施されてきた政策であり、波照間島からは一八世紀中に計一八一七人程を他島へと輩出している(9)。家産をもっていくことができなかったこの政策実施が預かり墓という形態を数多く生み出すひとつの契機であったと推察しえるのである。とくに、冨嘉集落の住民の多くが寄百姓の対象となったという。これらの事実にかんがみると、ⓒのメダレーの墓は寄百姓の際にA家が預かることになり、一方、ⓕの墓はB家が預かったものの、戦後、B家の構成員がいなくなったため、A家がまた預かりをしているととらえることができる。

波照間島の御嶽集団に注目した馬淵が「石垣島南岸で多数の人命を奪った一七七一年の大津波の後、そのいわば穴埋めとして波照間島から大量の強制移民が行なわれました。他方に、西表島にも移民が強制されております。これらが波照間島での氏子集団編成にさまざまなえいきょうを与えたことは、想像にかたくありません」〔馬淵　一九六五：四〕と指摘するが、寄百姓の施行は氏子集団の再編成のみならず、先祖代々が守ってきた屋敷（宅地）や墓、耕地などを在郷者へと託す預け預かり慣行の活発化をもたらしたと考えられるのである(10)。すなわち、ひとつの家が複数の御嶽に所属している場合、こうした所属義務は「預け預かり慣行」によって他家からもたらされたものである。

また、A家の預かったⓒとⓓの事例をみていくと、預かり墓と焼香地がセットになる一方、屋敷地は他の家の分家に利用されていることがわかる（表1の◎）。一般的に、沖縄本島では、家が絶えた後でも位牌を屋敷外に移し運ぶ行為や屋敷地の売買は忌避されるという（村武 一九七五：一五〇‐一五八、竹田 一九九〇：一〇三‐一〇五、植松 一九九六）。位牌が安置された屋敷はその空間と先祖とが結びつき特別な意味を帯びるからである。他方、位牌を祀る習慣が一八～一九世紀（波照間では一九世紀中葉か）にわたって後発的に入ってきた八重山諸島では、沖縄本島と比べると、位牌と屋敷との結びつきを示す観念が弱いという特徴がある（竹田 一九九〇：一〇五）。この事実を裏返して考えると、屋敷地の融通の利く利用がなされてきたⓒとⓓの家は位牌を祀る習慣が浸透する以前の、少なくとも一五〇年以上前から預かられていることになり、これらの預かり墓の発生と一八世紀の寄百姓との関わりがうかがえる、もうひとつの証左となっている。

本節では、ひとつの家を事例とし、預かり墓の実態とその発生について言及してきた。こうした事例は古い家になるほど、よく見受けられるものである（宮良 一九七二：八一）。ここにあったのは、戦災や津波後の政策などによって構成員の絶えた家を他家が預かっていくという実践であった。家は世代をこえて直系的に存続・繁栄することを重視するが、本節で取り上げた子孫の絶えた家は、屋敷（宅地）や墓、耕地などの世話をするひとを預け預かり慣行を通じ補充してきたのである(11)。

第四節　墓との関わり方と家の生死——再興する家・消滅する家

戦後の土地利用の変化（耕作放棄地の増加）によって、島のジャングルはよりうっそうとしたものになった。ジャングルにのみこまれた墓の世話は、車やシニアカーで通えない高齢者にとって大変難儀なものである。さきに、前節では、多くの墓を預かり続ける家を紹介したが、墓を多数持つことは世話する家にとって負担になっていることは否定できない事実であり、家々の事情によっては、墓に何かしらの変化を加えざるをえなかった。

本節では、墓に対する対処の事例を二つ取り上げる。ひとつは、預けられていた家が再び興った事例であり、こうした状況に対し、どのような対応をとったのか記述する。もうひとつは、家を預かったものの、「誤った」対応によって家が衰退していった事例である。これらの事例を通じ、墓への働きかけの有無が「家の生死」に関わってくることを指摘する。

1　家の再興と寄せ墓

名石集落のある預けられた家の再興の事例を取り上げる。名石集落のC家は同集落のD家の分家であり、D家が預かっていた屋敷地に分家した家である。この屋敷地には大底家[12]が暮らしてきたが、明和大津波後にこの家は石垣島の大浜村に寄百姓した。そのため、近隣に位置するD家がこの家を預かっていた。ここにD家は分家を出し、この分家（C家）がもともとの屋号や財産、墓、帰属御嶽と、名石村の第二の宗家〔トゥニムトゥ〕としての役割を相続した〔Ouwehand 1985＝二〇〇四：一七三‐一七四〕。現在では、C家と大浜村に移住した大底家とのつきあいはなくなったものの、一九六五年にフィールド調査をしたOuwehandは、時々つきあいがあると報告している。

こうした再興する家の事例は、御嶽集団に注目した馬淵〔一九六五：五‐六〕によって、寄百姓によるもの（一例）や戦争マラリアによるもの（三例）、台湾への転出によるもの（一例）の計五例が報告されており、いずれも家の構成員の死滅や帰島の見込みのない移住の後に、新たにその屋敷地に入ったものが、もともとの家の拝所に対する負担や奉仕義務を相続していると指摘する。預けられた家の再興は、こうした拝所に対する負担や奉仕義務にとどまらず、もともとの屋号や財産、墓をも相続することで果たされるのである。

戦後、C家はジャングルの中に散在してあった三つの墓を車で行けるように道沿いの区画に墓を寄せた[13]。ただし、C家の墓と大底家の墓とをまとめることはできないとし分けた（図3）。この形態や配置からすると、C家が大底家の墓を預かっているようにみえるが、C家の当主［年齢未詳］は「C家になってから三代目ではあるが、大

図3　寄せ墓した墓地
左から①子供の墓、②C家の墓、③大底家の墓。幼児や自殺者の墓をスディパカといい、本墓とは分けることが多い。宮良の分類でいう第三期の墓は、墓の側面に墓室を設けるが、第四期の亀甲墓は、上図のように本墓から離して設置する。

底家から数えると自分が何代目かはわからない」とし、同じ「先祖からの墓」であり、預かり墓ではないという。当主の説明によると、預かり墓とは「タビにでた家が誰かに残した墓を預けるもの」という。この当主の解釈は、小田〔一九八七〕の「血筋を基盤とする家筋」と「ヤシキ筋を基盤とする家筋」という家筋の直系性を把握するための分析概念を用いると理解が進む。ヤシキ筋とは「屋敷地を起こした者（創始者）からその屋敷地に住み守ってきた者への継承ライン」〔小田 一九八七：三六二〕であり、生活空間である屋敷に暮らしてきた代々をシジとしてとらえるものである。これに準ずると、現在のC家の当主は「血筋を基盤とする家筋」的にはC家の三代目であり、「ヤシキ筋を基盤とする家筋」的には大底家から接ぎ木されたシジとして理解することができる。

すなわち、D家が分家（C家）を出すまでは、大底家の墓はD家の預かり墓であったが、分家創出後、この家を引き継いだC家はD家にとっては分家ではあるものの、大底家を再興した家として、現在に至っているのである。

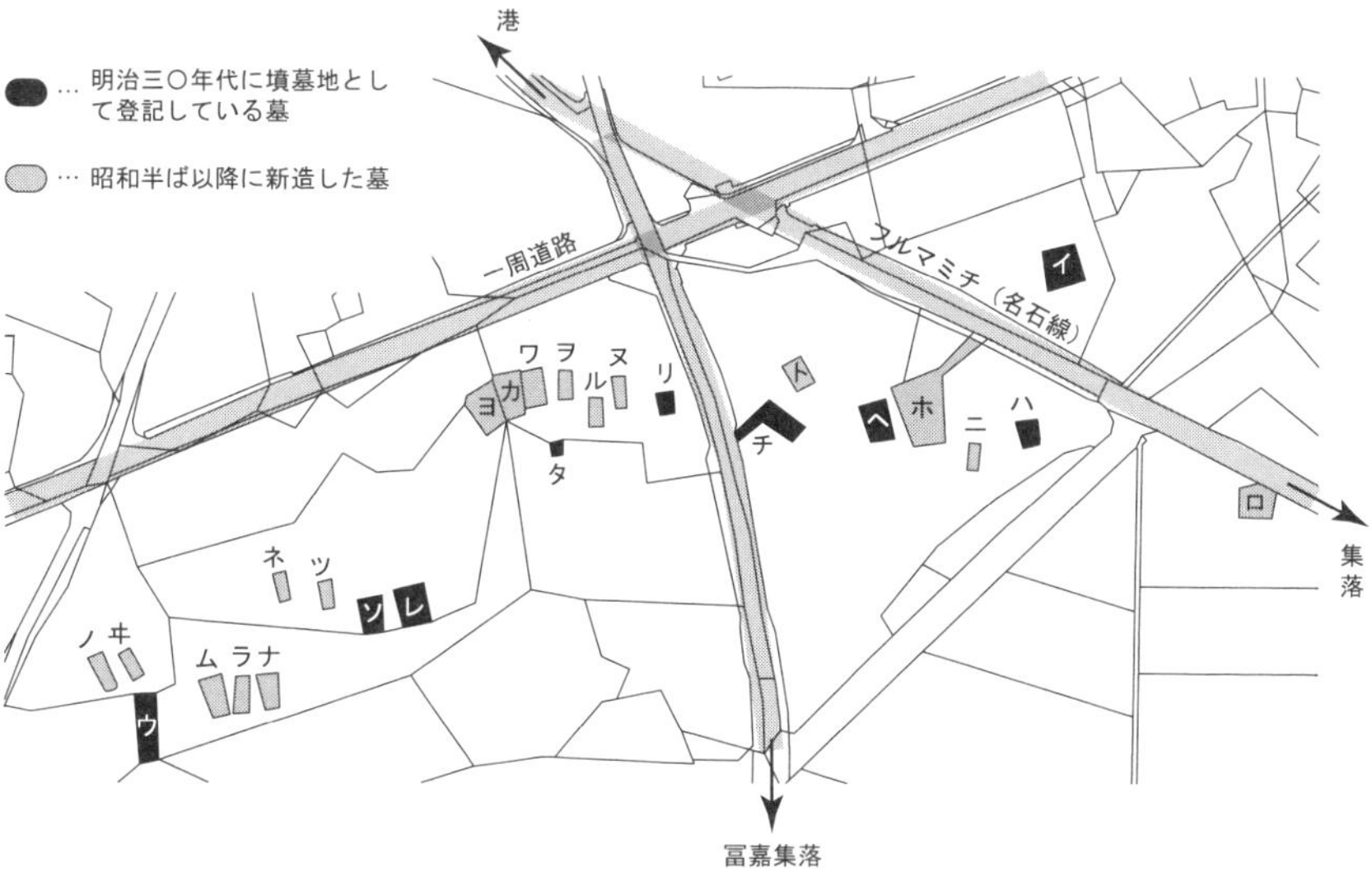

図４　条件の良い道沿いのエリアと新造墓
「ロ」の墓は図３の墓地である。なお、「ヘ」の墓は現在、鬱蒼としたジャングルにのみこまれている。また、「ツ」と「ヰ」の墓は現在、潰してある。（地籍図、土地台帳により作成）

以上のように、本事例からは、墓を道沿いの一か所にまとめることで「先祖からの墓」の世話の簡略化を図っていることがわかる。こうした寄せ墓は戦後の過疎化以降の大きな傾向となっている。たとえば、前集落のある本家は、島から出た分家の墓を預かった後、三つの墓をまとめている。この場合、本家分家関係なのでひとつの墓にまとめている。道沿いに墓を寄せることができると、高齢者は自らの手によって墓の世話をし続けることができるのである（図４）。

とはいえ、墓をひとつ寄せるにせよ、個人の一方的な裁量による安易な移転は忌避される。そのため、墓の新造や寄せ墓による改葬の際には、宗教的職能者であるユタ[14]に穀籤などで占ってもらう。関係者らが安心してその移転を支持できるよう、ユタなどの専門家による儀礼行為やユタの所有する《秘知》〔小田一九八七：三六九〕を通すことによって、自らの選択や判断の正当性を担保させているのである。寄せ墓という実践は、過疎化や土地利用の変化に対するものであり、墓への働きかけを維持していくためのひとつの技法である。

2 〝ちびれてなくなった〟家と無縁墓

次に、墓を放棄した家の事例を取り上げる。なお、この事例はその性格上、仮名で表記している。一般的に、墓の世話をする人が不在になり、働きかけを失った墓を無縁墓という[15]。冨嘉集落のＦ家はＥ家から分家した家であり、現在の当主［一九四四年生］は分家して六代目を数える（図５）。昭和の前期、子沢山であったＦ家が栄える一方、Ｅ家のひとり息子伸介は出征し、南鳥島近海において二四歳で戦死した。戦後、伸介の妹ヨチは二人の婚外子を授かったが、長男はイザリ漁〔夜の潮干狩り〕の際に水死した。

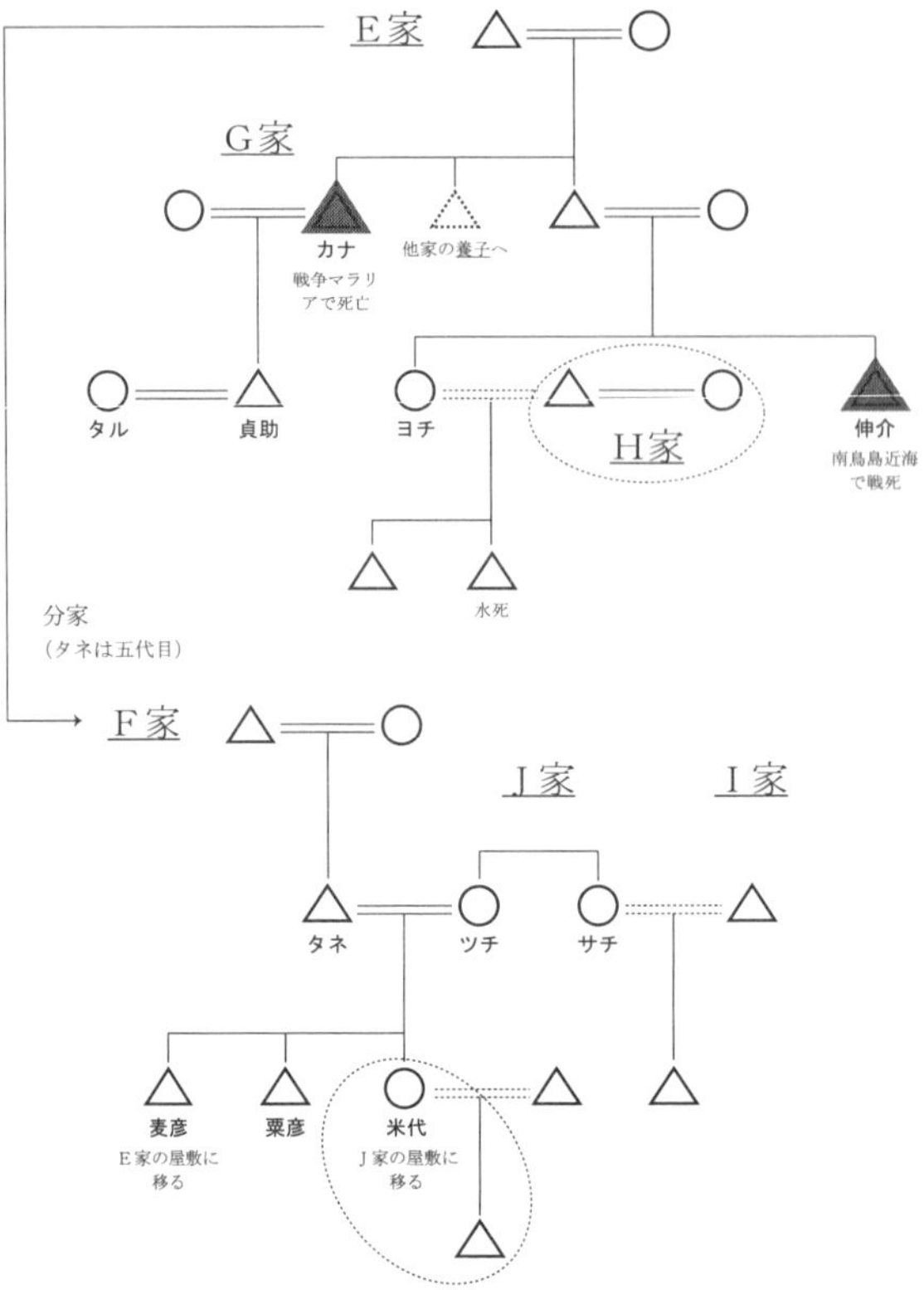

図５　Ｅ家周辺の親族関係（簡略図）
Ｅ家、Ｆ家、Ｈ家、Ｉ家、Ｊ家は冨嘉集落にあり、Ｅ家から分家したＧ家は前集落に位置する。タネの妻ツチは冨嘉集落のＪ家生まれであった。戦後、Ｊ家は南米のボリビアに一家で移住した。そのため、タネはＪ家の家産を買い上げ（当時の値段で 1000$ ほど？）、長女の米代家族に譲った。ツチの姉妹であるサチはＩ家に婚出するものの、夫が戦後内地から帰ってこなかったので離婚し、Ｊの姓に戻す（こどもたちはＩ家の姓のまま）。サチが亡くなった後、こどもたちはサチの生家のＪ家の墓を米代家族から譲ってもらい、サチをその墓に祀った。

そうして、E家の屋敷ではヨチがひとり暮らしていた。ヨチが亡くなると、E家の土地をめぐって争いが起きた。島の宗家のひとつであったE家は多くの土地や墓を所有していた。F家とヨチの内縁の夫のH家との争いであった。分家して五代目になるF家のタネは、ヨチの子供は「タニ〔父系〕違い」〔麦彦談〕であり、他方、F家とE家は「同じヤー〔家〕」であるとし、二男麦彦を本土から呼び寄せ、空家になったE家の屋敷に住まわせることにした。タネは自らの長男粟彦にF家を継がせることにし、二男麦彦にE家を継がせることにしたのである。一方、H家はE家の耕地をサトウキビ栽培に利用するに至った。

E家の屋敷に住むことになった麦彦は、その屋敷地を自身の名義へと変更した。麦彦の母ツチは多数の香炉をもちさまざまな神を拝むひとであった。そのツチの影響も手伝って、E家の屋敷に移った麦彦は、E家の墓や位牌を一度限りの拝みで済むようにあいさつし、その後、「個人的に処分した」〔麦彦談〕のである。麦彦は墓を放棄し、位牌を屋敷内のグック〔家周りの珊瑚の乱積み〕に捨て置いた。

ヨチの死後に起きたE家をめぐる騒動はF家とH家との土地をめぐる争いにのみとどまらなかった。E家から分家したG家にまで問題が及んだのである。G家はヨチの叔父カナがE家から耕地を二か所分けてもらい分家した家である。E家の墓が無縁墓となった後、G家の貞助に「祟り」がふりかかってきたのである。夜の一二時を過ぎると、貞助の手足がきまって「水になって（沈溺によって体が不自由になったかのごとく）」動かなくなるのである。症状があまりに悪化したために、石垣島のユタに尋ねると、海で亡くなった人が引いているという。E家の水兵であった仲介の南鳥島近海での死やその甥の水死という事実があったので、確からしく聞こえた。そのため、竜宮の神に山羊の生贄をささげ、彼らの魂が海からでられるように祈った。その甲斐もあってか、貞助の病は回復していった。

G家では、この一連の出来事をE家に住む麦彦が「E家の墓のウヤピトゥ〔神格化した先祖〕を捨てた」〔タル談〕ためであると解釈している。何度も墓の世話をするようにうながしたが、麦彦はそれらを放置していた。貞助の妻タルは代理で、一六日祭〔ジィルクニチィ〕や盆には本家の墓を掃除し、供え物もしてきたが、オートバイを乗りこなせない歳になってからは、E家の墓には雑草が繁茂し、無縁墓となっている。タルはF家のひとがホトケ行事を破ったので、E家は「ちびれて（すり減って）なくなった」という。G家のものからすると、ウヤピトゥを捨てたE家はすでに衰退し、消滅しているのである。

一方、E家の二五代目を自称する麦彦は嫡子がいないので、この家は自身の代で終わると答えている。とはいえ、墓や位牌を放棄したE家の実態をみると、G家のものがいうように、すでにこの家は消滅しているといえる。「先祖からの預かりもの」に対する働きかけが途絶えることによって、家としてのシジが断ち切れているからである。すなわち、家を「正当的」に継ぐということは、たんにその屋敷地の所有権をもっているといった近代的所有観念を典拠にするものではなく、預かりものに対する働きかけを周囲の人々に認知させてこそ成立しうるものといえる。家の生死は預かりものへの働きかけの有無によって定まるのである。

本項では、E家の構成員が絶えた後、その屋敷に移り住んだF家のものの墓や位牌との関わり方と、それによって生じたG家の混乱の事例をたどった。このE家の屋敷に入ったもののやり方は「個人的」な裁量によるものであり、関係者らが経験的に納得できるしきたりに基づかないものであった。ゆえに、この「間違った」〔タル談〕先祖祭祀の影響が家を分けたG家にまで及んできたのである。

本節では、構成員の絶えた家の屋敷地に他家のものが移住した事例を取り上げた。これらの事例の記述を通し、墓への働きかけを維持し続けることが「家の生死」に決定的に関わってくることがあきらかになった。すなわち、馬淵がヤシキ筋という分析概念でとらえようとしたものは、じつは祭祀筋と名づけるほうがより正鵠を射ていると考えられるのである。

第五節　おわりに

本章の目的は、絶家にさいなまれてきた地域において、どのように絶家を防ごうとしてきたのかをあきらかにすることであった。ここにあったのは、戦災や津波後の政策などによって絶えざるをえなかった家を他家が預かっていくという実践であった。具体的には、構成員の絶えた家の墓の焼香の義務を他家が継承する代わりに、それらの家のもっていた耕地を焼香地として預かるというものであった。むろん、こうした絶家をめぐる習俗は日常的に起こりうる絶家に処するものであり、かつ歴史的な非常事などに活性化するものである。突き詰めていうと、沖縄社会は戦争にのみとどまらず、災害や政策、過疎といった生活条件の大きな変化を被り、絶家後の対処法が拍車をかけて習俗化してきた地域ともいえる。

一般的に、絶家は系譜的な直系性の断絶を条件とするが、本章があきらかにしてきたのは、屋敷（宅地）や墓、耕地などの「先祖代々が守ってきたもの」への働きかけがなされている限り、家は潜在的に生きているという生活事実であった。子孫の絶えた家は焼香の義務を他家に託しつつ、潜在的に生きながらえているのである。そのため、たとえ登記簿上の所有権者であっても、預かった墓や焼香地を恣意的に処分することはできないのである(16)。

一方、預かった家にとって預けられた家は新たなる分家の受け皿となった。ここに、預けられた家の負担や奉仕義務を相続した古くも新しい分家が創出されてきた。こうした馬淵のいうヤシキ筋が血筋・家筋と決定的に異なる点は、構成員の絶えた家を他家が預かった際に発生するところにある。第一に、家が預けられた状態にある段階では、預かった家が預けられた家の潜在的なシジを背負い、第二に、預けられた家に分家を出し、その家を再興した段階になるとシジが顕在化し、その分家はそのシジに接ぎ木される。どちらにせよ、先祖観念と強く結びついたものを祀ることがこのシジを存続させる条件となっている。

図６　廃屋での先祖迎え
構成員の絶えたＢ家の二番座。盆には、Ａ家のものが先祖を迎える準備に携わる。
（筆者撮影／ 2009.09.02）

すなわち、厳密な意味において、馬淵の提示したヤシキ筋とは「空間ないし場所（位置）そのものに媒介された紐帯」や「屋敷を基準とした系譜」〔渡邊　一九八五：一三四〕といった屋敷に規定されるものではなく、「預け預かり慣行」という家総体の処遇の中で発生し、土地利用と焼香という権利義務関係を基にした先祖への働きかけという再帰的な行為により存続するものである。本章はこうした継承のあり方を祭祀筋と名づけた。「預け預かり慣行」は「同一村落の農家間での無料の土地貸借慣行」といった共同体的土地利用の慣行というより、先祖への焼香の義務を伴った贈与慣行なのである。

ここに至って、絶家とは「先祖代々が守ってきたもの」の世話をするひとが不在になることと示すことができる。つまるところ、こうした絶家をめぐる習俗は、家の系譜制を一時的に凍結させつつも、他家の先祖祭祀に擬制的な子孫として携わっていく実践(17)である（図６）。

ここにあるのは、継ぐもののいない自らの家の先祖や墓、屋敷の行方を憂慮する心残りの心意であり、一方には空家を確保し、二・三男を補充し、分家させてやりたいという生活保障の心意である。この二つが重なり合ったところで、焼香の約定としての焼香地が生まれている。このように絶家への対処法をとってきたのである。

〈注〉

（1）たとえば、柳田は「死んで自分の血を分けた者から祭られねば、死後の幸福は得られないといふ考へ方が、何時の昔からとも無く我々の親達に抱かれてゐた。家の永續を希ふ心も、何時かは行かねばならぬあの世の平和のために、是が何よりも必要であつたからである」〔柳田 一九六三（一九三一）：三〇七〕という。また、竹田〔一九五七：二一〕は、家の永続は家の始源に対する重大な関心と深い尊敬を根拠とした社会的な当為であると指摘している。民俗学があきらかにしてきたように、日本の家には、死者は祀られることで神に昇格するという先祖観があった。この祭祀を担うのが子孫であり、この先祖という観念が家の存続を切望させたともいえる。有賀〔一九七一：一三〇〕は、こうした家の系譜関係を尊重する観念は家が構成員の生活保障の単位としてあったことに由来すると指摘している。

（2）沖縄の家〔ヤー〕は行政・祭祀単位としてあり、権利と義務を伴った法人格としての性格をもっている。ただし、ヤーは村の成員として政治・法制的機能を担っていたが、公租賦課原理が人頭割であることからうかがえるように、法制的に整備されたイエ的統制集団としての性格は弱かったとの指摘がある〔北原 一九九一：二一〇〕。

（3）『沖縄大百科事典　上巻』では、預け預かり慣行を「慣行による農地使用の一形式。沖縄では、戦前から〈預け預かり〉という事実上の使用貸借ともいうべき小作慣行が行われている。この小作慣行の発生は、海外移民・出稼ぎなどを理由とする場合と、相続慣行に基づき、非農業者に農地の相続が行われた場合に起因するものと理解される。預け預かりの当事者間では、地主と小作人というような小作関係として成立したものではなく、預け手が所有する農地を耕作することができないことから、その農地の管理（耕作）を、より近い親族を選定し、依頼する形式をとっている。預かり手は無償で管理（耕作）をすることになるが、預け手がその農地を必要とするときにはただちに返還する。このような傾向の土地を一般に預け預かり地といっている」〔石川 一九八三：五七〕と説明する。

（4）竹田〔一九九〇：一〇五・一〇六〕によると、先島諸島では、先祖伝来の地をあらわす民俗語彙がとくに発達しているという。たとえば、宮古諸島の宮古島市砂川では、ムトゥズー〔元地〕やイパイズー〔位牌地〕、カムノズー〔神の地〕、八重山諸島の石垣市川平では、ウヨンダ〔親の田〕などと呼ぶ。また、宮古諸島の池間島には、ヤーダマズーという民俗語彙がある〔仲地一九八九：三三〕。仲地はこのヤーダマズーを「家の分の土地」と訳しているが、タマスは「魂」の意味なので、「家の魂」と訳すほうがより正鵠を射ている。

（5）なぜ、周辺的な扱いになるかというと、こうした位牌とセットになった耕地は、その利用者が恣意的に整理・処分することができないためである。

（6）おそらく、一八世紀の津波後の大規模な移住政策によって生まれた多くの構成員が不在となる家をウトゥザマリ内で処遇することが難しかったため、集落の範域を超えるⓒ・ⓕのような預かりが生じたと考えられる。

（7）現在の当主XさんはA家の二男だったため、彼の祖父〔一八六六年生〕は幼少期のXさんにメダレーを継ぐことを約束していたという。そのため、Xさんはメダレーという屋号を記憶にとどめている。しかしながら、Xさんの兄が戦病死し、二男のXさんがA家を継ぐことになった。

（8）石垣島の白保村には、千人墓〔センニンバカ〕と呼ばれる津波犠牲者たちの古墓があった。一九八三年の明和大津波遭難者慰霊之塔の建立以降、この千人墓はあまり顧みられなくなっている。

（9）津波前の寄百姓では、波照間島からは、一七一三年に石垣島の白保村へ三〇〇人余り、一七三四年に西表島の南風見へ四〇〇人余り、一七五五年に西表島の崎山村へ二八〇人を輩出している〔石垣市総務部市史編集室編 一九九九〕。

（10）たとえば、南集落のメームゲー（世帯番号㉚）は、その南側の家（図1のK）を津波後に預かった。現在、メームゲーは三つの墓をもっているが、このうちのひとつがK家からの預かり墓であり、焼香地による土地の集積が進んでいるという。

（11）日本の家を宗教性の側面からとらえようとした竹田は「断絶した「家」の存続要求に沿って新しく一家創設が行われることであるが、厳密にはそれも断絶ではなく家族の消滅によって「家」が一時潜在状態にあるにすぎない」〔竹田 一九五七：二〇・二一〕と指摘する。

（12）Ouwehand（1985＝二〇〇四：一七四）では、「大城家」と誤記しているが、正しくは大底家である。

（13）本章では、寄せた墓を便宜的に「寄せ墓」と呼ぶ。

（14）個人的な依頼に応じ、占い・判断・祈祷・死者の口寄せなどを行う民間宗教者の総称をさす。

（15）無縁墓を活用した事例も少数ある。名石集落のL家は戦後台湾から引き揚げてきた。母は冨嘉集落のF家の出身であったが、父は台湾のひとであった。そのため、L家は自家の墓をもっていなかった。ところが、家族が突然亡くなったために墓を早急に必要とした。同集落の先輩の助言に従い、誰のものともわからない墓を「磨いて」使用した。先輩に聞くと、おそらく、昔の人が造ったユーヌグドゥパカ〔未詳〕であるという。願い人〔ユタ〕に聞くと、女性が入っていた墓という。その後、自分たちで新しく墓を造ったが、何十年か借りてきた義理立てとして一六日祭にはこの古墓の世話をしている。話者によると、この墓の位置する土地は「墳墓地」としても登記されていないという。

（16）預かって長い年月を経た焼香地は預かりのニュアンスが次第に弱くなり、自家の土地と同じような処分がなされることがある。たとえば、近年の土地改良が耕地の区画を変更し、かつ換地を進めたために、自家の耕地と焼香地を区別する感覚が薄らいでいる。すなわち、焼香地としての明確な輪郭を失ってきているといえる。

（17）自らの家の先祖祭祀と預けられた家の先祖祭祀とでは、基本的には同様の祭祀を行っているものの、銘々の先祖に対する親しみには当然遠近があり、預けられた家の先祖祭祀は土地利用に伴った焼香の義務感に支えられている。

第三章　地域コミュニティと無縁墓の守りの方法

第一節　地域生活の課題と墓地行政

近年、無縁墳墓（葬られた死者を弔うべき縁故者が不在となった墳墓）の数が増加しているという。少子高齢化や過疎化、ライフスタイルや家族観の変化により、民法上の祭祀財産である墳墓の承継者を確保することができなくなっているからである。虫食い状に草木に覆われた無縁墳墓が増えることで墓地が荒廃し、それらの撤去費用による財政圧迫、はては墓石の不法投棄などが、新たな政策課題にのぼっている。

これらの問題に対し、近年の墓地行政の基本的な方針は、墓地の区域化・集約化と無縁墓の合葬式共同墓（無縁塔）への改葬を軸としている。一九九九年の「墓地、埋葬等に関する法律施行規則」の一部改正により、墓前に連絡を求める立札を立て、官報公告から一年間の猶予期間に縁者が名乗り出ない場合、無縁墳墓と認定するようになった。こうした改葬の手続きの簡素化により、無縁墳墓を合葬式共同墓などへ改葬し、空いた墓地を新たに貸し出すという墓地の循環を企図しているのである。

沖縄県の例では、公共事業や宅地開発による無縁墳墓の改葬が全県でもっとも高いという〔森 二〇〇五：一八－一九〕。もとより散在する傾向にある沖縄の墓制に加えて、公共事業への高い依存率や、戦災や過疎によって死者を弔うべき縁故者が不在となってきたことがより拍車をかけてきたからである。

現在、八重山郡でも墓地用地の集約化を図る墓地基本計画の策定が進んでいる(1)。たとえば、石垣市では、市街地の拡大で墓が集積する区域に住宅が建つようになり、住宅地と墓地とが混在する市街地が形成されつつある。一方、墓地用地の不足から市街地周辺で墓地の拡散が進んでおり、二〇一三年、石垣市は無秩序な開発にならないようにと、墓地区域および墓地禁止区域を設定する墓地基本計画の素案を作成している。素案によると、少子高齢化の進展による無縁墓の増加に対し、墓地管理の代行促進や管理型墓地の利用をうながす必要があると指摘している。

また、竹富町自然環境課では、沖縄振興特別推進交付金（一括交付金）事業を活用した島々の景観形成事業の一環として墓地に関するアンケート調査や墓地実態調査を実施している。「竹富町墓地基本計画」（二〇一五年七月）によると、二〇一四年時点で町内には九七〇基の墳墓が点在し、そのうち、所有者不明や無縁墓などは一〇〇基近くにのぼっているという。この墓地基本計画は、墓地の散在を防ぐことや墓地の計画的な集約を図ることで生活環境の保全、観光地としての質の高い景観の保全に寄与することを目的としている。

各自治体が墓地基本計画の策定に取り組むなか、無縁墳墓をめぐって課題となるもののひとつが所有権の問題である。たとえば、『毎日新聞』（二〇一六年九月二三日付）によると、熊本地震で被災した市営の墓地では、墓石全体（約一万八〇〇〇基）の約六割にあたる約一万三〇〇〇基が倒壊している。しかしながら、墓石は私有財産にあたり、移動するには所有者の事前承認を取る必要があり、墓地の復旧において法の壁が立ちはだかっている。

また、民法第八九七条（祭祀に関する権利の承継）の規定によると、墳墓の所有権を承継するものは「祭祀を主宰すべき者」とゆるやかなものである。とはいえ、公営墓地の規定の多くでは、承継者の範囲を民法上の「親族」（六親等内の血族、配偶者、三親等内の姻族）にかぎっている。

すなわち、私的所有権の障壁や承継者を「親族」にかぎるとする規定は、無縁墓をめぐる課題を地域社会で議論するべき対象であるとする認識を希薄にさせてきたといえる。地域社会から切り離された墓は、地域として対応するための方途の不在を招いているのである。本章では、小さなコミュニティはゆりかごから墓場まですべての面倒をみる組織との指摘〔Redfield 1956〕を受け、小さなコミュニティがどのようにこうした問題群をかいくぐり無縁墓と向きあってきたのかをあきらかにすることを目的とする。

さきの章で述べたとおり、沖縄社会は戦争にのみとどまらず、災害、政策、過疎といった生活条件の大きな変化を被って、無縁とならざるをえない墳墓と向きあってきた地域である。本章では、沖縄県八重山郡の竹富町に位置する波照間島をフィールドとし、縁故者がいないにもかかわらず祀られている多くの墓や、行政による処分方法とは異なる小さなコミュニティによる役割を終えた無縁墓の仕舞い方をとりあげる。

第二節　地域の概況

「果ての珊瑚礁（ウルマ）」を島名の由来とする波照間島は、中央の海抜六〇メートルの高まりからゆるやかに海岸に傾斜し、第三紀層の島尻層群の泥岩（クチャ）や琉球石灰岩からなる。琉球石灰岩は化学風化で容易に溶けるため、各地にドリーネの窪地をつくり、下層の不透水層の泥岩との接点地点には湧泉が発達している。

島には五つの集落（冨嘉・名石・前・南・北）があり、もっとも古い集落の冨嘉は島のやや西部に位置し、その他の集落は島のほぼ中央部にかたまっている。島の自治組織である波照間公民館の執行部は、計一五名の代議員（集落ごとに三名の推薦）からなる。二〇一八年時点、波照間島の世帯数は二六四世帯、人口は四九六人である（竹富町地区別人口動態票」より）。たいへん小さな島ながら、戦前は一五〇〇人以上の人口を数えていた。しかしながら、「戦争マラリア」という戦災を被り、島民の三分の一が亡くなり、その後、慢性的な人口流出が進んでいる。

波照間島の産業は戦後しばらくまでいわゆる半農半漁であった。カツオ漁を主とする漁業は男性が受けもち、漁獲物の加工の段階で、女性が手を貸した。農業は畑作を中心とし、イモや粟、麦、サトウキビ、玉ねぎ、大豆などを栽培した。主食はイモや粟で、これらに魚や野菜を添える食事であった。昭和三〇年代に入ると、カツオ漁は衰退し、島内の田畑の多くがサトウキビ畑へと置き換わった。島の産業別就業者は、第一次産業九六人、第二次産業二五人、第三次産業一三〇人、計二七一人となっている。第一次産業の内訳は、農業九二人、漁業四人で、全農家一〇五戸のうち一〇一戸がサトウキビを栽培している（農林水産省「二〇一〇年世界農林業センサス」）。島内の総経営耕地面積は四万三四七五アールあり、そのすべてが畑である。

第三節　無縁墓を祀る

島の北部に、土地改良事業の際に新造した墓がある。「無縁墓」と刻んであるこの塔式墓は、一九九九年三月二〇日、町有地に建立したものである。「工事完成届」や「検査調書」によると、竹富町が一般財源（単費）から五〇万円を支出し、土地改良事業の工事請負業者に発注している。土地改良事業の対象となった耕地や取り壊した捨て墓など、「あっちこっち」から拾い集めた古骨を祀ったものであり、現在、地域コミュニティである波照間公民館が旧盆（ソーロン）後に除草し、焼香をあげている（図1）。

二〇一一年、町は西表島の南風見に合葬式共同墓である「竹富町納骨堂」を整備した。町内の西表島の高那や小浜島、黒島などに分散してあった複数の納骨堂の老朽化が著しかったため、それらをひとつにまとめるために町が新たに設置したものである。各公民館の要望を聞きつつ、土地改良事業や草地畜産基盤整備事業、港湾整備事業の際に収集した遺骨や行旅死亡人の遺骨など計七三柱を納めることになった。しかしながら、波照間公民館のみが好意的な提案であった行政による合葬を拒否し、「竹富町納骨堂」への改葬を望まなかったのである。なにゆえに、改葬を拒否したのであろうか。この墓を新造する契機となった島ぐるみの土地改良事業の経緯をふまえつつ、検討していきたい。

図1　公民館の管理する「無縁墓」
墓標には「無縁墓」とある。後景には土地改良区が広がる。（筆者撮影／2015.08.29）

波照間島のサトウキビ栽培は、一九一四年に名石集落の石野伊佐・冨底宇戸らにより、石垣島から苗を移入したのが始まりである〔宮良 一九七二：四二〕。その翌年、両人を中心に砂糖組（サッターグミ）を結成し、一九二四年には、冨嘉・名石・前・東（南と北）といった集落単位の砂糖組を結成している。当時の小型製糖工場では、牛を動力に搾汁し、樽詰めの黒糖を出荷していた。昭和三〇年代に入ると、エンジンや圧搾機による製糖が始まり、各工場では一日に一五トンほどの製糖を行った。一九五九年、琉球政府は糖業振興法を制定し、基幹産業としての糖業振興を図るなか、集落ごとの製糖組合の代表者の協議により、一九六三年、集落単位の工場はその役目を終え、大東製糖㈱と島民とが共同出資した中型製糖工場である波照間製糖工場が含蜜糖（黒糖）生産を開始した。

このころ、サトウキビ栽培への傾倒により天水田が消滅した。その以前はというと、大正期から戦後しばらくの間、鰹節製造が島の基幹産業を担っていた。最盛期には八艘のカツオ船を有し、一艘につきひとつの鰹節工場を経営する盛況ぶりだった。島の生活にとっては欠くことのできない貴重な現金収入の手段であった。しかしながら、昭和三〇年代に入ると、餌不足や鰹節の値下がりなどにより、カツオ漁は次第に衰退していった。島ぐるみのサトウキビ栽培への舵きりは、カツオ漁が衰退するなかでの切実な選択であったのである。

鰹節以外にきわだった現金収入の手段がなかった島では、「キビ作で生かして使え宝の天水田」「糖業で新しい時代の村おこし」「キビ作で灯そう島に文化の灯」といった立札をあちこちに立て、サトウキビ栽培の意欲を盛り立てたという〔竹富町史編集委員会町史編集室編 二〇〇四：四九九‐五〇〇〕。生鮮野菜などの出荷には不利な隔絶した島は、自給自足的な農業から島内で加工のできるサトウキビ栽培に転換したのである。

島ぐるみの新しい中型製糖工場は一日に一〇〇トンの処理能力をもっており、従来の労働交換からなるユイマールによる収穫作業（キビ刈り）から賃金制を加味した形態へと改変し、工場への安定的な原料の供給を図っている〔島袋 一九九八〕。この方法による協同作業には全農家が加入し、一〇～一五戸の農家が一単位となる収穫組を編成している。現在では、一組当たり三～一〇戸に減少しているが、この仕組み自体は四〇年間以上存続している〔宮西 二〇〇五〕。組長は各農家が一～二年交代で担当し、工場の指示にもとづき輪番で収穫ほ場や量を割り当てる。五分単位の時給制の賃金は、男女・年齢別の作業能力に応じた八段階に区分している。これらの収穫組と工場との連携・スケジュール調整により、品質の高い黒糖生産が図られている。

サトウキビ栽培への舵きりは、工場の新設や労働組織の改変、そして基盤整理の実施により進められてきた。現在に至るまで、波照間島では、かんがい排水事業や農道整備事業などを含め、数々の基盤整理を実施している。一九七九年に始まった島の土地改良事業は、ドリーネなどの地形や自然条件によって不定形な形をしていた耕地を、機械化を前提とした方形の耕地割へと置き換えている〔島袋・渡久地 二〇〇二〕。土地改良事業は二〇〇〇年に完了し、現在では、幾何学的に整備された広大な耕地が広がっている（図2）。

もともと島内の耕作可能な土地は狭隘であり、耕地の細分化が極度に進んでいたため、土地改良事業は難儀なも

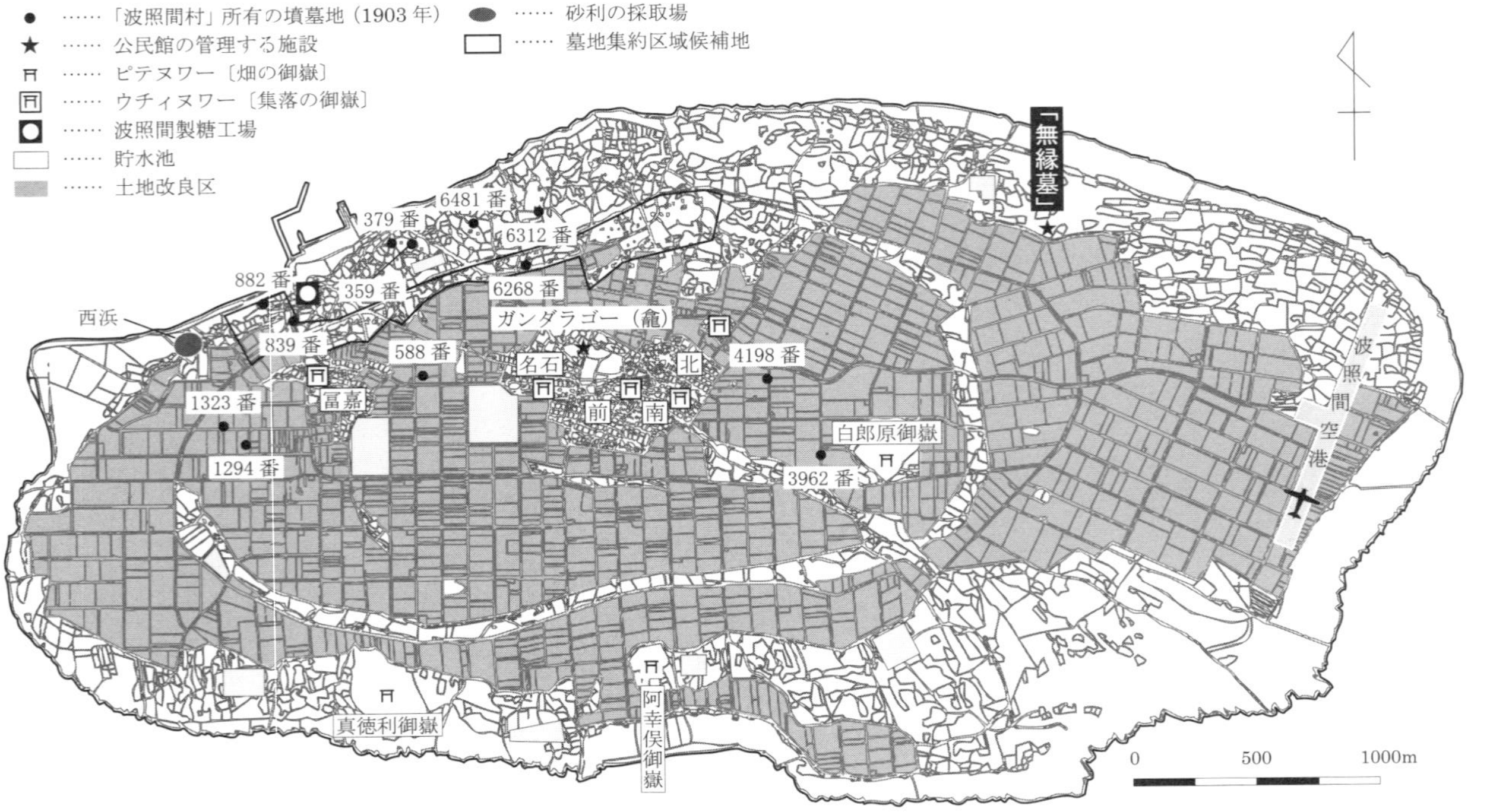

図2　土地改良区と公民館の関与する墳墓地
墓地集約区域候補地は「竹富町墓地基本計画」を参照した。基盤整理では、採掘した泥岩を土地改良区の客土とし、採掘による窪地は地表集水方式貯水池として利用している。（地籍図に加筆して作成）

のであった。くわえて、土地を耕していると出てくるミャーブルス（古骨）や由来のわからない野ざらしのシッパカ（捨て墓）が多く散在していた。畑のなかの朽ちた墓はながらく手つかずの状態にあった。効率的なサトウキビ栽培を目的とする土地改良事業に際し、これらの墳墓を取り壊していく必要があったのである。

墳墓の取り壊しは後ろめたいものであり、この作業を正当化する言い分を形成している。島の基本的な葬制をふまえた「弔いあげの論理」である。この地域の葬制の第一段階は墓の玄室の中央に棺を収める墓入れであり、第二段階は墓入れから三～五年後に開棺し、骨を洗い清める（シィンクチィ）。第三段階は三三回忌にあたり、骨壺（クチィカミ）に納められた故人の骨を墓の奥に積み上げてある古骨に混ぜる。三三年忌のことをウサギヌコウコーといい、この語彙は、ウサギルン（押し上げる）＋ヌ（格助詞の「の」）＋コウコー（供養）からなる〔Ouwehand 1985＝二〇〇四：三三五〕。すなわち、三三回忌は死者の魂を「カンナリィオーリタボーリ（神になってください）」と、天に押し上げる弔いあげの契機となっている。

この弔いあげのしきたりに準ずると、捨て墓の魂はすでに昇華していることになる。墳墓の取り壊しは後ろめたいものではあったものの、この弔いあげの論理を口実にすることで、工事請負業者や土地改良区の農家らはこれらの捨て墓を処分し、土地改良事業を進めることができたのである。筆者が見聞したかぎりでは、これらの墳墓の処分に対し、なにかしらの違和を唱える語り口に出くわすことはなかった。土地改良事業の際に拾い集めた捨て墓の破片は、集積場に積み上げている。

土地改良事業の対象となった耕地の「あっちこっち」の捨て墓から拾い集めた骨や事業に必要な砂利を採取した西浜に埋まっていた大量の古骨を「そのままにはしてはいけないな」(2)と思ったことから墓を新造している。元来、無縁仏に対しては、旧盆の行事であるムシャーマでのニンブチャー〔念仏踊り〕やイタシィキィバラ〔邪気払い〕など、地域コミュニティ単位で処してきたため、これらの取り組みはその延長ととらえることができる。

この一九九九年建立の「無縁墓」に対し、なにゆえにシマは「竹富町納骨堂」への改葬を拒否したのか、その理由についてはは「波照間から出てきたものだから」[3]といった以上の意見を聞くことはむずかしい。とはいえ、さきの章で取り上げたとおり、土地の利用権と墓に対する焼香の義務とが対になってきた実態をふまえると、土地改良事業の対象となった耕地と取り壊した捨て墓や古骨の供養とが結びついていたといえる。すなわち、この「無縁墓」を祀る論理と家単位の預かり墓の論理とは通底しており、家単位で祀ることがむずかしい場合に、小さなコミュニティによる守りが生じているととらえることができるのである。

こうした土地と死者供養との結びつきは、以下の通り、土地への働きかけを正当化する論理としてとらえることができる。

第一に、さきの章でとりあげた預け預かり慣行は、構成員の絶えた他家の所有していた土地の利用に、焼香の義務がともなっているものであり、この墓への働きかけが耕地のかぎられた地域における（家産を増やすことにつながる）土地利用の正当性を創出する根拠となってきた。鳥越によると、村落内の土地の基底には総有という仕組みが潜在的に存在し、村落内の「空き」の土地はむらの共有地となり、社会的な「遠慮」が生じることで、いわゆる「弱者」が優先的に占有することができるという〔鳥越 一九九七b〕。

むらの弱者生活権をとらえる指摘ではあるが、焼香地という呼称からわかるように、絶家により「空き」の土地になったとはいえ、これらの耕地は死者となった先人たちが琉球石灰岩の転がる痩せた土地を切り開いてきたものであり、その意味において、被贈与性[4]を帯びたものである。ゆえに、親族関係の有無にかかわらず、土地と関わってきた死者を祀ることが土地の利用権を生み出している。預かり墓への働きかけは、「空き」の土地に対する利用を正当化する理屈として機能してきたのである。

第二に、地域コミュニティの管理する「無縁墓」は、島ぐるみのサトウキビ栽培への舵きりのなかで実施した土地改良事業によるものであった。村落内の土地を大規模に改変する土地改良事業に際し、散在していた捨て墓などを取り壊していく必要があった。改変地の「あっちこっち」に眠っていた古骨がその土地と直接に関係をもっていたかどうかわからないが、すくなくとも長年にわたりその耕地にあり続けたという事実は、預け預かり慣行と同様に、土地と結びついた死者を想起させるものである。ゆえに、捨て墓を取り壊し、古骨を移し運ぶ、島ぐるみの土地への改変を正当化するためには、自らが見ず知らずの古骨を祀ることを必要としたのである。土地改良区はいわば、ひとつの大きな焼香地と位置づけられたのである。

生活条件の大きな変化を被ってきたこの地域では、こうした被贈与性を帯びた土地への働きかけを正当化するために、家単位で無縁墓を祀りつつも、家単位で対処することがむずかしい場合には、小さなコミュニティがその守りを引き受けてきたといえる。見ず知らずの死者であろうとも、死者と土地とがからみあい、耕地などの生活基盤と結びついた無縁墓は、祀られることにより地域生活の秩序創出の機能を果たしてきたのである。

第四節　小さなコミュニティと墓場のゆくえ

最後に、朽ちつつあるコミュニティ所有の無縁墓の事例を紹介し、無縁墓のもうひとつの守りのあり方を提起する。土地台帳によると、一九〇三年当時、「波照間村（現在の波照間公民館に相当）」を所有権者とする墳墓地が計一二箇所ある(5)。これらの「村」所有の墳墓の由来については不明であり、現存するもののほとんどが朽ちるまま自然に任せた状態になっている。一九〇三年当時、「村」所有のものは基本的に、いわゆるローカル・コモンズにあたるコミュニティが管理・利用する「みんなのもの」であった。土地台帳によると、各「村」では、共有入会林野にあたる「保安林」や「山林」、もしくは「池沼」などが「村」所有になっているが、波照間でのみ「村」所有の「墳墓地」を確認することができる。

しかしながら現在では、これらの墓のほとんどが亜熱帯域のひときわ強力な風雨や旺盛な植生の回復力により朽ちている（図3）。本章では、以上のなりゆきを、役割を終えた無縁墓(6)をコミュニティが預かり、いったん〝む

図3　自然に還る無縁墓
「波照間村」所有の墳墓地（底田 1323 番）。（筆者撮影／ 2015.08.25）

らごと〟にしたうえで自然に任せて朽ちるままに忘却するという、柳田のいう「現世生活の最後の名残を、静かに消滅せしめる方法」〔柳田 一九六二（一九四六）：一三一〕と解釈し、地域住民の納得のいく無縁墓の捨て方（＝自然に還す方法）ではないかと提起したい(7)。

ときに行政による改葬を拒否しつつも「無縁墓」を祀り、ときに役割を終えた無縁墓を自然に還すといった地域で育んできた方法と行政による無縁墓の合葬式共同墓への改葬との差異がどこにあるのかというと、行政による改葬が縁故者の有無を基準とした機械的な処理方法である一方、小さなコミュニティによる無縁墓とのつきあい方は、血縁に限定されることのない地域生活の実情に即した選択的な〝守り〟といえるものであった。

中川によると、守りには「かまう」と「放ったらかす」という二つの意味があるという〔中川 二〇〇八：九三〕。その意味において、地域生活の秩序創出のために祀ることのみならず、人為の痕跡を朽ちるまま自然に任せるというのも、〝守り〟のひとつの形といえるのではないだろうか。いわば、天為をもって墓場をも葬る術ととらえることができるのである。無縁墓をめぐる課題を地域社会で引き受けるならば、行政任せに縁故者の不在云々により画一的に改葬を進めることのみならず、小さなコミュニティの〝守り〟の発想をふまえた地域自治を構想する必要がある。

〈注〉

（1）墓地に関する基本的な法律である「墓地、埋葬等に関する法律」は、主に公衆衛生の見地から一九四八年に制定されたものである。許可権者にきわめて大きな裁量を与えるこの法律には、許可基準が法律本則や施行法規にも規定されておらず、立地調整という機能は含まれていなかった〔北村 二〇一二〕。より細やかな墓地行政を模索するなかで、二〇一二年四月一日、「地域の自主性及び自立性を高めるための改革の推進を図るための関係法律の整備に関する法律」（二〇一一年法律第一〇五号）第二次一括法の施行により、墓地、納骨堂及び火葬場の経営の許認可などに関する事務の権限が都道府県知事から市長又は区長に移譲されることになり、各自治体は墓地の規制・誘導を図ることを目的とした墓地基本計画の策定に取り組んでいる。

（2）二〇一五年八月二九日に行った公民館長への聞き取りによる。

（3）二〇一五年八月二九日に行った公民館長への聞き取りによる。

（4）被贈与性（授かりもの）の概念は、Sandel（2007＝二〇一〇）の〝Giftedness of Life〟から援用した。

（5）土地台帳によると、一九〇三年当時、「波照間村」を所有権者とする墳墓地は計一二箇所（番地は【西原】三五九番、【西原】三七九番、【新原】五八八番、【美底】八三九番、【美底】八八二番、【底田】一二九四番、【底田】一三二三番、【白原】三九六二番、【場田原】四一九八番、【下田原】六二六八番、【下田原】六三一二番、【作田原】六四八一番）ある。図2では、竹富町役場税務課所蔵の旧公図と現在の地籍図とを照合し、「波照間村」を所有権者とする墳墓地を特定した（換地処分により、現在の地籍図では、五八八番は五五八番へと変更、八三九番は無くなっている）。フィールド調査で確認することのできる墳墓地は、五箇所（五八八番、八三九番、八八二番、一三二三番、四一九八番）であり、その他は鬱蒼とした森のなかで朽ちつつある（三五九番、三七九番、六三一二番、六四八一番）か、土地改良事業により取り壊された（一二九四番）と考えられる。沖縄県八重山農林水産振興センター農林水産整備課の「県営土地改良事業施行申請書」によると、一二九四番、一三二三番、四一九八番は墳墓地なので、土地改良事業の対象から除かれているものの、一二九四番の墳墓をフィールド調査で確認することができなかった。おそらく、相当朽ちていたため墳墓と認識できずに、受注者である工事請負業者が取り壊したと考えられる（ただし、三九六二番は畑地へと地目を変更していたので、土地改良事業の対象に含まれている）。また、三九六二番、六二六八番、六三一二番の墳墓地は、一九〇四年に個人に所有権移転している。この経緯については、聞き取りで確認することができなかった。推察するに、墓造りが一大事業であることや無縁墓の再利用の事例もあることから、「村」所有の墳墓（ストック）は、ときに入用の家に分けられたと考えることができる。

（6）焼香地とのつながりを失った無縁墓はその役割を終えることになる。

（7）柳田は、埋葬地に若木や特徴のある小石を置く方法により、いずれ「たゞの松原、たゞの石原になつてしまふのは自然である」〔柳田 一九六二（一九四六）：一三〇〕とし、一方で「文字の彫刻が始まるとそれが不可能になり、又往々にして荒れ墓が出来る」〔柳田 一九六二（一九四六）：一三〇〕と指摘している。

Aug. 22, 2010

多くのことはフィールドで教わった。その何倍ものことをフィールドは伝えていたけれども、私には瞬時に理解したり、受け止めたりすることは難しかった。数年経って、その意味がわかることもあるが、受け流していたことが次第に気になり始めることもある。でも、真意を確かめるには遅かったりする。感謝や後悔も線香をあげることで晴らす。こうした作法もまたフィールドで教わった。

「金もないが供物を作って、あの供物は無駄じゃないよ。自分が作って、精神はガンソにあげて、戻したものを自分で食べて。なにも自分が使った金もみな投げるものでないよ。自分の生活のなかに織り込まれているんですよ。あんたはどう解釈するか？」

第三部　コモンズ

第四章　観光まちづくりをめぐる地域の内発性と外部アクター
――竹富公民館の選択と大規模リゾート

第一節　問題関心と目的

本章の目的は、地域の特性を活かすことに腐心しつつ、観光まちづくりを展開してきた地域コミュニティがなにゆえに大規模リゾートの誘致を許容したのかをあきらかにすることにある。

二〇世紀中葉より本格的に勃興した消費型マスツーリズムは、観光の対象となる地域の環境破壊や新植民地主義ともとれる支配構造の再創出などのさまざまな深刻な問題を生み出してきた。一九八〇年代の後半には、それらの形態への批判から、「持続可能な発展」の理念から派生した「持続可能な観光」についての議論が活発化している。近年では、とくに、観光まちづくりやコミュニティ・ベースド・ツーリズムといった「持続可能な観光」を活用し、地域活性化を図る取り組みに注目が集まっている。観光社会学者の安村克己〔二〇一〇：一一四〕は、観光まちづくりの本質を「内発性」と「持続可能性」の二点に整理し、そのうち「内発性」を外部に依存せず、自力で内部からの実践によるものと言及している。

本章のとりあげる事例は、マスツーリズムの弊害に対処しつつ、ながらく外発的な開発を拒否し、歴史的環境を軸とした観光まちづくりに取り組んできた地域コミュニティである。こうしたコミュニティが大規模リゾートを許容したとなると、一見、地域社会の「内発性」が揺らいでいるようにもみえる。本章では、この問題を観光まちづくりに関わる以下の諸議論をふまえ、本章独自の分析視角を提示したい。

Smith, Valene L.〔一九七七〕によるホスト・ゲスト論の提唱以降、伝統文化をめぐる観光を研究対象とした文化人類学者らは、豊かなゲストが貧しいホスト社会を訪問するという不均衡な構図が南北問題のひとつの発露としてあることや、ホストとゲストとの交差がホスト社会に多大なる文化喪失・変容をもたらしていることを指摘してきた。こうした潮流に対し、一九八〇年代半ばになると、日本国内に絞っていうと、いわゆる「伝統文化の構成主義」〔足立 二〇〇四：四二〕者らは、ホストとゲストとの間に存在している不均衡な力関係に注目したうえで、観光客とのインターアクションがホスト側の自己アイデンティティの形成の契機になること――アイデンティティ・ポリティクスの場としての観光――〔太田 一九九三〕や、ゲストのニーズをふまえつつ、ホスト側が主体的にイメージや舞台を創出・再生産し、主導権を奪取する実践〔川森 一九九六、森田 一九九七〕など、ホスト側の人びとによる「伝統の発明」を含む総意工夫をとらえることを中心的な課題としてきた〔松田・古川 二〇〇三〕。しかしながら、これらのホストとゲストとを対置的にとらえる議論は、いわば、一枚岩の均質的な叙述や社会認識といった「二分法的社会観」〔松田 一九九七：二七九〕を招来しており、さらには、観光が訪問者の存在を前提としているのにもかかわらず、ホストとなる地域社会の主体性を強調するがゆえに、ゲストのイメージはいたって貧弱な存在になっている。

いざ、観光まちづくりの現場に入ると、地域内の各組織や個人がさまざまな外部アクターと離合集散しつつも、その都度、連帯する外部アクターを取捨選択している様子は容易に看取しえるものである。たとえば、山村哲史〔二〇〇三〕は、京都府福知山市大江町の棚田オーナー制度を開始した過疎のむらを事例とし、これらの棚田をめぐる都市と農村の交流は「農村的な景観や生活を観光の素材にして直接の収入に結びつける方法よりも、移住者や継続的な訪問者（もちろんUターンも）を共同体のなかに取り込みながら、土地を守っていく」〔山村 二〇〇三：

四九〕方法であると指摘している。こうした地域生活のうちにある外部アクターとの連帯は、伝統的にも存在してきたものである。

宮本常一によると、青森県下北半島の田名部は昔から火事の多いところで、明治になってから町の大半が焼失してしまう火事が三度もあり、そのために没落した大きな問屋も数軒あったが、いつの火事のときも一番先に復興するのは宿屋であった。常客たちが火事見舞いにかけつけ、再建のための材木を寄付するからである。各宿は半島の地域ごとに客を引き受けることにしており、他の地域の客を引き受けることはほとんどなかった。今日まで古い得意先と手を切らなかった家は残り、早く農村の得意先と手を切った旅館はほとんど滅びてしまったという〔宮本一九七五：一〇一〕。「二分法的社会観」を下敷きとした議論は、こうした「旅人と旅先の人たちの結びつき」〔宮本一九七五：一二五〕や地域社会がどのようなゲストと関係性を取り結びつつ、暮らしを立ててきたのかという点を等閑視してきたといえる。

その一方で、近年、地域コミュニティと外部アクターとのかかわりから地域の発展のあり方を再考する議論がある。こうした論者のひとりである鳥越皓之〔二〇一〇a、二〇一〇b〕は、コミュニティを基盤としつつも、外部アクターと相互協力をしながら発展をめざす「パートナーシップ的発展」という開発・発展論を提示している。パートナーシップ的発展論は、鶴見和子による内発的発展論を下敷きにしており、「自分や自分たちの組織が活動しつつも、それには限界があることを自覚することによって成立する開発論である。すなわち、異質な人間や組織をパートナーとすることによって、目的を達成しようとする」〔鳥越二〇一〇b：二三八〕あり方をさしている。そのうえで、「いわゆる「まちづくり運動」は、異質な人や組織同士が連携を組むパートナーシップ的発展論となりがちである」〔鳥越二〇一〇a：六〕と指摘している。

鳥越によると、このパートナーシップ的発展論は、外部のパートナーとの関係性を強調した組織論であることを特徴としている〔鳥越二〇一〇b：二四六〕。とはいえ、鶴見が提起した内発的発展論の理論的背景にある水俣のモノグラフには、そうした外部アクターとの連帯をとらえる視角を内包している。いわく、水俣病の「患者である多発部落の定住者と漂泊者とが、そして外来の旅人である支援者たちとが、合力し」〔鶴見 一九九八：一八七〕、裁判や自主交渉といった苦しい道をひらいたという。のちに、支援者の一部の人びとは、多発部落およびその周辺に移住し、地域の再生への試みに参加することになる。鶴見は、「地域の自然と社会生活の崩壊から、直接に再生への動き――内発的発展――が生まれたのではない。裁判と自主交渉をとおしての、自立的な主体形成と、合力のかたちがなければ、それは生まれることはなかったであろう」〔鶴見 一九九八：一九七〕と言及している。すなわち、これらの研究は、地域の内発性をとらえる際に、異質な他者とのパートナーシップや合力といった外部アクターとの連帯に注目しているといえる〔cf. 宮本 一九六七：一八九‐一九二〕。

地域社会がどのような外部アクターと関係性を取り結びつつ、暮らしを立ててきたのかという点の把握なしに、今後の観光まちづくりのゆくえを見定めることは難しい。というのも、とくに、こうした観光の対象となるような農山漁村は構造的な劣位にあり、過疎化の進展といった地域を運営していくうえで不利な点や限界を抱えており、どのような「訪問者」を招来し[1]、関係を取り結ぶのかが課題となっているからである。

本章では、これらの議論をふまえ、暮らしを立てていくことが難しくなるような生活条件の変化に対し、地域の住民組織がどのような言い分を形成しつつ、観光まちづくりを展開してきたのかを、とくに、外部アクターとの連帯に注目する作業を通じあきらかにする。以下、第二節では、「観光のまなざし」の対象となる空間が生成する過程を記述し、第三節では、外部アクターとの連帯・排除に注目しつつ、どのようにツーリズム・インパクトに対処し、観光まちづくりをめぐる葛藤をのりこえてきたのかに焦点をあてる。つづく、第四節では、外発的なリゾート開発を拒否してきた地域コミュニティが大規模リゾートを受け入れるに至った経緯について言及し、第五節では、以上の事例をふまえ、コミュニティによる外部アクターの取捨選択の基準について考察する。最終節の第六節では、地域社会の内発性と外部アクターとのかかわりについて論じる。

第二節　暮らしが形づくる景観――ガヤヤからカーラヤへ

はじめに、研究対象のフィールド概況を紹介しつつ、集落景観の生成過程について記述する。本章がとりあげる事例は、沖縄県八重山諸島の面積五・四三平方キロメートルほどの扁平な竹富島のものである。一般には、竹富島は赤瓦の町並みといった「古琉球の原風景」が残る、伝統文化の保全と観光を両立させた自治的なまちづくり先進地として位置づけられている。本節では、このシマ（以下、竹富島のことを「シマ」と表記する）の集落景観が生活意識を基にしつつ、暮らしによって形づくられてきたことをあきらかにする。

集落は島のほぼ中央部に位置し、三つの集落（東・西・仲筋）からなる。集落ごとに、生活上の課題や規範を協議するためのいわゆる寄合を毎月一回開いている。また、これらの三つの集落の構成員からなる「竹富公民館」という名称の自治組織を構成している。この合議制による組織は一九一七（大正六）年設立の「同志会」を起源とし、一九四〇（昭和一五）年には、大政翼賛会の末端組織としての「竹富部落会」、アメリカによる統治下にあった一九六三（昭和三八）年には、「竹富公民館」に改称し、今日に至っている。現在では、公民館長と主事及び幹事が公民館執行部を構成し、これらのメンバーと各集落から二人の議会議員（計六人）と顧問一人（計三人）、老人会長や婦人会長、青年会長などからなる最高意思決定機関・公民館議会がその都度議会を開き、地域コミュニティの自治運営を担っている〔家中 二〇〇九a：八二〕。また、年度末に一回、竹富公民館の総会を開いている。公民館の活動資金に関しては、住民から徴収する賦課金があり、こうした住民拠出の予算を執行し、シマの重要な祭事や行事を司っている。

「竹富町地区別人口動態票」によると、二〇一六年（一二月末）時点、シマの世帯数は一九六世帯、人口は三六三人である。現在の行政区分でいうと、小浜島や西表島、黒島、鳩間島、新城島、波照間島などからなる竹富町に属している。亜熱帯海洋性の気候下にあり、年に数回、台風が来襲する。川のないこのシマでは、多少の塩分を含んだ井戸や天水をためるタンクなどから生活用水を調達してきた。こうした生活は、一九七六（昭和五一）年、石垣島からの海底送水管の敷設による上水道の整備まで続いた。平屋の各屋敷は、台風に耐えるために四周をサンゴの乱積み〔グック〕で囲い、さらには、防風林であるフクギを屋敷内の北と東に配している。海に至る道や集落内の路地、屋敷地の前庭には、浜辺で採取したサンゴの白砂を敷き詰めている。

このシマで初めての瓦屋〔カーラヤ〕が誕生したのは一九〇五（明治三八）年である〔上勢頭 一九七九：iv、宮澤 一九八七：一〇六〕。というのも、公認の家譜を有する士族階層と平民階層とに社会階層を分けていた首里王府の統治下にあっては、一八世紀以降、平民階層が瓦を使用することが禁じられていたからである。ゆえに、平民階層の住居は茅ぶき〔ガヤヤ〕であった。首里王府によるこれらの旧慣制度は、一八七九（明治一二）年の沖縄県の設置以降、順次撤廃となり、屋根の材料に関する規制は一八八九（明治二二）年まで継続した〔観光資源保護財団編 一九七六：三七〕。

民家の多くは、敷地内の棟を居住棟〔フーヤ〕や炊事棟〔トーラ〕、納屋〔シヌヤ〕に分け、一棟あたりの屋根面積を小さくしていた。こうすることで、台風による風の影響を分散させ、かりに倒壊しても再建の労力は少なくて済む〔TEM研究所 一九七七：一〇七〕。また、シマの常風のひとつが南東風なので、トーラは風下の西側に配置し、煮炊きのばい煙や火をフーヤにまわさないようにした。トーラの造りを穴掘屋〔アナブリヤ〕といい、Y字型の中柱を中心に配置し、その周囲に数本の柱を掘り立てる。屋根や壁はカヤでふく、簡素なものである。貧しい家もこの形態であった。

フーヤの造りを貫屋〔ヌキヤー〕といい、サンゴの礎石の上に角材を貫き合せるものである。家造りは一大事業であり、労働力を結集するユイや、物品や食べもの（豆腐、野菜、てんぷらなど）を持ち寄るバフを必要とし、労働力や資材の調達、炊事の準備に腐心した。たとえば、屋根ふき〔ヤーフキ〕には、多くのカヤやススキなどを必要とし、青年層が原野や畑に自生しているカヤをユイで刈り取って集める。家を造るには共同の力を必要としたのである。これらの相互扶助は返済の義務を負っているため、各家では、結縄の一種である藁算（藁に結び目をつくり数量などを記録するもの）や、平民階層の文字解禁以降は到来帳に貸し借りを記録した。労力日数や物品の貸借を詳細に残し、来る日のユイ返しの参考にしたのである。ふきかえは一〇年から一五年ごとであった。

貫屋造りの場合は、屋根の勾配を修正することで、茅ぶきから瓦ぶきに切り換えることができた。昭和初期頃の瓦は、ほぼ豆腐一切れの値段（一銭五厘）であった〔辻 一九八五：二八六〕。各家は経済力の変化に応じつつ、大正以降、少しずつ瓦にふきかえていった。というのも、「特に瓦屋を建てた人は、マイフナー（働き者、手腕家）と称賛されていた」〔辻 一九八五：二七八〕からである。たとえば、竹富同志会が勤労をうながすためにあちこちに立てていた看板のメのことばは「マイフナんギーフナん手足や二ち　働しや人ぬ取らぬ　働く仲ど果報や給らり」（一九三八年）である。「ギーフナん」とは怠け者のことをさし、村人の評価は手厳しかった〔琉球大学民俗研究クラブ 一九六五：三三〕。とくに、むらしごとへの欠勤や生活規範を犯したものには、地域コミュニティの総会の承認の下に仲達〔ナカス〕という役員が罰金を科し、ときに、罰札を渡した〔大 一九七四：五八 - 五九〕。

昭和三〇年頃になると、茅ぶきのガヤヤと瓦ぶきのカーラヤとが混在し、一九六五（昭和四〇）年に調査に入った琉球大学民俗研究クラブ〔一九六五：四四〕は、居住棟の茅ぶきと瓦ぶきの比を二：三と報告している。こうした変化は地域コミュニティのなかの家や個人に対する評価やカーラヤに対する憧憬によりつつも、昭和三〇年代以降の過疎化によるユイの人員不足や、耕作放棄地が増加し、カヤが減少したこと、瓦や漆喰の購入といった現金経済の浸透がうながしてきたものである。また、茅ぶきは強風や火災に弱いという欠点があり、台風のたびに修繕を必要とした。たとえば、一九五三（昭和二八）年に襲来したキット台風により、多くの家が倒壊し、潮風にのった塩分で草木は枯死し、焼野原のようになった。シマのひとはこの台風を「火の風〔ピーカジ〕」と呼んだそうである。茅ぶきから瓦ぶきへの変化は、度重なる台風による倒壊や修繕といった民家のうつりかわりのはやさも手伝っていた。

こうした暮らしぶりのなかで一九六〇年代になると、浜辺の白砂を敷き詰めた路地と、その両側には、黒灰色に変色したサンゴの乱積みに生彩を与える路傍の草木や藍染の繊維、晴天の日には、青空をキャンバスの生地とし、瓦の赤褐色と漆喰の白色との鮮明な対比が際立つ集落景観が広がっていた。当時の新聞記事には「〝本当の沖縄の姿〟〝真の八重山の姿〟をとどめている」(『沖縄タイムス』一九六四年四月二六日)とある。このようにカーラヤのある「沖縄の原風景」は、暮らしのなかで形づくられてきたものである。一九七三(昭和四八)年に初めてこのシマに訪れたある旅人は、「島で音がするのは機織りの音だけであった」〔内田 二〇一五:五五〕と述懐している。しかしながら、シマのこの落ち着いたたたずまいの背後には、深刻な過疎化の進展があったのである。

第三節　展開する観光まちづくり――リゾート開発拒否の論理

図1はシマの人口及び観光入域者数の変化(一九六〇〜二〇一六年)である。一九七〇年代の初頭までにかなり急速な過疎が生じていることがわかる。一九五二(昭和二七)年の新聞記事にはすでに「島は空づぽで 行事は老人の手で」(『八重山タイムス』一九五二年七月二二日)とあり、青壮年層の多くが本土や沖縄本島へ出稼ぎに行き、行事の担い手が不足しているようである。同時に、サトウキビ栽培をはじめとした基幹産業である農業も衰退していた。一九六〇年代を通じ、おおよそ五〇〇人がシマから流出している。

目ぼしい産業はなかったものの、一九六〇年頃から旅人がぽつぽつと来島するようになり、かれらにはアダンの葉で作ったハブや星ころなどの玩具や、むしろや編みかご〔アンツク〕などの民具が好評であった。観光客はこれらの素朴な民具を手づくりの民芸品として喜んだのである。昭和の初期から低調であった機織りも、ミンサーの帯が売りものになり始めてからは復興し、一九六三(昭和三八)年には竹富民芸組合を組織している〔大 一九七四:

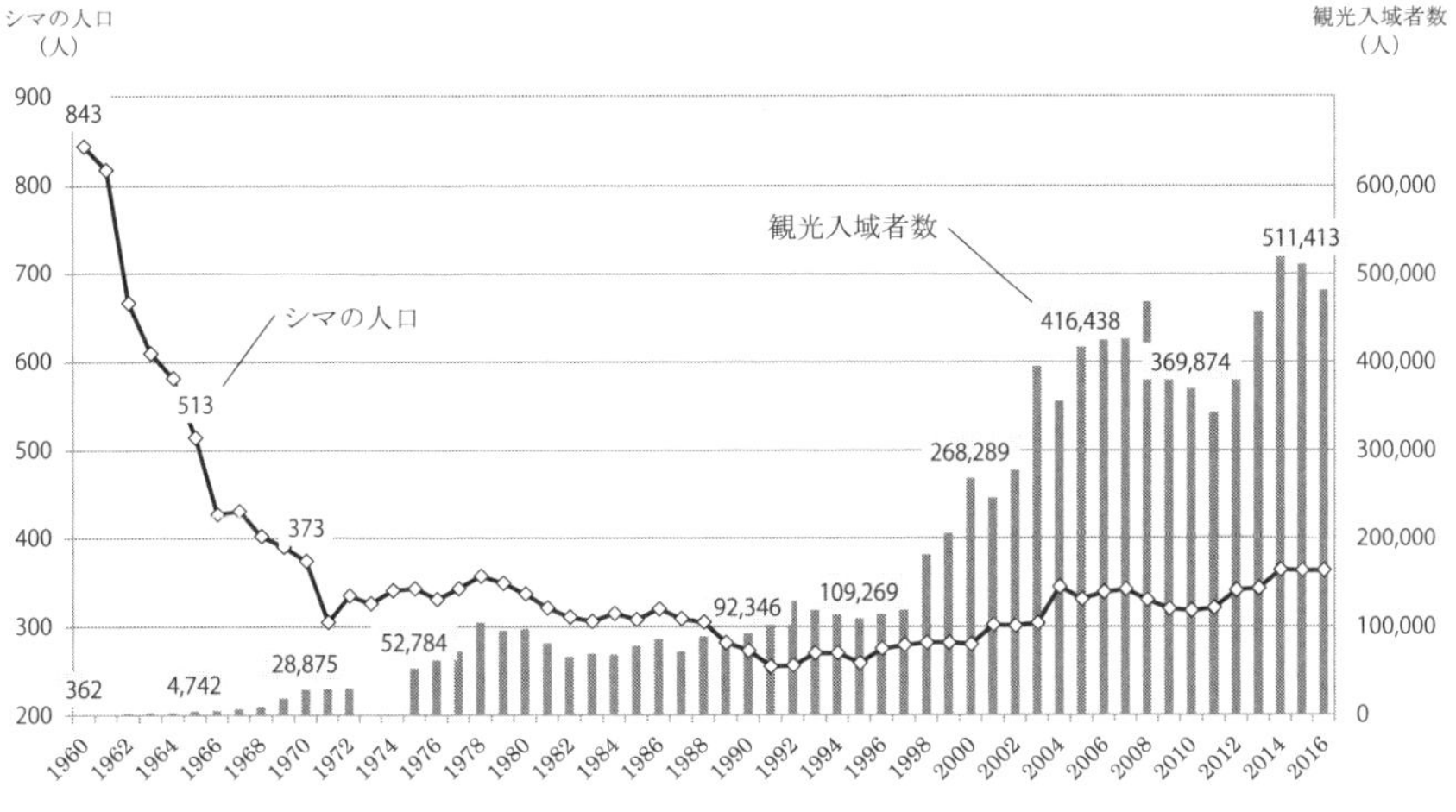

図１　シマの人口及び観光入域者数の変化（1960～2016年）
シマの人口：1960年から1963年までは竹富町役場総務課提供資料、1964年から2016年までは「竹富町地区別人口動態票」により作成した。観光入域者数：1960年から1972年までは「喜宝院蒐集館拝観者数」〔玉村 1974: 575〕、1975年から2016年までは「竹富町観光入域者数（年別：昭和50年～平成28年）」により作成した。1960年頃から旅人がぽつぽつと来島するようになり、シマの私設博物館である「喜宝院蒐集館」には362人（1960年）が来館している。その後、1972年の本土復帰（5月15日）や沖縄国際海洋博覧会の開催（1975年7月20日～1976年1月18日）を転機とし、1975年には52,784人がシマを訪れている。1990年頃までは10万人弱ほどで推移し、首里城の復元（1992年）やNHKの大河ドラマ『琉球の風』の放送（1993年1月10日～6月13日）、安室奈美恵の大ブレーク、沖縄サミットの開催（2000年7月21日～23日）、「琉球王国のグスク及び関連遺産群」のUNESCO世界文化遺産への登録（2000年12月）、NHKの連続テレビ小説『ちゅらさん』の放送（2001年4月2日～9月29日）を契機とした沖縄ブームにより、1990年以降、観光入域者数は急激に伸びている。サブプライム住宅ローン危機に端を発した金融危機 the financial crisis（of 2007–08）や東日本大震災（2011年3月11日）の影響から観光入域者数は一時的に減少したものの、2015年には511,413人を数えている。

八六〕。また、小さいながらも民具や骨とう品を収集・展示した私設の博物館「喜宝院蒐集館」を開館（一九六〇年）し、一九六四（昭和三九）年の観光入域者数は三八七〇人ほどを数えている[2]〔琉球大学民俗研究クラブ　一九六五：二七‐二八〕。

青壮年層が離島していくなかで、老人たちの専売特許であった民具づくりに、観光と結びついたひとつの地場産業の創出という望みを託し始めていた〔観光資源保護財団編　一九七六：七〕。こうした民芸品への注目やシマの文化復興を後押ししたのが染色工芸家・芹沢銈介を筆頭とした日本民藝協会であった。一九六四（昭和三九）年の春には、外村吉之介やバーナード・リーチ、濱田庄司ら

図2　日本民藝協会の来島
ミンサーの帯で縁取った歓迎アーチには「ようこそ日本民芸協会のみなさん」とあり、裏側には「有難うございました　又お越し下さい　竹富部落会」とある。(『沖縄タイムス』(1964年4月17日)より転載)

を地域コミュニティをあげて歓待している[3](図2)。

一行は港の歓迎アーチをくぐり、清明御嶽において持参した弁当休憩をとっている。その際、竹富民芸協会（会長：与那国清介）の会員四〇名が出迎え、モチ［イーヤチ］やお茶を振る舞いつつ、シマの民謡に外村の作詞をのせた「布織女」と、与那国の作詞した「布織ユンタ」の二曲を披露している。その後、一行は集落をまわってから、喜宝院の住職である上勢頭亨が自宅に設けた「竹富民芸館」を訪問している。日本民藝協会の面々を迎えるために、自宅の入り口に「竹富民芸館」というノボリを立てて、ミンサーをはじめ、芭蕉布やアダン葉で編んだむしろや編みかご、玩具などの民芸品を展示し、機織りで最長老の亀カツがジーバタを織ってみせた。即売を兼ねたこの仮設の民芸館では、アダン葉のむしろが人気であった。『沖縄タイムス』（一九六四年四月一七日）の記事では、外村は自然の石庭（西塘御嶽の北斜面）を京都にある竜安寺の石庭に匹敵するとし、村びとにその価値を認識させたとある。こうしてシマは「民芸の島」というお墨付きを授かったのである(4)。素朴な民芸品でのシマ起こしにより、一九七〇（昭和四五）年には「喜宝院蒐集館拝観者数」は二万八八七五人にのぼっていた。

一九六〇年代の旅人のなかには「カニ族」が混じっていた。横長の大型リュックサックを背負うため、その旅装から「カニ族」という。シマの民宿の発端は、かれらが浜辺でキャンプしたり、御嶽に入り火を焚いたりした状況から、（仲筋集落の）集会所を宿泊所として提供したことに始まる〔観光資源保護財団編 一九七六：一七〕。その後、保健所からの指導が入り、正式に民宿を開業することになり、キャンプについては一九六九（昭和四四）年に全島禁止にした。「カニ族」の気ままなキャンプを禁止し、民宿をスタートさせたことは、御嶽を含む生活環境の保全や観光事業を構想するうえで必要な判断であった。民宿の経営は早朝から夜間に及ぶ仕事であり、老人のみの世帯では難しい。民宿の開業は、いくばくか新たな仕事の機会や後継ぎである青壮年層の帰郷をもたらした。

しかしながら、人口の流出がゆるやかになってきたその矢先、その下底が抜けることになる。一九七一（昭和四六）年の三月から九月に至る長期の大干ばつにより、井戸が干からび飲料水が枯渇し、農作物は枯死状態に陥った。また、牛の飼料や水も不足し、畜産業も壊滅的な被害を受けていた。追い打ちをかけたのが九月二二日のベス台風の襲来であった。これらの未曾有の大災害により、農作物は壊滅し、民家や製糖工場などが全半壊したのである。その被害は全壊一九棟、半壊六五棟を数えた〔藤岡 二〇〇一：二九〕。外村ら岡山県民芸協会が音頭をとり、全国各地の民芸関係者が寄せた義援金は一〇七万八〇〇〇円にのぼり、地域コミュニティはこの資金を清明御嶽の復旧にあてることにした〔谷沢 二〇一〇a：二一七〕。この御嶽は一九六四（昭和三九）年、日本民藝協会一行を迎えた場所でもあった。

とはいえ、災害による困窮や円の対ドル為替レートの切上げなど復帰前夜の社会不安のなかで、シマで暮らすことは難しいと判断した人びとの多くが耕地を放棄し、シマを後にした。その際に、ダミーを通じ、シマの土地は二束三文で外部資本に流出した。本土復帰後の観光客の増加を見越していた大手の本土資本が大型観光開発を目的とし、水面下でシマの土地を買いあさっていたからである。また、これらに対抗し、石垣島で事業をおこしていたシマ出身の商売人らが竹富観光開発㈱を設立（一九七一年）し、「土地が本土業者の手に渡れば古風な部落のたたずまいが破壊される」（『沖縄タイムス』一九七一年三月三〇日）とし、土地を買い集めた。

伝統文化や自然環境を含むシマの暮らしの破壊につながりかねないこうした動向に対し、危機感を覚えた上勢頭亨・昇兄弟は有志を募り、「竹富島を生かす会」（一九七二年発足）を結成した。「竹富島を生かす会」は、土地の買い占め売渡の反対運動や買い戻し運動を展開しつつ、「金は一代　土地は末代」といった村びとに対する呼びかけの立札をあちこちに立てた（図3）。反対運動は島外に住む郷友をはじめとし、外村ら日本民藝協会の有志による「古竹富島保存会」（一九七一年発足）や、上勢頭昇が営む民宿泉屋の常連客による「竹富島を守る会」なども展開していった。こうした活動により、いったんは外部資本による買い占めの阻止に至ったものの、土地を売ってなんとか生計

図3 「竹富島を生かす会」による看板
（竹富島遺産管理型 NPO 法人「たきどぅん」提供資料）

を立てようとする側と、なんとしても売ってはいけないとする側との間に深刻な対立関係が残った。

一九七五（昭和五〇）年、日本習字教育連盟（と福岡観光開発）は、これらの土地に駐在員を常駐させつつ、島民数人を使い牛を放牧し、日本習字教育連盟約五〇万人の憩いと研修の場を目的とした開発の時期到来を待っていた〔観光資源保護財団編 一九七六：一五〕。これらの開発の歯止めになっていた要因のひとつに水不足があった。もとより共同井戸や各戸の天水タンクによる暮らしぶりであった。簡易水道は公民館が維持し、運営のための特別会計を設けていた。ゆえに、一九七六（昭和五一）年の石垣島からの海底送水管敷設は、本土資本にとっては開発条件が整うことでもあった。

こうした軋轢のなかでも観光客は増え続けており、一九七〇（昭和四五）年、島内の民宿・旅館は三軒ほどであったが、沖縄国際海洋博覧会の開催年（一九七五年）には、二二軒を数えていた〔真島 一九七九：一八四〕。本土では、日本国有鉄道による「ディスカバー・ジャパン」（一九七〇年〜）の広告キャンペーンが始まり、個人旅行や女性旅行者が拡大・増加していた。一九七〇年代は、これらのマスツーリズムへの対応に暗中模索した時期であった。

一九七五（昭和五〇）年実施の京都大学の西山夘三や三村浩史らの調査(5)では、当時の観光客のタイプをⒶ研究・学習・体験型、Ⓑ若ものレクリ型、Ⓒディスカバー・ジャパン型、Ⓓ日帰り海水浴型、に分類している〔観光資源保護財団編 一九七六：一六〕。一九六九（昭和四四）年以降、Ⓑの「カニ族」は激減したが、一九七二（昭和四七）年のホーバークラフトの就航以降、石垣島に宿泊し、水着姿で日帰りするⒹの日帰り海水浴の客が増えていた。お金の代わりにゴミを残し、水を使うため問題であった。また、一九七四（昭和四九）年、六〇〇人乗りの日本丸がコンドイビーチ沖に停泊し、数百人が海水浴のために上陸した。その際に大量の弁当のゴミを捨てていったため、この清掃には何日もかかったという。こうしたツーリズム・インパクトを被りつつも、観光客の望むシマの将来像としては「自然や集落を今のまま残した素朴な感じの島」という意見が九五％を占めていた(6)〔観光資源保護財団編 一九七六：五六〕。

〈規定〉お客様は次の事項に協力下さい。
一、貴重品は宿主にお預け下さい
一、島内の静けさを守りましょう
一、部落内での水着や一部裸身の歩行禁止
一、海岸道路等にゴミ空缶を捨てないこと
一、キャンプ野宿の禁止
一、動植物の採集および持出しは禁止
一、消燈時刻は午後 11 時とします
一、水不足のため節水を願います
一、宿泊料金は二食付 2,200 円とする
昭和 50 年 7 月 1 日
竹富島民宿組合

図４「竹富島民宿組合」の自主規約
（観光資源保護財団編〔1976: 18〕より転載）

しかしながら、集落の景観は次第に味気ないものに変化していた。屋根の大半が全壊したベス台風からの復興にあたり、高価な赤瓦の代わりに簡素なトタン屋根や耐風性や耐久性のあるＲＣ（鉄筋コンクリート）フラットルーフによる安上がりな家屋が増えていたからである〔京都大学建築学教室三村研究室編　一九七六：九〕。また、観光客の増加に対し、各旅館や民宿は、集落景観全体の修景計画が不在のまま増改築を重ねていた。

同時に、島内の自動車は軽トラック二台（一九七一年）から、その四年後には、有償運送のマイクロバス七台、貨物車四台、乗用車二台の計一三台に増えており、共同空間であるサンゴの白砂を敷き詰めた道路の路面は車のわだちが残り、凸凹が激しくなっていた。シマの民宿は「竹富島民宿組合」を発足し、「宿泊料金は二食付二二〇〇円とする」などと規約を定めたり（図４）、マイクロバスのバス組合は島内一周三五〇〇円と一律の値段を取り決めたり〔観光資源保護財団編　一九七六：三六〕、組合内で過当競争が起きないような工夫をしていたが、家屋の増改築や道路環境の悪化に対し、規制を及ぼすことは難しかった。茅ぶきやヘラ（農具の一種）の暮らしは、ユイやバフを必要とし、ユンタやジラバといった労働歌などの共同の力を発揮するためのしかけがあった。しかしながら、シマの観光業は「若くて力の強いものが個々バラバラな方向をむいて、しのぎをけずってやって」〔阿佐伊　一九七九：五五〕おり、「島民個人個人のさまざまな「観光関連事業」の経営は、いってみれば、めいめいチグハグな未来像を追っている。しかも、それらを圧倒し、消し去るような「開発」が手ぐすねひいて待ちかまえて」〔観光資源保護財団編　一九七六：七〕いた。観光まちづくりを展開するうえで、共同の力を発揮するためのしかけ(7)

を必要としていたのである。

そのしかけを創出する直接の契機となったのが、土地を買い占めていた外部資本が再び開発の動きを示したことであった。一九八二（昭和五七）年、約一三・五ヘクタールを所有していた日本習字教育連盟が島民の一部を味方にし、具体的な開発に乗り出してきたのである。これに対し、「竹富島を守る会」の有志が「竹富島を守る会」（一九八二年）を立ち上げ、『八重山毎日新聞』（一九八二年七月一〇日）に「「竹富島を守る会」からのアピール」という声明文を寄稿している。いわく、「土地は個人のものであっても、先祖から引き継ぎ子孫へ引き渡していくもの、自分はその中継者だという意識があれば軽々しく他者へ、ましてや地域外の手に渡るような愚は避けねばなりますまい」とし、「種子取祭をはじめ諸行事や島の運営を、いわばおこぼれで行うという発想自体が神事を冒涜するものです。祖先はもっと苦しい生活の中で、知恵を出しあってやってこられました」と、創意工夫を重ねてきた暮らしや伝統文化が「企業の収奪の手段」になりさがることに警鐘を鳴らしている(8)。

また、シマの行方に関心を寄せ続けていた京都大学の三村の勧めから、第五回全国町並みゼミ東京大会（一九八二年開催）に、「竹富島を守る会」の上勢頭同子や公民館長の竹盛登、東京竹富郷友会副会長であった阿佐伊孫良が参加し、外部資本による土地の買い占めや安易な観光開発が横行している窮状を訴えつつ、外部資本による再開発に反対する運動への支援を呼びかけることにした〔池ノ上 二〇一三：一四一‐一四二〕。その結果、全国町並みゼミでは「竹富島の風致保存を励ます決議」を採択した。この一連の働きかけと全国町並み保存連盟の決議を地元の八重山毎日新聞社が報道し、開発計画は終息に向かっていった。

この頃より、多くの地域住民に「町並み保存」という考え方が浸透し、共同の力を発揮するための標語に位置づいたのである。公民館長であった上勢頭昇は憲章制定委員会を設置し、一九八六（昭和六一）年三月三一日の総会において「売らない」「汚さない」「乱さない」「壊さない」「生かす」という基本理念を明文化した「竹富島憲章」を決議採択した。この憲章は、長野県の妻籠宿の住民憲章をモデルとしつつ、「竹富島を生かす会」が策定した「竹富島を生かす憲章（案）」（一九七二年）を公民館議会で修正したものであった。

同時に、三村や妻籠宿、全国町並み保存連盟との交流は、制度的に町並み保存を後押しする国の重要伝統的建造物群保存地区の選定を目指すことをうながした。公民館による県や町への働きかけにより、一九八七（昭和六二）年、シマの集落景観は県内で初めての国の重伝建の選定に至った。観光入域者数は右肩上がりに伸び（図1）、竹富島は観光まちづくりのロールモデルのひとつとなったのである。

第四節　原風景の複製――リゾート開発許容の論理

二〇一二（平成二四）年六月一日、島内の東部にリゾートホテル「星のや 竹富島」が開業した。六・七ヘクタールに及ぶ敷地内には、グックで画した赤瓦屋根の木造平屋建ての分棟型客室四八棟を数え、各客室の南側には入口や前庭を、北側にはフクギを列植している。この目新しい〝集落〟のなかには、レセプション棟やレストラン棟、スパ棟、プール、見晴台などを配している。総延長四・四キロメートルに及ぶグックは、すり鉢状のプールを造るときなど、一連の工事の際に掘り出した琉球石灰岩を手作業で井桁状に積んだものである〔東環境・建築研究所／東利恵（設計）・オンサイト計画設計事務所（ランドスケープ）二〇一二：一〇四〕。また、路地には白砂を敷き詰めている。

この土地はもともと畑であったが、ながらく耕作放棄地となっており、大半が外来種のギンネム（生態系被害防止外来種リスト重点対策外来種）の生い茂る鬱蒼としたジャングルであった。畑の区画を示す石積みのアジラの遺構があり、この既存のアジラのパターンをリゾート全体のレイアウトに組み込んでいる。また、ギンネムを伐採しつつ、わずかにあった既存樹木のガジュマルやテリハボクなどを保全しながら、ランドスケープやリゾート全体の配置を検討している。また、「木陰の庭」には、主として沖縄の原植生の樹木を植栽し、本来の植生の森の再生を図っている〔オンサイト計画設計事務所／長谷川 二〇一五：五五〕。

すなわち、このリゾートは「離島の集落」をコンセプトにし、「竹富島景観形成マニュアル」（一九九四年策定）に基づいて、町並みを複製したものといえる。地域コミュニティがなにゆえにこうした大規模リゾートの誘致を許容したのかをあきらかにするためには、この土地の履歴を復帰前後の混乱期にまでさかのぼって把握する必要がある。

じつは、この土地は、シマ出身の商売人らが設立した竹富観光開発が、守る、守るといいながら買い集めた土地である。竹富観光開発はその土地を外部資本である名古屋鉄道に転売していたのである〔谷沢 二〇一〇a：二一〕。この土地の面積は約六〇ヘクタールにのぼっていた。上勢頭昇の息子・上勢頭保は、これらの土地を買い戻すために莫大な資金を必要としていた。担保価値の低い土地の買い戻しに億単位の資金を融資する金融機関は見つからなかったが、県内建設業最大手の國場組の支援を受け、上勢頭保が社長を務める南西観光㈱は、一九八六（昭和六一）年、名古屋鉄道からすべての土地を買い戻した。

同年、南西観光と國場組は、観光事業を行うことを目的に開発基本協定書を締結し、その後、数回にわたり、これらの土地にホテルやゴルフ場などを建設する大規模リゾート開発を計画している。しかしながら、こうした計画に対し、島内外から反対の声があがり、開発案を修正している最中にバブルがはじけ、日本債券信用銀行の経営破綻により、リゾート開発の計画はとん挫していた。なお、これらの土地は南西観光所有ではあるが、日債銀が國場組に対する債権を保全するために根抵当権を設定していた。

二〇〇六（平成一八）年、これらの土地の根抵当権が投資ファンドに移転していることが判明した。土地が島外資本に再び渡ることを懸念した上勢頭保は、同年、星野リゾートの代表取締役社長・星野佳路に協力を求めた。二〇〇五（平成一七）年七月、内閣府主催の「美ら島ブランド」委員会のメンバーとして来島し、知りあっていた星野に相談をもちかけたのである〔星野リゾート 二〇一〇a〕。

星野リゾートは、外部資本に土地を「売らない」とする竹富島憲章をふまえたうえで、上勢頭保に次のような提案をした。すなわち、①売却される土地の受け皿として竹富土地保有機構を設立する、②経済基盤として相応しい事業を行う者には、竹富土地保有機構から土地を賃貸するが、土地に対する抵当権の設定などは一切行えない仕組みとする、③竹富土地保有機構の借入金を完済した後に、これを財団法人化し、後世に土地を保全するための無借金の法人として残す、というものである。竹富島憲章を守りながら、リゾート施設を運営していくために必要な仕組みを提示したものであった。

二〇〇七（平成一九）年、星野リゾートは上勢頭保と新たに㈱竹富土地保有機構を設立した。星野リゾートから必要な資金（約一二億円）を受けたこの会社は、南西観光から土地所有権（八三ヘクタール）を取得し、債務の返済や根抵当権を抹消する手続きを完了した。そのうえで、星野佳路・上勢頭保を代表取締役とした南星観光㈱は、竹富土地保有機構から土地を借り受ける貸借契約を締結した。南星観光はリゾート施設の収益から竹富土地保有機構に借地料を支払い、竹富土地保有機構はこの収入から星野リゾートに借金を返済し、完済後は「財団法人として島側がコントロールできるようにする」〔星野・山本 二〇一二：五五〕という構想(9)であった〔星野リゾート二〇一〇b〕。

同年の夏、リゾート側は測量のためにギンネムのジャングルを切り開き始めた。突然の動向をいぶかしく思った長老のひとりは、町の教育委員会に問いただしに船に飛び乗った。第一回住民説明会は、二〇〇八（平成二〇）年一月二一日の実施であった。大規模なリゾート施設の整備を計画（竹富島東部宿泊施設計画）していることを周知し、上勢頭保は「島の土地を守るため」と理解を求めたが、「建設ありきで進んでいる」「住民の賛否を問う場はあるか」など、開発への懸念や警戒する声があがった〔『琉球新報』二〇〇八年一月二四日〕。

これらの懸念を払拭するために、リゾート側は「狩俣・家中うつぐみ研究会」主催の研究会員を対象とした勉強会（二〇〇八年三月一一日）や東京竹富郷友会を対象とした勉強会（二〇〇八年七月五日）、また、第二回住民説明会（二〇〇八年六月二七日）、仲筋集落での住民説明会（二〇〇九年二月七日）、西〔いんのた〕集落での住民説明会（二〇〇九年二月八日）、東〔あいのた〕集落での住民説明会（二〇〇九年二月九日）において以下のような「他者説得」〔鳥越 一九八九〕の論理を用いつつ、リゾート計画への理解を求めた。

すなわち、開発にあたり、ガジュマルやテリハボクなどの木陰をつくる樹木を残しつつ、外来種であるギンネムを伐採し、原植生の樹木を植栽し、本来の植生の森の再生を図ること、竹富町の蝶であるツマベニチョウの食草となるギョボクを施設との緩衝帯林に植えるなど、周辺環境との共生を目指すこと、遺構のアジラなどを保全し利用すること、リゾートは「竹富島景観形成マニュアル」に基づいた設計であること、「高単価の顧客をターゲットとし、既存の宿泊施設と異なる市場を開拓」〔星野リゾート 二〇一〇a〕すること――すなわち、競合せずにすみわけること――、リゾートは原則として泊食分離の料金体系とし、滞在する観光客が既存集落のサービスを利用することができるようにすること、リゾート内の仕事に従事するスタッフが既存集落の空家を使用することで、家屋の保存がうながされること、などを提示していった。

一方、星野リゾートの進出を支持した地域コミュニティのリーダーたちは、以下のような「納得と説得の言説」〔松田 一九八九：一〇四〕を展開した。リゾート開発の協定書に調印した当時の公民館長・上勢頭芳徳は、三〇年以上くすぶっていた「土地問題を解決するための手段」〔上勢頭 二〇一二：八八〕であるとし、また、勉強会を主催した鳥取大学の家中茂は、竹富土地保有機構の創案は「長年の課題であった土地問題を解決するために、土地保有と土地利用を分割し、竹富島憲章の「売らない」「生かす」という理念を同時に実現し得る社会的な仕掛け」〔家中 二〇〇九b：二〇一〕と評価していた。

シマの自治を内外から支え続けてきた阿佐伊孫良は「島人の自覚的な意思により憲章がさだめられ、竹富町の歴史的景観形成地区に選定され、集落は伝統的建造物群保存地区、集落外は歴史的景観保全地区として保存計画に従って保存事業が始められてきたし、現に行われている。しかし、復帰前後つまり選定以前に外部資本によって買い

図５　リゾート反対派の看板
うつぐみ[10]（協力一致の精神）のシマといえど、相互無理解やさまざまな利害が交錯し、リゾート開発に限らず協同一致することは難しい。（筆者撮影／2010.10.07）

取られた土地については、一切触れられていない。いま、そのことが悔やまれてならない」と日誌に記している。復帰前後の混乱期以降、地域コミュニティはその暮らしの方向性を定めてきたものの、実際に買い占められた土地をどうするのかといった問題を引き受けてこなかったのである。阿佐伊は、上勢頭家がリスクを負いつつ、買い戻していったことに対し、負い目を感じつつ、星野リゾートの提示した土地をめぐるスキームが巧妙であったことから星野リゾートとの連帯を「ベターな選択」（『八重山毎日新聞』二〇〇八年二月一日）と理解を示している。

むろん、リゾート反対派による異議申し立てはあったが（図５）、上勢頭家による長年にわたる土地の買い戻しの経緯をふまえると、多くの人びとは安易にリゾート反対とは言えなかったのである[11]〔狩俣 二〇〇八：五〕。すなわち、近年のリゾートホテルの受け入れは、外部資本の拒否や土地の買い戻し運動といった経験とひと続きのものであり、リゾートの誘致の許容は、復帰前後よりくすぶり続けてきた私有地の利用をめぐる混乱を地域コミュニティとして引き受ける意思に他ならなかったのである。

二〇〇九（平成二一）年三月二一日、公民館議会はリゾート開発について賛成多数で可決し、翌年の三月三一日、竹富公民館の定期総会での住民投票では、賛成一五九人・反対一九人（委任状含む）の賛成多数で可決し、リゾート開発を許容するという合意形成に至った(12)。星野リゾートは三〇数億円を投資し、この年の七月よりリゾート建設に着工した。

第五節　外部アクターをめぐる地域コミュニティの取捨選択の基準

以上、外部アクターとのかかわりに注目しつつ、半世紀以上にわたる観光を主とした「島立て」の取り組みについてとりあげてきた。これらの事例からは、地域コミュニティによる旅人の取捨選択のありようと、大規模リゾートの進出をときに拒否し、ときに許容する、といったすがたが浮かび上がってきた。本節では、これらの取捨選択の基準について考察する。

一九六〇年代を通じ、過疎が深刻化するなか、日本民藝協会の会員らから「民芸の島」というお墨付きを授かることで、老人たちの専売特許であった民具づくりは、観光と結びついたひとつの地場産業の創出につながるものであった。同時に、これらの外部アクターは、シマの集落景観の魅力や価値を「発見」し、シマの人びとに伝えている。この当時の地域コミュニティにとっては、青壮年層の離島がもっとも大きな課題であった。「カニ族」の気ままなキャンプを禁止し、民宿をスタートさせたことは、御嶽を含む生活環境の保全や観光事業を構想するうえで必要な判断であった。民宿の経営は早朝から夜間に及ぶ仕事であり、老人のみの世帯では難しい。ゆえに、民宿の開業は、いくばくか新たな仕事の機会や後継ぎである青壮年層の帰郷をもたらしている。

その後、復帰前夜の社会不安のなかで、シマの土地は二束三文で外部資本に流出した。本土復帰後の観光客の増加を見越していた大手の外部資本（日本習字教育連盟など）が大型観光開発を目的とし、水面下でシマの土地を買いあさっていたからである。また、これらに対抗し、石垣島で事業をおこしていたシマ出身の商売人らが竹富観光開発を設立（一九七一年）し、「土地が本土業者の手に渡れば古風な部落のたたずまいが破壊される」（『沖縄タイムス』一九七一年三月三〇日）とし、土地を買い集めた。

しかしながら、これらの外部アクター（たとえ、シマの出身者であろうが）は、シマに現金収入の場を約束していたが、内外の力関係のバランスといった意味では、不均衡なものであった。たとえば、「竹富観光開発株式会社設立趣意書」（一九七一年二月一六日）には、「竹富島出身者だけの会社を設立し、売りたい土地を他人の手へ渡ることから守るために、此の会社が買受けよう…（中略）…島の荒れ果てたところは整備して、意欲的に観光事業に取り組んでみよう。そして今後の島の諸行事をはじめ、村の中の観光設備、石垣の修復までも一切会社の手でやらせていただき竹富の人々は全員会社で働いて貰い、会社を中心として竹富人がひとしく心豊かに又経済豊かに共々に永遠の繁栄を目指して邁進致したい」〔谷沢 二〇一〇a：二〇-二一〕との記載があり、日本習字教育連盟の方針と同様に、シマの人びとを被雇用者と位置づけている。

一方で、シマの暮らしぶりや落ち着いたたたずまいに魅力を感じていた日本民藝協会の会員や京都大学の建築・都市計画学者、常連客であった作家・岡部伊都子らによる働きかけは、シマの文化復興の取り組みを後押しする性質のものであった。地域づくりのなかで「よそ者」が果たす役割について検討した敷田麻実〔二〇〇九〕によると、「よそ者」には、地域資源の再発見や地域住民の「誇り」を涵養する効果があるという。上記の外部アクターは、これらの効果に加え、全国町並み保存連盟や妻籠宿といったさらなる外部アクターとのつながりを創出し、結果、「島立て」の方針をめぐる地域コミュニティの合意形成をうながしている。その最たるものが「町並み保存」というスローガンであった。シマの観光業がバラバラの方向性を向いていた当時、コミュニティは共同の力を発揮するためのしかけを必要とし、外部アクターとのかかわりを通じ、それらのスローガンを導入している。

星野リゾートとの連帯は、これらの観光まちづくりの活動の背後でくすぶり続けていた土地問題をコミュニティとして引き受けていくことを意味し、竹富土地保有機構の仕組みは、コミュニティが土地問題をコントロールできるようにするものであった。

以上の経緯から、二つの知見を導き出すことができる。第一に、地域で暮らしていくために、その都度、地域が取り組むべき問題が何であるのかを把握し、地域コミュニティが課題を設定していることである。そのうえで、第二に、コミュニティが連帯する外部アクターを取捨選択していることである。これらは同時並行の性質を帯びているものの、どちらにおいてもコミュニティのなかで合意形成しうるかどうかが肝心となる。

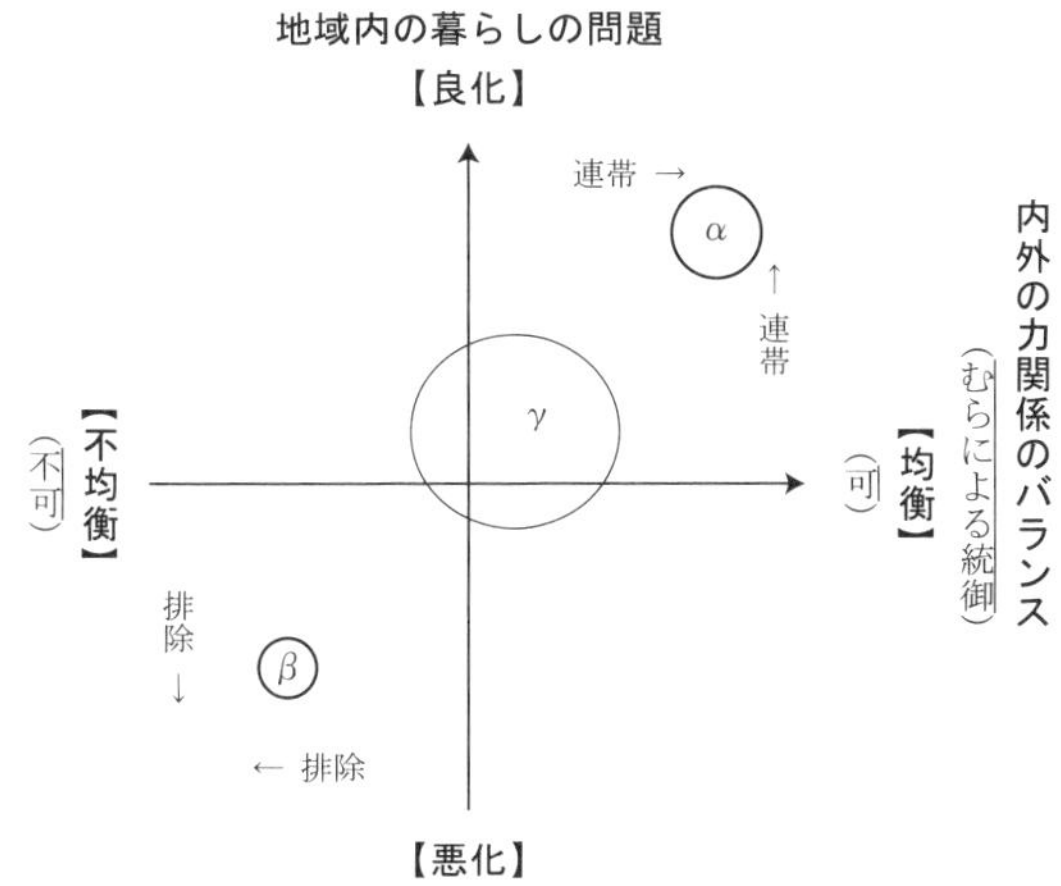

図6　外部アクターをめぐる地域コミュニティの取捨選択の基準
横軸は、地域コミュニティによる統御が及ぶかどうか、と言い換えることができる。αは日本民藝協会の会員など、βは「カニ族」など。かりに、星野リゾートをγとすると、今後のなりゆきや地域コミュニティの技量によっては、この円の座標や大きさは変わることになる。近年では、㈱アールジェイエステート（那覇市）による大規模リゾート「コンドイビーチホテル（仮）」の計画をめぐって、竹富公民館は「島民を無視するようなリゾートホテルはいらない」とし、「私たちは島内における今後のリゾート開発を一切認めません」という文言を記したポスターを作成し、配布している。

図6は、以上をふまえ、外部アクターをめぐる地域コミュニティの取捨選択の基準を便宜的にモデル化したものである〔cf. 鳥越 一九八二：一八七〕。横軸は、内外の力関係のバランスが均衡しているのか不均衡であるのか、縦軸は、地域内の暮らしの問題が良化するのか悪化するのかどうかというものである。円で表示した領域は、各外部アクターが地域にもたらすインパクト

を図化したものであり、その大小は、影響の大きさをあらわしている。それらは、各象限に完全にあてはまるものではないので、良い・悪いなどと白黒つけることは難しいものの、地域コミュニティはこれらの基準を基にしつつ、取捨選択しているといえる。

第六節　結論

本章の目的は、地域の特性を活かすことに腐心しつつ、観光まちづくりを展開してきた地域コミュニティがなにゆえに大規模リゾートの誘致を許容したのかをあきらかにすることにあった。本章でとりあげた地域社会は構造的な劣位にあり、過疎化の進展といった地域を運営していくうえで不利な点や限界を抱えており、その都度、そこで暮らしていくために日本民藝学会の会員や全国町並み保存連盟、京都大学の建築・都市計画学者らといった外部アクターとの関係を取り結びつつ、観光まちづくりを展開してきた。星野リゾートとの連帯はこうした取り組みの一種であり、公民館によるリゾート進出の許容は、特定の家が犠牲を払ってきた土地問題を地域コミュニティとして引き受けていくことを意味していたのである。

今や、過疎化の進展した地域コミュニティは、地域内の社会資本に限りもあり、外部アクターとのパートナーシップをより一層必要とせざるをえないものとなっている。とはいえ、本章のとりあげた地域では、特定の外部アクターと連帯する一方で、一九六〇年代の「カニ族」の排除はもとより、なおも新規移住（旅人の一種）の敷居が高いのは、たんに人口増加や利潤を目的とした〝地域活性化〟とは異なる、地域コミュニティの暮らしをつくるための取捨選択の基準をもっているからである。すなわち、その都度その都度の限られた選択肢のなかで、暮らしの問題を解決するために連帯する外部アクターを取捨選択しているのである。

パートナーシップ的発展論は、「自分や自分たちの組織が活動しつつも、それには限界があることを自覚」（鳥越二〇一〇b：二三八〕し、そのうえでパートナーシップを結ぶことによって成立する開発論であり、さまざまなアクター同士の関係性に注目するものである。内発性ということばが、住民主体のという意味で、外発的発展に対するオルタナティブとして脚光を浴びたことは評価できるものである。しかしながら、地域の力や内発性の源泉を地域住民のうちにあると理解し、外部アクターとの連帯と地域の内発性とを相克するものととらえる「二分法的社会観」は再考に付す必要があるといえる。観光研究は、地域生活と外部アクターとのかかわりや取捨選択の基準といったものをより積極的に論じる必要がある。本章はいわばそのことあげとしての意味と役割を担うものである。

〈注〉

（1）柳田國男は『雪國の春』で「それよりも尚大切なる急務は、將來如何なる種類の訪問者を、主として期待するがよいかを考へて置くことである。感覺の稀薄なまけ者ばかりを、何千何萬とをびき寄せて見たところが、男鹿の風景は到底日本一にはなれまい」〔柳田 一九六二（一九二八）：一三六〕とし、風景を育てるためには、どのような種類の訪問者を招来するのか、地域が考えておく必要があると指摘している。同様に、宮本も「その土地の主人としての理念と抱負と計画」〔宮本 一九七五：七五〕の必要性を説いている。

（2）「喜宝院蒐集館拝観者数」〔玉村 一九七四：五七五〕によると、一九六四（昭和三九）年の喜宝院蒐集館への来館者は二八六六人であった。この年の観光入域者の約四分の三が博物館に立ち寄っている計算になる。

（3）琉球列島米国民政府や文化庁の役人を迎えるときにも地域コミュニティをあげて歓待した。たとえば、ランパート高等弁務官の来島に際し、臨時議会を開催し、桟橋で出迎えることや卵やバナナ、ビール、コーラなどのつまみを出すことをあらかじめ話し合って決めている。これらの働きかけのもとで、高等弁務官資金による公民館の建設（一九七一年）や、まちなみ館の建設（二〇〇〇年）を引き出している〔上勢頭・小林・前本 二〇〇七：二〇二‐二〇三〕。

（4）一九七〇（昭和四五）年の竹富民芸協会の売上高は、一万八二〇ドル（材料費三八〇〇ドル）にのぼっている〔山城・上勢頭編 一九七一：一五‐一六〕。一九七〇年代の半ばになると、編みかごやアダン葉で作った玩具は素朴すぎるということであまり売りものにはならなくなったという〔観光資源保護財団編 一九七六：一四〕。

（5）京都大学の建築・都市計画学者らは、復帰前後の混乱や災害、買い占めなどに対し、自らがどのように関わるのかを思案した結果、景観保全の構想と社会・経済的条件とをあわせてとらえることを目的とした調査団を結成することにした〔京都大学建築学教室三村研究室編 一九七六：三五〕。

（6）一九七五（昭和五〇）年七月中の各民宿利用者及び乗降観光船客（七月一四日～一八日）にアンケート用紙を配布（配布総数約八〇〇票）し、郵送回答（有効回収票二九六票、推定回答率約三七％）を求めたものである〔観光資源保護財団編一九七六：五〇〕。

（7）早朝や夕方に竹ぼうきで屋敷周りを清掃する習慣は、過疎化のなかで衰退していたが、一九七一（昭和四六）年以降に再興してきたものである。また、収入の多い観光事業者には、公民館が公民館協力費を課し、それらを祭事予算や公益事業にまわし、一部の観光業者に偏りがちな観光収益の再分配を図っている〔西山・池ノ上 二〇〇四：六六〕。

（8）谷沢明〔二〇一〇a：二二‐二五、二〇一〇b：一三‐一四〕は、常連客であった作家・岡部伊都子が「竹富島を生かす会」の考え方に影響を与えたと指摘している。

（9）『八重山毎日新聞』（二〇〇九年二月一二日）には、「返済後は、同土地保有機構への島民の参画を進め、財団法人化するなどして残った土地（約七六ヘクタール）を将来的に島で使用できるようにする方針」とある。ただし、竹富土地保有機構が南西観光から取得した土地は八三ヘクタールにのぼり、「星のや　竹富島」の敷地六・七ヘクタールの扱いについては未詳である。

（10）「打ち組みユンタ」のウチクミと関係の深いことばであり、もとはウチクミ（仲間）の意であった〔狩俣 二〇一一〕。

（11）第一回住民説明会（二〇〇八年一月二一日）において、上勢頭保は「土地を守る運動が起きて、起きたときにですね、住民皆さんが全員がですね、ひとり一万円でも五〇〇〇円でも出し合いながらね、土地を守っていこうよ、という運動が起きていれば、そういうことにはならなかったと思う」と率直に吐露している。

（12）法的には、地域コミュニティによる同意の有無は、開発行為の差し止めを左右するものではないが、近年の行政は、事業主体に開発許可申請のみならず、地域住民の同意書の添付を求める傾向にある。

第五章　ローカル・コモンズとしての浜辺
――認可地縁団体による所有者不明土地の名義変更をめぐって

第一節　問題関心

1　研究目的と対象

本章の目的は、法人格を取得した地域コミュニティがなにゆえに、資源利用の用益の低くなった「所有者不明土地」である浜辺の共有地の名義変更に膨大な手間をかけつつ、多額の共有資金を投入したのかをあきらかにすることである。

明治以降の日本では、近代的所有制度のもとで地域コミュニティは所有権を持つことができなかったため、入会地の登記に際し、便宜的な名義を使用し対応してきた。しかしながら、所有権をめぐるトラブルが多発してきたことから、一九九一年、地方自治法の一部改正により、市町村長の認可を受けた自治会や町内会などの地縁団体は、地域的な共同活動のための不動産または不動産に関する権利などを保有できるようになった。

長野県内の入会林野をめぐる所有名義の変遷について検討した山下詠子は、未整備入会林野をもつ地域コミュニティが認可地縁団体を設立する最大の目的は「権利関係の整備」にあり、共有名義による登記名義と権利者の不一致を回避し、団体構成員の変動による登記変更の手間をはぶくことにあると指摘している〔山下 二〇一一：一六〇〕。

とはいえ、登記にかかる経費が多額になる場合や、とくに相続の権利者を確定する作業が膨大になる場合には、権利関係の整備や認可地縁団体の設立自体をあきらめる傾向にある（山下 二〇〇八：一一二、山下 二〇一一：一五九）。共有名義の土地の名義変更の際にかかるコストがばかにならないからである[1]。これらのコストを支払い得た事例の多くは、公共事業の用地買収の必要から共有名義であった土地を認可地縁団体所有にいったん移転し、必要な分を事業主体が取得するというものであり（鳥取県八頭総合事務所県土整備局 二〇一二、安藤 二〇一六、岡田 二〇一六）、ゆえに、その作業にかかる莫大な費用や事務処理はいわば行政コストなどで賄っている。こうした所有者不明土地[2]をめぐる上からの国土利用の働きかけがある一方で、本章でとりあげる事例では、認可地縁団体がこれらのコストを担いつつ、下からの土地利用の再編を図っていったところに特徴がある。

本章でとりあげる事例は、沖縄県八重山諸島の隆起サンゴ礁島、面積五・四三平方キロメートルほどの扁平な竹富島のものである。「竹富町地区別人口動態票」によると、二〇一八年（五月末）時点、竹富島の世帯数は一八九世帯、人口は三四八人である。現在の行政区分でいうと、小浜島や西表島、黒島、鳩間島、新城島、波照間島などからなる竹富町に属している。

島内には三つの集落（東・西・仲筋）があり、集落は島のほぼ中央部にかたまっている。竹富公民館はこれらの集落が連合した自治組織（自治会）の名称であり、認可地縁団体としての法人格を取得している。このうち最高意思決定機関である公民館議会は、祭事や行事を司る公民館執行部や議会議員（各集落から二人ずつ計六人）、顧問（各集落から一人ずつ計三人）、老人会長、婦人会長、青年会長などからなる（家中 二〇〇九a：八一）。執行部の構成メンバーは、公民館長と主事および幹事である。また、公民館の下に、町並み調整委員（一一人）や財産管理委員（六人）、公民館運営検討委員なども設置している。住民から徴収する賦課金や公民館協力費などを公民館の活動資金とし、年度末には総会を開いている。

2 研究視角

はじめに、「入浜権」の議論をとりあげつつ、本章の分析視角を探りたい。三俣学（二〇〇八：五〇‐五一）によると、多くのコモンズ研究者は、「公」と「私」とは異なる「共」的仕組みが、①無制限な私的所有権の行使に対する歯止めになること、②公権力による地域資源や生活環境の破壊の歯止めになることを指摘してきた。室田武は、こうした「公」「共」「私」という分析概念を用いた議論を先導してきた。室田（一九七九：一八三‐二〇〇）は近代化の過程を「公」や「私」の拡大強化による「共」の世界の圧殺ととらえ、山村の入会地が最初に近代化の打撃を被り、そして次なる対象は陸地近辺の海であったと指摘している。室田は「「公」の世界と「私」の世界によって、一方的に圧殺されつづけてきた「共」の世界は、入浜によってようやく自らの存在を主張し始めた」（室田 一九七九：一九九）とし、一九七〇年代半ばに提唱された「入浜権」を評価している。

日本が高度経済成長期に入ると、埋立による臨海工業地帯や港湾用地の造成が進むなかで、白砂青松の浜辺はコンクリート製にとってかわり、無数の煙突と排水口から大量の有害物質を排出する事態に陥っていた（日本土地法学会編 一九七六：一〇二）。「入浜権」はこうした開発や公害問題を告発する住民運動から生まれてきたものである。一九七五年、高崎裕士が起草・提案した「入浜権宣言」はその内容を具体的にさし示している。いわく、「古来、海は万民のものであり、海浜に出て散策し、景観を楽しみ、魚を釣り、泳ぎ、あるいは汐を汲み、流木を集め、貝を掘り、のりを摘むなど生活の糧を得ることは、地域住民の保有する法以前の権利であった。また海岸の防風林には入会権も存在していたと思われる。われわれは、これらを含め「入浜権」と名づけよう」（日本土地法学会編 一九七六：一六〇）。この主張は「古老の語る「以前は嵐の後など浜に出て、流木を集めて焚木にしたり、打上げられた貝や魚を採った」という話から、山林の入会権に似たものが海浜にも存在すると考えて着想」（高崎 一九七八：五五）したものであり、①海浜は万民のものであり自由に立ち入ることができる、②万人が自由に沿岸に立ち入ることで企業による公害の発生を防ぐことができる、といった論理構成の運動論的な性格を帯びていた。

「入浜権」の法学的性格は、浜辺の環境を享受するものを対象とし、原告適格の範囲が広い点に特徴があり、「一般公衆の自由使用の側面」と「地域住民による入浜慣行の側面」とが混在している〔淡路 一九八〇：一〇〇〕。すなわち、「入浜権」は、浜辺で散策したり、景観を眺めたりといった人格権的な側面と慣習的な物権といった財産権的な側面とを有している。しかしながら、「入浜権」をめぐる運動に携わってきた人びとの声は、それらの法的なエクリチュール（文体）に完全に変換することの難しいものであった。以下では、いくつかの議論をとりあげつつ、できあがった概念をその発生の脈絡におろして考える「概念ほぐし」〔関 二〇一五〕を試みる。

福岡県の豊前火力発電所建設を目的とした明神海岸の埋立に対し、環境権を盾に差し止め訴訟をおこした松下竜一〔一九七六〕は、裁判所から環境権を立証するに足る証拠の提出を求められたことに苦慮したと述懐している。これに対し、立証責任を負った原告側が選んだ「平凡な方法」〔松下 一九七六：五二〕は、明神海岸を利用してきた二〇〇人の地域住民を証人申請し、「自分と明神海岸とのかかわり」〔松下 一九七八：五四〕といった体験的事実を法廷で証言せしめるというものであった。これらの証言のなかに興味深いものがある。豊前では、山の手の者と海岸近くの者とが結婚する例が多く、証人のひとりは海岸近くに住み、奥さんは山の手の里のものであった。見合いの時には、仲人は彼女に明神海岸の良さを口を極めて伝えたという。山の手の者には、明神海岸の存在は結婚の動機になるほど魅力的であり、両家は〈海の幸〉と〈山の幸〉を交換するという豊かさを得るに至った。この語りから松下は「環境権というものが、単に個人の私的権利といったものではなく、地域全体の住民共存を意味している」〔松下 一九七八：五五〕と洞察している。松下はこうした暮らしぶりを権利という「いかつい」ことばでよろいたくないとし、裁判の場ではひとつひとつの生活事実の提示という方法を選んだのである。

同様に、愛媛県の織田ヶ浜埋立反対運動を研究対象とした関礼子は「入浜権は、海を守る根拠を、地域住民が綿々と営んできた「暮らし」に見出した」〔関 一九九九：一二九〕とし、海を守ることは「自然保護」のためというよりは、自然とのかかわりのあるあたりまえの暮らしを守るためであったと指摘している。また、沖縄県の新石垣空港の白保海上案に対する反対運動をとりあげた家中茂〔二〇〇一、二〇〇二〕は、海とのかかわりといった個々人の身体的な経験が「海は部落のいのち」といった標語のもとで「住民の総意」に結びついた過程をとらえている。関や家中の目線は、地域住民の生活史をふまえ、人びとと自然とのかかわりをなかばロマン主義的なセンシティブな結びつきのなかでとらえている。ゆえに、地域住民のなかに照射した「浜辺」は、過去憧憬的な性格を帯びている。

上記のとおり、開発に対する反対運動をとりあげたこれらの論者は、積み重ねてきた資源利用の経験が暮らしの豊かさに結びついていることを指摘してきた。しかしながら、現実にはコモンズの利用や位置づけは、人びとの暮らしの移り変わりのなかで次第に変わっていくものである。この変化のなかで対象をとらえる研究視角として、本章にとって参考になるのが鹿児島県の甑島のむらなどでフィールド調査を重ねてきた白砂剛二の洞察である。

白砂〔一九七四：一八〕は、暮らしとは、ひとつずつ生活の経験や知識を積み重ねながら先祖代々から子々孫々まで時間的につながっているものであり、人びとの生活は、厚みのある暮らしの一コマとして存在しているものととらえている。そのうえで「土地というものを非常に短い時間で考えるのではなく、かなり永い幅の中で、しかも、その土地の使い方を変えるということは今までのやり方をスッパリ断ち切るのではなく連続的に変えていく、少なくとも移り変わりが生活の中に悪い影響を与えない形で連続的に変」〔白砂　一九七六：一八〕えていく地域コミュニティのあり方を評価している(3)。

すなわち、白砂は、移り変わりが暮らしの一コマである生活に悪影響を与えないようにコミュニティが変更を企てていくこと、その変更の取り組みは世代間倫理を内包したものであることを指摘している。本章でとりあげる名義変更の取り組みは、直接的な開発に対する反対運動とは異なり、暮らしを創るための運動である。ゆえに、過去の経験のみならず、暮らしの未来志向性を含めてとらえる必要がある。

本論では、こうした視点をふまえ、沖縄県八重山諸島の隆起サンゴ礁島の浜辺をフィールドとし、アンダーユース状態にある入会林野（浜辺の共有地）をめぐる所有権の名義変更の理由を地域コミュニティの過去・現在・未来という時間のつながりのなかで把握する。

第二節　浜辺をめぐる環境利用の変化

本節では、入浜慣行の側面から隆起サンゴ礁島の浜辺がそもそもどのような領域なのかあきらかにする。

水域と陸地とを明確に分ける近代法は、水域を共同漁業権、陸地の海岸林を入会権へと、浜辺をめぐる地域住民の権利を切断し、海岸を原則として国有財産として位置づけている。こうした法的な分断により一見不連続な様相を示しているものの、潮が引くと干瀬や礁池の一部が干上がる浜辺は、海と陸とがゆるやかにつながった「辺」の空間である〔秋道 二〇〇四：二二四〕。シマの生活空間を模式的にいうと、集落を中心とし、その周辺に耕地の畑〔ハテ〕、その外側に海岸林〔スイヌメ〕や砂浜〔ハマ〕、礁池〔イノー〕が広がる（図1）。この外側の自然度の高い浜辺は、シマ人が入り合って利用し、その暮らしを支えるさまざまな資源を供給してきた。いわば、浜辺は私有度の高い居住地や耕地とは異なり、「共」的な性格を帯びており、地域住民による「自然資源の共同管理制度、および共同管理の対象である資源そのもの」〔井上 二〇〇一：一一〕という意味において、ローカル・コモンズであった。

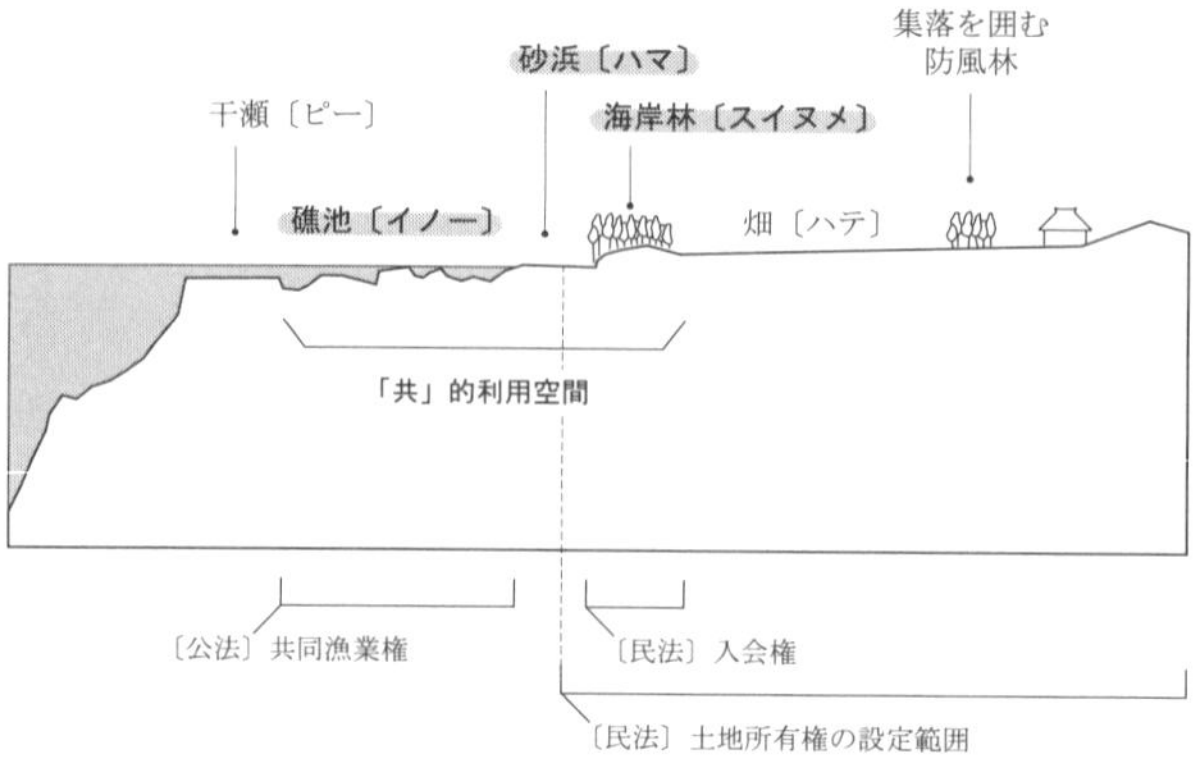

図1　隆起サンゴ礁島の空間モデル
土地所有権は海岸林の外側に位置する砂浜の一部にまで及んでいる。

1　礁池〔イノー〕・砂浜・海岸林の環境利用

このうち地先のサンゴ礁域であるイノーは、地域住民が無償で利用することのできる「海のコモンズ」として多くの注目を集めてきた〔玉野井 一九八五、多辺田 一九九〇、中村・鶴見編 一九九五〕。シマの地先海面は、地形上、干瀬〔ピー〕の内側〔イノー〕と外側とに区分でき、干潮時になると、イノーは半ば陸地状態になる〔熊本 一九九五：一九〇〕。

イノーには、多種多様な生物が生息し、日々のオカズや吸い物になるものが豊富に存在しており、おもに女性たちが潮干狩り〔アサラゴ〕に携わってきた。地域住民が慣習的に利用してきたイノーは、法律上漁業権（第一種共同漁業権）の対象区域に入る。ゆえに、定着性魚貝藻類は原則として漁業協同組合に採捕の権利があり、しばしば地域住民と石垣市に拠点を置いている漁協との対立が生じてきた。こうした問題が生じていたことから、竹富公民館は八重山漁業協同組合と交渉し、「竹富島周辺における漁場利用に関する覚書」（二〇〇三年）を締結した。覚書には、①浜辺のモズクは、戦後、西表島周辺から種苗を採集し、定着させたものであること、②国の重要無形民俗文化財の種子取祭をはじめとした伝統的な祭りの神前に供える海の幸を採取してきたこと、などの長年にわたる働きかけを根拠に、地域住民は「イノー内に入会権を有する」(4)と明記し、地域住民による採捕の権利を確認している〔竹富町史編集委員会編 二〇一一：四四五‐四四六〕。

潮が満ちてくると、砂浜にはさまざまなヨリモノ〔ユーリムヌ〕が漂着する。ふるくは、砂浜に物色しに行くことをハママーイといい、漂着した寄り木〔ユーリキ〕を煮炊きの薪炭とし、季節風や台風などのシケの後に漂着した海藻やミネラル分を多量に含んだ海草を隆起サンゴ礁島のやせた耕地を肥やす天然の緑肥としてきた。とくに海草のホンダワラ〔フクラ〕を重宝した。

今でこそ、こうした利用はなくなったものの、砂浜の白砂の利活用は続いている。たとえば、神祭りの際に必要な香炉灰の白砂はもとより、年中行事の折り目や道路の傷み具合をみつつ、公民館や各家は、キトッチ浜などで採取した粗い白砂を御嶽や集落の道、屋敷の庭、墓に敷き詰めている。白砂をまくことで、水はけを良くし、除草がしやすいようになる。また、昼の熱射を和らげつつ、夜になると、月光に照らし出されるハブを避けることができるからである。

潮の打ち寄せる砂浜の背後には雑木林〔スイヌメ〕がひかえる。海岸林には、アカテツやアダン、オオハマボウ〔ユウナ〕、クサトベラ、テリハボク〔ヤラボ〕、ハスノハギリ、ハマビワ、モクマオウ、モンパノキなどの海浜植物が分布している。海岸端のこれらの林は防風・防潮の機能を果たし、農地保全の役割を担うものであった。隆起サンゴ礁島の平たさという地理的特徴ゆえに、海から吹き込む潮風をできるだけ浜辺で防ぐ必要があり、海岸林を横切る道をくの字に屈折させるのも工夫のひとつであった。

耕地が浜辺近くにまで広がっていた昭和三〇年代までは、大きな台風で海岸林が傷むと、地域コミュニティが主体となり、テリハボクやモクマオウなどを植林した。もとより島内に山林をもたない隆起サンゴ礁島の住民は、これらの海岸林で煮炊きの薪炭や生活用具の材料、緑肥やヤギの飼料などを採集してきた。とくにヤギはやせた耕地を肥やす厩肥づくりの際に不可欠な家畜であった。

とはいえ、薪炭や飼料などの資源は慢性的に不足しがちであり、昭和初期になると、繁殖力の旺盛なギンネムを台湾から移入している。海岸林の伐採は原則として禁じられており、正月の下駄づくりの際に少量切り出したくらいであった。また、多量のでんぷんを含むソテツは救荒作物であり、戦後しばらくまで、地域コミュニティはこの実の収穫に対し、口あけの日を十五夜（旧暦八月一五日）に定めていた。ヤギの飼料のための草刈りをはじめ、薪炭や焚きつけのソテツやススキの枯葉の収集はこどもの領分であり、こどもたちは労働に携わりながら海岸林の植物を遊びに用いてきた。

2　入浜慣行の現在

白砂〔一九七九〕による入浜慣行の二分類（伝統的・近代的）にならうと、伝統的入浜慣行は農の営みとも連関し、シマの日々の暮らしを支えるものであった。しかしながら、昭和三〇年代以降になると、化学肥料の導入やエネルギー革命（プロパンガスの導入など）による生活スタイルの変容がこれらの連関を切断し、本土復帰前後からシマの主生業は農業から観光業へとシフトした。

戦後しばらくは、御嶽の森や集落を囲む防風林を除くと、集落から海岸林までの領域はほぼ畑であったものの、現在では、その大半が耕作放棄地となり、一時の役割を終えたギンネムが覆い尽くしている。また、入会林野であった海岸林での伝統的入浜慣行はもっとも衰退し、今や数匹のヤギを飼っている住民による餌の採取や、こどもたちに伝統的な遊びを教えるための植物採集に利用するに過ぎないものとなっている。

図2　浜辺の看板
浜辺利用に関する禁忌事項を記載した竹富公民館・竹富消防分団による看板には、①観光客のキャンプ・野宿は禁止する、②集落内での水着・裸身で歩くことを禁止する、③海岸・道路などにゴミ・空きカン吸殻などを捨てることを禁止する、④草花・蝶・魚貝・その他の生物をむやみに採取することを禁止する、とある。（筆者撮影／ 2006.8.20）

その一方で、浜辺では、観光客らを中心とした海水浴やマリンレジャーといった近代的入浜慣行が盛んになっている（図2）。かれらにとってはイノーは半ばプールであり、砂浜では、レジャーシートや日傘を広げている。また、浜辺は、海岸林の木陰で涼んだり、浜辺は、イノー・砂浜・

表1　浜辺をめぐる入浜慣行

	伝統的入浜慣行			近代的入浜慣行
利用形態（利用内容）	【礁池（イノー）】オカズ採り(潮干狩り、イザリ漁、石干見など)、サンゴの採集（墓の天井材、屋敷の石礎など）、布さらし〔ヌヌサラシ〕、潮乾〔スーカン〕、民俗儀礼（虫送り（旧暦2月）、浜下り〔ハマウリ〕、ハーレークイなど）、こどもの遊び場	【砂浜】ヨリモノ拾い（緑肥になる海藻・海草類、薪炭になる寄り木、売り物になる貝類など）、白砂の採取（御嶽や集落の道、屋敷の庭、墓への散布用、神祭りの依代・香炉灰用など）、民俗儀礼（物忌み〔ムヌン〕、竜宮の祭り〔インヌシュ〕、世迎い〔ユーンカイ〕（旧暦8月8日）、潮の花とりなど）、救荒作物の採取（野生の野菜など）、こどもの遊び場	【海岸林】煮炊きの薪炭や緑肥の採集、生活用具の材料（こどもの玩具、トイレットペーパー、縄、籠、むしろ、草履、水中メガネのフレーム、正月の下駄など）、ヤギの飼料採草、「パナマ帽」の材料になるアダン葉の採集、救荒作物の採取（ソテツの実）、こどもの遊び場	観光や海水浴、マリンレジャー、散策や犬の散歩などのレクリエーション、パーラーの出店
利用集団	**特定（むら）**			（民宿を含む観光業者） **不特定（万人）**
共同管理制度	海留め〔インドウミ〕、モズクの種付け（半栽培）、石干見の修繕など	とくになし	防風林の植林、ソテツの口あけなど	清掃など
コモンズの類型及び性質	**ローカル・コモンズ**			（ローカル・コモンズ） **パブリック・コモンズ**
		（神の占地[(5)]）		
制定法上の権利及び関連する法律	共同漁業権		入会権	「海浜を自由に使用するための条例」

三輪大介・室田武〔2010: 60〕による表（入浜慣行の類型）を参照しつつ、作成した。現在でもみられる利用形態には下線を引いている。ふるくは、女性による潮干狩りを旧暦4月中旬から5月初旬まで禁じていた。禁忌の理由は言い伝えによるもので、女性の月経を忌む竜宮の神が波風を立てて、この時期になる畑の穀類に被害が及ぶからとのことで、インドウミ（海留め）と呼んでいた。イノーの利用を時期的に制限するこの言い伝えは、結果として生態資源の乱獲を未然に防ぐ役割を果たしていたといえる。また、近年の浜辺は、パブリック・コモンズとして位置づけられつつも、不特定（万人）による利用方法を実質的に規制しているのは地域コミュニティであり、浜辺のランドスケープを売りにし、民宿などを営んでいる地域住民にとっては、浜辺は新たな意味を帯びたローカル・コモンズといえる。

海岸林を一体としたレジャー・ランドスケープを形づくっている。

　こうした世の中の移り変わりのなかで、海岸の私企業による囲い込みや不法占拠が問題となった沖縄県では、県が「海浜を自由に使用するための条例」（一九九〇年）を制定した。この条例は「海浜及びその周辺地域の秩序ある土地利用を図ることにより、公衆の自由な海浜利用を確保し、もって県民の健康で文化的な生活に寄与することを目的」とし、海浜は「万人がその恵みを享受しうる共有の財産であり、何人も公共の福祉に反しない限り、自由に海浜に立ち入り、これを利用することができる」と定めている。いわば、ローカル・コモンズとしてあった浜辺は、公的セクターによりオープンアクセスのパブリック・コモンズとして位置づけられつつあるのである（表1）。

第三節　海岸林をめぐる所有権移転

1　連名登記の誕生および名義変更の取り組み

二〇〇一年、竹富公民館は認可地縁団体として法人格を取得し、ただちに、多額の共有資金を投入し、共有地の名義を竹富公民館に変更する手続きを開始している〔竹富町史編集委員会編 二〇一一：二九八〕。共有地の多くは、浜辺の海岸林（砂浜を一部含む）であった。本節では、資源利用の用益の低くなったこれらの土地の名義変更に至った経緯を描写する(5)。

まずは、沖縄県の近代的土地所有制度の適用過程および入会地の所有名義についておさえたい。一八九九年、沖縄県土地整理法により、沖縄県は土地の処分（所有権の決定）や測量、地価の査定などを定める土地整理事業を実施した。八重山郡では、同事業は一九〇二年に完了した。本土と同様に、入会地は近代法を適用する際に、もっとも摩擦が生じた空間であった。その過程がわかるひとつのエピソードをとりあげる。

このエピソードは本事例地の南西に位置する隆起サンゴ礁島の新城島のものであり、村の頭職に就いていた宮良當整（一八六三～一九四五）が「新城村頭の日誌」に記していたものである。日誌によると、一九〇〇年の旧暦四月一〇日、測量調査を目的とした土地整理出張官員が新城島に滞在している。この際に、「村」の代表者である惣代は税金対策のために島内の浜辺の原野（海岸林）を国有にし、西表島にある共同牧場を「村有(6)」（＝共有地）にしたいと申し出ている。旧慣租税制度のもとで困窮した暮らしをおくってきた村人は、土地所有に対し課税する新たな制度を憂慮し、「村有」の土地を多く所有することは容易ではないという考えであった。これに対し、土地整理出張官員は以下のように述べている。「官有ニシテ将来村民ノ不幸トナリ、村有ニ付シテ村民ノ幸福ヲ得、決然安心シテ可然トノ一言ハ、断言シテモ不軽ハ自身ハ元ヨリ民ニ幸益ス計リテ、不益ヲ与ヘザル覚悟ニシテ、海辺廻リノ浜辺ハ官有ナスベキ筈ナルモ、アタン木ノ如キモ村人ノ入用ナルヲ以テ、都テ村有ニ付シタル次第ナリ」〔竹富町史編集委員会町史編集室編 二〇〇六：一二〇〕。すなわち、シマの生活にとってアダンなどの入用になるものが浜辺にはあるから、将来の「村民ノ幸福」を考えて「村有」にすべきと丁寧に進言している。隆起サンゴ礁の海岸林が地域の生活にとって欠くことのできなかった入会林野であったことを物語っている。結局、浜辺の海岸林は「村有」にすることに至った。土地整理事業実施時に、「村有」として登記した土地は地域の生活基盤であったのである。

以上は新城島の事例ではあるが、他島においても同様に、共同で利用してきた土地の多くは一九〇三年に「村有」となり、その翌年に、各「村」のリーダー数人の連名登記というかたちをとっている。竹富島の場合は、総聞〔シユッキ〕といった長老を中心とし、各集落から選出した村役者らが地域コミュニティの運営を担っていたので、かれらの名前での登記を進めている。海岸林の場合は、A〔西集落から三人〕、B〔仲筋集落から三人〕、C〔東集落から三人〕、D〔各集落から一人ずつ三人〕という四つの連名登記のパターンをとっている〔図3〕。

もとより海岸林は地域コミュニティが「総有的に支配」〔川島 一九八三：六八〕し、法的には共有入会権〔民法二六三条〕の及ぶ土地である。しかしながら、近代法上、入会権は登記の対象にならず「各地方ノ慣習ニ従フ」ものであり、入会地は入会権者の総有であるという実態を登記簿に反映させることができない〔青嶋 一九九四〕。「村」のリーダー数人の連名登記というかたちをとった隆起サンゴ礁の海岸林は、民法上の「共有」——すなわち、持分割合を原則として均等と推定し、各自がその持分を分割請求でき、自由に処分できる——であり、登記上の個人を重視する性格をもっている。近年、共有地の来歴の忘却などにより、各地で名前を便宜上使用したリーダーたちの子孫の一部が、自分の家に分割請求する権利があると主張する傾向にある〔鳥越 一九九七a：六三〕。〝わからない孫〟たちによる民法上の所有権主張に手を焼き始めていたことが、竹富公民館が法人格を取得するに至った大きな理由のひとつであった(7)。とくに収益の見込める共有地の扱いが懸念すべき事項であった。

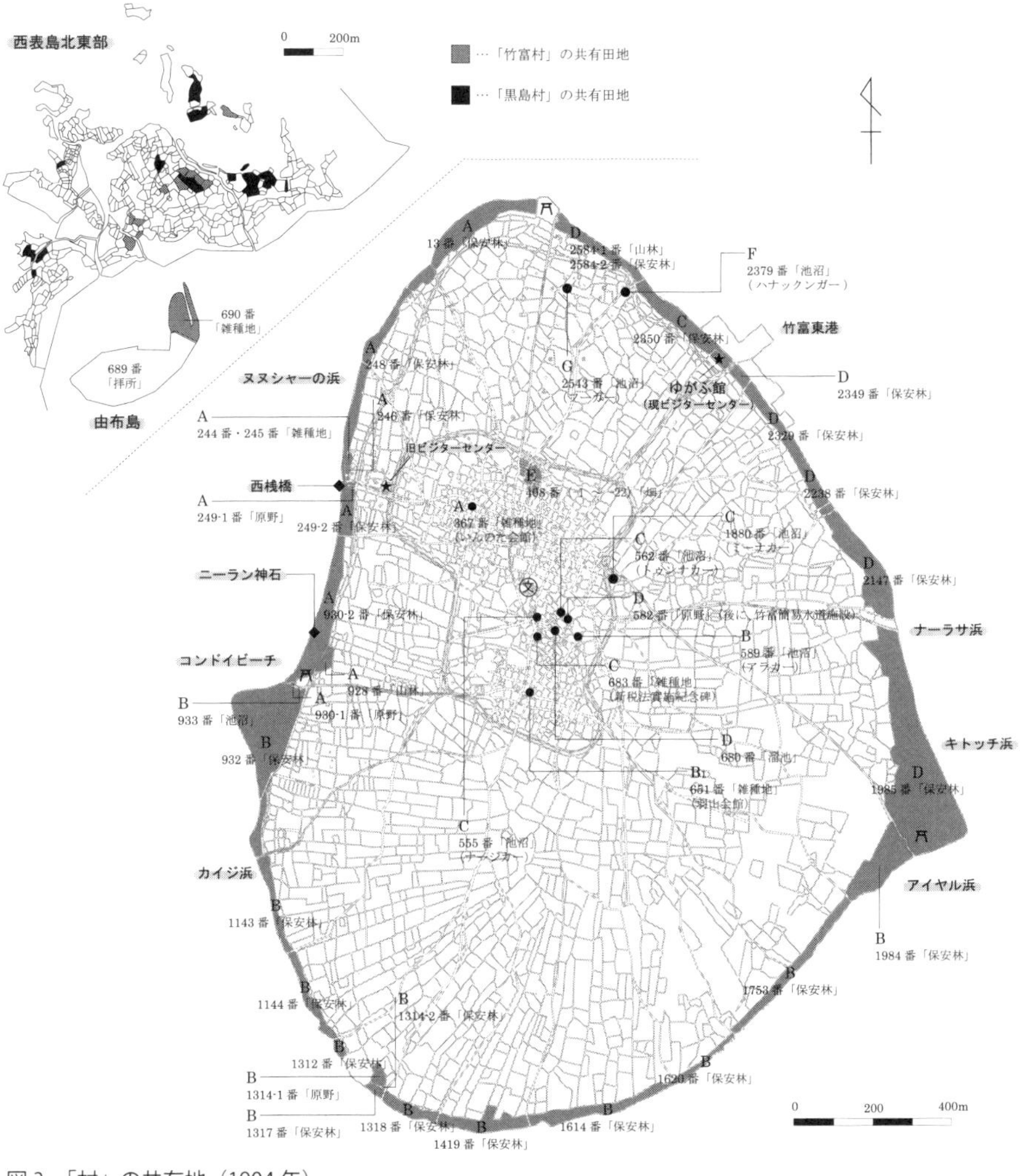

図 3 「村」の共有地（1904 年）

下図の地番は字竹富のものであり、1904 年時におけるおもな共有地の情報を記載している。ただし、竹富東港やゆがふ館（現ビジターセンター）、旧ビジターセンター、後に、由布島の所有権と交換した学校用地もあわせて表示した。また、上図（西表島北東部に位置する「村」の共有地）の地番は字古見のものであり、「竹富村」と「黒島村」の共有田畑のみを彩色表示している。この共有田畑は、旧村役人への奉仕田畑の「ヲヱカ田」に由来し、1897 年、旧統治機構廃止の際に、各「村」持ちになったものである。土地台帳によると、1903 年当時の（西表島北東部に位置する）ヨナラタバルには、「竹富村」や「黒島村」などの共有田地を確認することができる。このうち、「竹富村」の共有田畑はどういう経緯を経たのかは未詳ではあるが、すぐさま個人へと所有権が移転している。その一方で、「黒島村」の共有田畑の地代は、いまだに黒島公民館に入っているという。竹富公民館の運営には、種子取祭をはじめ、さまざまな出費がかさんでおり、共有田地の私有化により安定的な財政基盤を喪失したといえる。（地籍図、土地台帳により作成）

たとえば、法人格を取得した二〇〇一年度の共有地からの収益には、「コンドイ園地使用料」および「由布島貸地料」がある。前者は、浜辺のコンドイビーチで海水浴客相手に商売（パラソルの貸し出しやドリンクの販売など）をしている個人からの共有地の使用料である。こちらは二〇万円（平成以降）で固定している。後者は、かつて村びとの「入会宅地」であった由布島にある亜熱帯植物楽園（株式会社由布島）からの地代（借地料）である(8)。当初、地代は三五万円であったが、一九九四年三月の交渉により、五〇万円に値上げしている（一九九三年度「定期総会」資料より）。

これらの収益のある共有地などをめぐって「役職を務めて、よくやったよーということで、そうしたところをおまえら三名でもらえとか分けてもらったみたい」(9)といった解釈や、数人で買ったとする主張、「公民館の土地であるという証拠がなにかあるわけではありません」(10)といった疑義が生まれ始めていたのである。「一番大きいのはたぶん由布島だと思うんだけど、結局、収入、使用料で収入を得ているわけさ。竹富公民館は。…（中略）…公民館収入を得ているのに、公民館の名義じゃないさね。…（中略）…でも、これはシマの土地だよっていうみんなの認識があるからできるんであって、そうじゃないひとが、まぁ、はっきりいったらね、でてきたと。主張するひとが出てきたと。これではいかんということで」(11)、公民館は認可地縁団体としての法人格を取得し、権利関係の整備を進めることにした(12)。一九九七年頃より、竹富公民館は認可申請に必要な「規約」や「保有資産目録」を作成する作業に入り、この問題に取り組む専門的な組織として財産管理委員会を立ち上げている。

一九九九年頃、仲筋集落の羽山会館で公民館拡大会議を開いている。「共有のところは公民館の登記にかえないといけないということで、じゃぁ、どの土地がそうなのか、みんなで確認しないとわからないから」と、議会議員の他に、長老などの年寄りや今までの経緯がわかるひとを招集し、「一筆ずつ、こっちは共有、公民館のものだ、と、そうだ、そうでないと、一筆ずつ公民館のものだねぇと、リストアップ」(13)していった。また、同時に、環境省によるビジターセンターの移設計画が立ち上がり、臨時議会（二〇〇〇年七月六日）で議論した結果、竹富東港を目の前にした浜辺の共有地（名義パターンC）に移設することを決めている。環境省への売却を考えると、共有名義であったこの土地はいったん認可地縁団体へと移転する必要があった。

作成した「保有資産目録」（二〇〇一年三月三一日付）によると、共有財産は土地一〇三筆および建物一戸（こぼし文庫）にのぼっている。財産管理委員会は、拡大会議の結果を公民館の総会において報告し、「（共有地を）自分のものだと主張し、こどもたちの名義に変えている。そういう危険が今から起きるから、公民館のものに変えていこう」[14]と訴え、名義変更の作業に入る承認を得ている。この決議では、表立った反対意見の表明はなかった。

二〇〇一年六月一二日、竹富公民館は認可地縁団体としての法人格を取得し、一〇〇年以上前から所有権が移っていなかった土地の名義変更に必要な作業にかかったが、土地整理事業実施時の登記名義人はすでに亡くなっており、その相続人の所在把握や相続人の確定に膨大な手間や費用がかかった。法的な手続きはシマ出身の司法書士S氏に委託しつつも、「相続関係説明図」などを作成しながら、アメリカやブラジルなどの海外居住者を含む一五〇人以上に及ぶ相続人をあらいだした。島外に移り住んだ子孫には、公民館から経緯を書いた手紙を出している。音信不通の場合には、親兄弟を通じて電話で承諾を得た。とくに「難儀したのがハンコ」であり、近いところでは、戦後、西表島に入植した開拓移民の子孫に何度もハンコをもらいに行った。また、財産管理委員会の会長や事務局長らが直接、説得しに行くこともあった。説得することが難しい場合は、「今はいいと、言わせとけと。…（中略）…後にこの問題は解決するから、捨てとけと」[15]、土地を管理・利用してきた先輩に対し、一定の配慮をしつつ、次世代で調整するという、なるべく波風を立てないシマの暮らしのつくりかたがある。

二〇〇一年一〇月二五日の財産管理委員会では、「早急に大舛、由布島の案件を解決すること」（二〇〇一年度「定期総会」資料より）としており、名義変更の優先順位を①由布島および集落の内部、②大舛のビジターセンター、③クスクモリの東側（シュウラムイ御嶽の周辺）、④その他の保安林といったように、シマの暮らしに直接かかわっているところから着手することに決めている[16]。名義変更には相当な労力と膨大な金が必要になるがゆえの順位

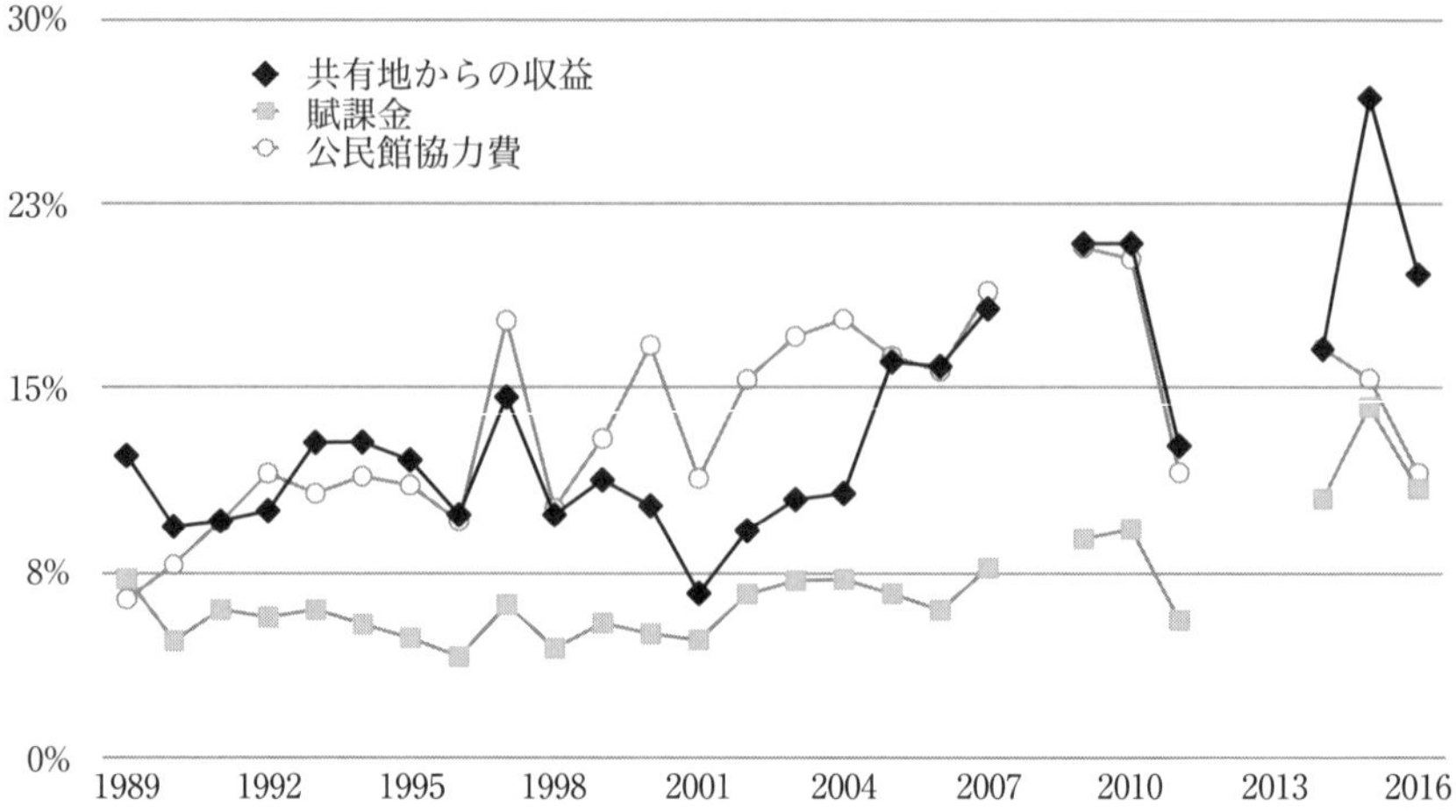

図４　公民館の収入割合（1989 ～ 2016 年度）
本図は、年度ごとに「一般会計」と「祭事」、「基金」の収入を合計したものから「繰越金」および「基金繰入」を引いたもののうち、共有地からの収益、賦課金、公民館協力費の割合を図化したものである。公民館協力費とは、収入の多い観光事業者などに公民館が課している徴収金であり、それらを祭事予算や公益事業にまわし、一部の観光業者に偏りがちな観光収益の再分配を図っている〔西山・池ノ上 2004: 66〕。（「定期総会」資料により作成）

づけであった。①の集落の内部とは、各集落の支会やＰＴＡが日常的に利用している土地であり、変えられるものから変えることにした。固定資産税を払い続けていた一部の家に対しては、公民館がその金額をさかのぼって支払っている。その後、各集落の会館や由布島の一部の名義変更を済ませつつ、観光まちづくりの取り組みのなかで重要な機能を果たすビジターセンターの移設のために、北東に位置する浜辺の共有地の名義を公民館にいったん変更し、その後、環境省に売却している。また、集落内の共有地の名義パターンと紐づいていた浜辺の共有地（図３：Ａ、Ｂ）も同時に変更している。

　これらの経費は、特殊な支出に備えてプールしている「基金」から支払っており、二〇〇一年度は「登記料」一五四万五五〇円および「登記料（二次）」三五万七四八〇円、二〇〇二年度は「登記料」一九一万七五九〇円を支出している。司法書士からの「請求書（竹富公民館登記済費用計算書）」によると、具体的な経費の内訳は、公民館財産説明書や登記協力文書、委任状、特別受益証明書、電話・通信料などの「手続費用」および「証紙・印紙・登録税」からなる。

これらの一連の取り組みのなかで、浜辺の共有地からの収益に、浜辺で星砂を売っている業者からの「カイジ浜使用寄付」（二〇〇六年度以降）が加わり、また、財産管理委員会による交渉により、由布島からの地代収入を増やしている。共有地からの収益を増やすことで、住民から徴収する賦課金の負担増を抑えつつ、公民館の財源の確保に成功している（図4）。

2　シマの経験と将来

海岸林のうちA（一〇筆）・C（一筆）の名義変更が完了し、B（一四筆）は一部変更している（表2）。海岸林の名義変更を直接うながしたものは、ビジターセンター（「ゆがふ館」）の移設や、収益のある共有地の権利関係の整備が必要であったからである。この取り組みを主導し、当時、公民館長を務めていた故X氏は、それらの理由以外に「一〇〇年先のことをつねに考えないと」と、将来的に架橋の話がふりかかったときに、地域コミュニティとしての判断を担保するために必要であったととらえている(17)。

というのも、本土復帰以降の八重山諸島では、石垣島から西表島に渡す架橋計画がくすぶり続けているからである。「海洋博へかける夢」と題した記事では、一九七五年の国際海洋博覧会の開催に向けた関連事業のひとつとして三三キロメートルの海上道路構想が行政の長らにより語られている（『八重山毎日新聞』一九七二年一月一日）。当時の地元新聞の紙面には、毎日のように「夢の五橋」や「夢のかけ橋」といったフレーズが踊っている。この計画はとん挫したが、一九八〇年代に入ると、小浜島—西表島間に絞った架橋計画が再び紙面をにぎわせることになる。こうした計画は現在もくすぶっており、いずれこのシマにも渡す計画が出るかわからないことにくわえ、浜辺周辺の土地はリゾート開発の適地でもある。本土復帰前後、県内の海岸線のめぼしいところの多くは本土の企業が買い占めており、浜辺はリゾート開発をめぐり地域住民との対立が生じやすいエリアである。海岸林の所有権を地

表 2　共有地をめぐる所有権移転

名義パターン（図2参照）	所有権者（1904年時）氏名	集落	（受付年月日）／〔原因〕など			（現在）
A	「い」	西		（2001年11月09日）→		竹富公民館
	「ろ」	西		（2001年11月09日）→		
	「は」	西		（2002年08月27日）→		
				〔原因〕2001年06月12日　委任の終了		
B（B$_1$以外）	「に」	仲筋	（1990年07月18日）→	「に$_1$」	（2002年10月10日）→	竹富公民館（持分3分の1）他2名（「は」・「へ」）
	「ほ」	仲筋		-		
	「へ」	仲筋		-		
			〔登記の目的〕所有権保存		〔原因〕2001年06月12日　委任の終了	
B$_1$ 字竹富 651番	「に」「ほ」「へ」	仲筋	（1996年02月15日）→	「そ」「つ」	（2001年09月13日）→	竹富公民館
（羽山会館）			〔原因〕真正な登記名義の回復		〔原因〕2001年06月12日　委任の終了	
C	「と」	東	（2001年08月31日）→	「と$_1$」（持分6分の1）	（2001年08月31日）→	竹富公民館
			（2001年08月31日）→	「と$_2$」（持分6分の1）	（2001年11月27日）→	
	「ち」	東	（2001年08月31日）→	「ち$_1$」（持分6分の2）	（2001年08月31日）→	
	「り」	東	（2001年08月31日）→	「り$_1$」（持分6分の2）	（2002年04月08日）→	
			〔登記の目的〕所有権保存		〔原因〕2001年06月12日　委任の終了	
			【2350番の分筆情報】			
			2350-3「宅地」	竹富公民館	（2003年11月11日）→	環境省
			（ゆがふ館）		〔原因〕2003年06月18日　売買	
D	「ぬ」	東		-		「ぬ」
	「は」	西		-		「は」
	「る」	仲筋		-		「る」
■その他の名義パターン						
E	「と」ほか15名			-		「と」ほか15名
F	「を」	西		（2002年07月25日）→		竹富公民館
	「は」	西		（2002年08年27日）→		
	「わ」	西		（2002年09月18日）→		
				〔原因〕2001年06月12日　委任の終了		
G	「い」	西		（2001年12月07日）→		竹富公民館
	「か」	西		（2002年04月09日）→		
				〔原因〕2001年06月12日　委任の終了		
■島外の共有地						
字古見 689番	古見村		（1972年05月02日）→	「ね」・「そ」・「な」	（2001年08月03日）→	竹富公民館
			〔原因〕1953年08月20日	売買	〔原因〕2001年06月12日	委任の終了
字古見 690番	「よ」	西		（2006年04月25日）→		竹富公民館（持分3分の2）他1名（「れ」）
	「た」	西		（2006年05月25日）→		
	「れ」	西		-		
				〔原因〕2001年06月12日　委任の終了		

名義変更を済ませた共有地の名義変更の原因は、「委任の終了」（2001年06月12日）としている。この日付は、竹富公民館が法人格を取得した日である。Bの海岸林のうち1314-1番「原野」のみは、1人の個人に移転している（図3参照）。（土地台帳、登記事項証明書・謄本、閉鎖登記簿などにより作成）

縁団体である公民館へと移転することは、将来的に想定しうる架橋やリゾート開発といった生活条件の変化に備え、地域コミュニティとしての対応をまとめるために必要な措置（働きかけ）だったのである。というのも、このシマはさまざまな土地問題を抱え続けてきたからである。土地問題の多くは、開発と暮らしの保全との角逐のなかで生まれてきたものであった。

復帰直前のシマでは、干ばつや大型台風の襲来により農作物の多くが壊滅し、耕作放棄と離島による過疎が進んでいた。シマの土地の値段は二束三文であったが、本土復帰による観光客の増加を見越していた本土企業は、私有地であった耕作放棄地を買い占めていった。外部資本による買い占めや観光開発構想に対し、住民やシマ出身者、さらには島外関係者の間でさまざまな思惑がぶつかりあい、やがて有志が外部資本による土地の買い占めに対抗するために「竹富島を生かす会」（一九七二年）を結成した〔谷沢 二〇一〇a：一七〕。「金は一代、土地は末代」というスローガンを掲げつつ、シマの落ち着いたたたずまいを守ろうという運動を展開していったのである。

その過程で「竹富島を生かす会」を母体とした「竹富島を守る会」（一九八二年結成）は、『八重山毎日新聞』（一九八二年七月一〇日）に「「竹富島を守る会」からのアピール」という声明文を寄稿している。いわく、「土地は個人のものであっても、先祖から引き継ぎ子孫へ引き渡していくもの、自分はその中継者だという意識があれば軽々しく他者へ、ましてや地域外の手に渡るような愚は避けねばなりますまい」とし、「祖先はもっと苦しい生活の中で、知恵を出しあってやってこられました」と、創意工夫を重ねてきた暮らしや伝統文化が「企業の収奪の手段」になりさがることに警鐘を鳴らしている。

これらの運動は「島の土地や家などを島外者に売ったり無秩序に貸したりしない」ことを基本理念のひとつとする竹富島憲章の制定（一九八六年）に結実し、国の伝統的建造物群保存地区の選定に至っている。私有地のうえに処分権の制限といったあみかけのルールを独自に設けたこうしたまちづくりは、いわゆる、観光開発構想とは異なり「自助努力・創意工夫による手づくり的な観光地づくり」〔谷沢 二〇一〇a：三三〕というシマの暮らしをつくるものであった。

しかしながら、外部資本による買い占めを阻止するに至ったものの、土地を売ってなんとか生計を立てようとした側と、なんとしても売ってはいけないとした側との間に深刻なしこりが残り、期せずして生活関係の破たんが生じてしまったのである。また、外部資本に買い占められた土地をリスクを負って買い戻したのは、「竹富島を生かす会」や「竹富島を守る会」を先導した家であった。復帰前後の混乱期以降、シマは憲章というかたちでその暮らしの方向性や規範を定めてきたものの、実際に、買い占められた土地をどうするのかといった具体的な問題を地域コミュニティとして引き受けてこなかったのである。

これらの土地問題をめぐる生活関係の破たんなどに苦慮してきた経験から、コミュニティはシマの規範を明文化した竹富島憲章のさきの、より実効力のある取り組みを必要としていたのである。とりわけ、伝統的入浜慣行が衰退するなかでアンダーユースになっている浜辺の土地に対する関心は集まりにくいものである。シマの経験をふまえつつ、将来を見据えたときに、これらの土地にこそ、地域コミュニティによる「社会的な認知と承認にもとづく」〔藤村 二〇〇一：四二〕働きかけが必要だったのである(18)。すなわち、たとえ、共有地であろうとも、入浜慣行が衰退するなかで登記名義が相対的に意味を強めていることや共有地の相続人が増え続けていること、名前を便宜上使用したリーダーたちの子孫が共有地の来歴を等閑視し、登記名義を盾にして分割請求することなどに危機感を覚え、何かしらの開発計画がもちあがったとき、地域コミュニティの意向とかかわりなく名義人が判断することを防ぐためのストッパーとして権利関係の整備に取り組んだのである（表3）。

第四節　結論

本章の目的は、法人格を取得した地域コミュニティがなにゆえに、資源利用の用益の低くなった「所有者不明土

表3　認可地縁団体の取得および共有地の名義変更の経緯

1992年度	5月2日	「沖縄に行く、■氏の世持お嶽の土地の件について話合に行く、話合の結果世持お嶽の土地を公民館に**寄付**して頂く」
		☞「基金」からの支出　「■氏へ　感謝状」●円、「■の土地登記」●円
1993年度	3月13日	「由布島へ借地料の件で相談に行く（～14日）」
		☞「基金」からの支出　「由布島貸地料折衝費用」●円
1996年度	8月6日	「一筆土地調査説明会（公民館にて午後5時　住民全員）」
1997年度	7月30日	「一筆調査説明会（公民館）」
1998年度	6月16日	「財産管理委員会を行う」
	6月17日	「一筆地調査説明会に参加」
	7月4日	「竹富公民館財産管理委員会　**由布島**視察を行う」
	12月20日	「公民館建設にむけ拡大議会を行う」
	3月4日	「一筆地調査の閲覧」
		☞「基金」からの支出　「財産管理委員会資金」●円
2000年度	4月26日	「第1回財産管理委員会を開催し、会長S氏、事務局長にU氏を選出し、今後の進め方を決める」
	6月19日	「まちなみ館建設に伴う土地登記完了」
	6月28日	「ビジターセンター建設用地案などに対する地元各界の意見聴取」
	7月6日	「公民館臨時議会、ビジターセンター用地選定の件など。**ビジターセンターの用地**を候補地案の②の東桟橋西側用地拡張案に決定」
	9月7日	「竹富島ビジターセンター建設工事基本設計の説明会」
	12月20日	「公民館臨時議会　竹富島ビジターセンター建設工事基本設計に関する検討事項について」
	3月23日	**「財産管理委員会を開く、法人化にむけて提案することを決める」**
2001年度	4月9日	「午後から町役場へ地縁団体登録の申請書の件で指導を受ける」
	4月23日	「第1回財産管理委員会を開催、委員長にS氏、事務局長にU氏を選出」
	6月12日	**「竹富公民館、地縁団体（法人）として認可、14日に公示される」**
	7月4日	「司法書士S氏事務所へ（地縁団体の謄本を届ける）」
	7月6日	「司法書士S氏へ（登記費用の概算の説明を受ける）」
	7月10日	「臨時議会　字有地の公民館名義への登記にかんすること」
	7月11日	「字有地の登記料の仮払としてS氏事務所に基金より●万円を支払う」
	9月21日	「司法書士S氏に第一期分登記料として件数28件、手続き費用●円、証紙・印紙・登録税●円、合計●円を支払う」
	10月11日	「環境省、八重山支所長■氏大升2350番地（ビジター）の土地の件で来島」
	10月19日	「環境省の■所長とS氏事務所で懇談」
	10月25日	「財産管理委員会、公民館登記第一次分を点検、**早急に大枡、由布島の案件を解決すること、その上で、第二次に入ることに**する」
	11月16日	「臨時議会　由布島の共有地（古見690番地）の件で■氏の意見を聴取する」
	11月27日	「臨時議会開催、由布島の共有地（古見690番地）の件で■、■両氏の意見を聴取する」
	12月12日	「環境省石垣事務所の■氏ご来島、ビジターセンターの建設は14年度に持越すことになったとの説明を受ける」
	1月7日	「公民館は、与那国家（字竹富536番地）建物贈与並びに土地賃貸契約書を■氏との間に締結」
	1月15日	「司法書士S氏事務所へ登記料●円（二次分として）支払う」
	1月31日	「■氏所有の母屋・トーラの移転登記完了、登記料●円」
	2月22日	「ビジターセンター建設事業について県、町との協議、環境省石垣支所にて。用地測量進捗状況、保安林解除、管理運営などの意見交換を行う」
		☞「基金」からの支出　「登記料」1,540,550 円、「登記料（二次）」357,480 円
2002年度	5月8日	「財産管理委員会を開催」
	5月31日	「ビジターセンター建設用地（大枡2350-1）、環境省自然環境局へ保安林解除の申請書を提出」
	7月10日	「環境省石垣支所長■氏からビジターセンターの身障者の通路についての意見がある」
	7月19日	「環境省事業用地専門官■氏、■石垣支所長の案内で来島」
	10月2日	「司法書士S氏事務所へ、「は」、「わ」家など●円支払う」
	12月24日	「S氏司法事務所へ登記料の支払い、費用●円」
	3月12日	「S氏司法事務所へ西屋敷395-3番地の宅地、■氏より**寄付**により登記、登記料●円支払い」
		☞「基金」からの支出　「登記料」1,917,590 円
2003年度		☞「基金」からの支出　「登記料」●円
2004年度		☞「基金」からの支出　「登記料他」●円
2006年度		☞「基金」からの支出　「登記料（S氏）」●円

（「定期総会」資料により作成）

地」である浜辺の共有地の名義変更に膨大な手間をかけつつ、多額の共有資金を投入したのかをあきらかにすることであった。以上の事例分析をふまえ、その論理を簡潔に述べると、観光まちづくりの取り組みや地域コミュニティの財源の確保をきっかけとしつつも、土地がつねに係争の種になってきた過去をふまえ、判断主体を地域コミュニティにしぼることで将来的な土地問題をめぐる生活関係の破たんをあらかじめ避けるためであったといえる。

かつて地域住民の日常の暮らしを支えてきた浜辺は、農の営みとも連関したローカル・コモンズであった。地域住民による浜辺の自然資源の共同管理・利用制度は、日々生活を営むなかで培われてきたものである。しかしながら、今や浜辺のうち海岸林での伝統的入浜慣行は衰退し、資源利用の面では、アンダーユースになっているといえる。その一方で、レジャー・ランドスケープとなった浜辺では、近代的入浜慣行が盛んになっている。このように入浜慣行が変容するなかで、浜辺は「公」的なパブリック・コモンズとして位置づけられつつも、入会地の登記名義が相対的に意味を強め、「私」的に読み替えうるものとなってきた。今後、〝わからない孫〟が増え、共有地が係争のタネになることは明白である。認可地縁団体となった地域コミュニティがそれらの土地の名義変更にこだわったのは、こうした外圧と内圧との重層的な狭間にあるローカル・コモンズの脆弱性を法的な論拠を得る働きかけを通じて補強しつつ、将来の地域コミュニティとしての判断を担保するがゆえのものだったのである。

宮本常一は入会林野の明治以降の公有化・私有化について以下のように言及している。「多くの共有林は、明治時代に村人でわけるか、売られるか、官林になってしまいました。山をわけてもらった貧しいものは、すぐその山をただ同様に売ってしまいました。そうすると薪一本でも買わねばならなくなります。山の中はとくにくらしのむつかしい所で、村をすてて出てゆかねばならぬようなことが多くなりました。山の中で人口のふえた所はほとんどありません」〔宮本 一九六八：二九二〕。

上記のとおり、宮本は資源利用の側面から人びとと自然とのかかわりを「生活の無事」を実現するためのものととらえている。しかしながら、世の中の移り変わりのなかで、そうした資源利用は希薄化しており、人びとと自然とのかかわりはほどけているようにみえる。とはいえ、本章では、地域コミュニティの「生活の無事」を志向する暮らしのたて方のなかで人びとと自然とが結びついていることをあきらかにしてきた。暮らしの目線でいうと、ローカル・コモンズとは、もとより人びとがそこで暮らしていくことを保障し、生活のうるおいやコミュニティの幸福につながるものである〔宮本 一九六八：二九二、宮本 一九八四：一六六〕。ローカル・コモンズ研究は、資源利用の側面にのみ限らず、地域コミュニティの内部の生活関係や経験をふまえることはもとより、コミュニティを豊かにする計画や将来に対する備えといったコミュニティによる「生活の無事」を図るためのコモンズへの働きかけをより積極的に射程に入れていく必要があるといえる。

〈注〉

（1）二〇一五年四月、国は地方自治法を一部改正し、認可地縁団体が一定期間所有（占有）していた不動産に対し、「当該不動産の登記関係者の全部又は一部の所在が知れないこと」などの条件下では、一定の手続きを経ることで認可地縁団体への所有権移転を可能とする「認可地縁団体が所有する不動産に係る登記の特例」を創設している〔山下 二〇一六：八八〕。

（2）「不動産登記簿等の所有者台帳により、所有者が直ちに判明しない、又は判明しても所有者に連絡がつかない土地」（国土交通省のこと。

（3）より正鵠を射た言い方をすると、積み重ねてきた暮らしに対するむらの人びとの信頼に、研究者である白砂が信頼を寄せている。こうした視点は、柳田國男の洞察に通ずるものである。柳田は「生存はもとより計畫的であつた。殊に子孫の爲に幸福と安全を期する意志、若しくは是に信頼する心持、是が慣習といふ形になりてあらはれるのである。同じことをして居れば、最小限度の保證がある。必ずしも變化を好まないのではないのである。從うて許されるなら奔放な改革がそこに生じて來る」〔柳田 一九三四：一六一〕と指摘している。本章では、これらの「慣習」を世代間倫理を内包した〈暮らしの領域保全〉ととらえたい。たとえば、防潮堤の構築や漁港の築造は海岸保全や漁業の振興につながるものである。海に面したむらでは、天然の入り江に石積みの波止を築き、底をさらえて船たまりを造り、繋留用具を取り付けるなど、少しずつ波止を延ばし港の設備を整えてきた。こうした場は、漁船の繋留や漁具の修理、網干場などの生産行為の他に、こどもの遊び場や主婦・老人のたまり場などになってきたという。しかしながら、港を一挙に近代的なものに変えると、コンクリートの巨大な防波堤が突き出し、海岸線は消波ブロックで遮断されるようになる。すると、こどもや老人たちは近寄らなくなる〔白砂 一九七五：二〇〕。地域住民と自然とのかかわりの喪失が自然への無関心や環境破壊につながることは、多くの論者が指摘するとおりである〔鳥越・嘉田編 一九八四、菅 二〇〇一、鳥越 二〇一二：二二九・二三一、鳥越 二〇一三〕。

（4）むろん、法律上は「入会権」の適用外ではあるものの、種付けしたモズクの半栽培や定期的に修繕を必要とした石干見などが地域住民による管理下にあったという意味において、イノーは入会権的権利を有している「入会の畑」〔多辺田 一九九〇：二四四・二四五〕といえる。

（5）三輪〔二〇一〇：一〇〇〕は、沖縄本島の入会林野を対象とし、アンダーユース状態にあるコモンズにどのような「便益」があるのかを地域住民の語りをベースに提示しており、①「後の世代の〝保険〟としての森林の保存」、②「かかわりの記憶に根ざした愛着ある場所の保存」、③「伝統的・在地的な知識や慣習に根ざした多様な生命の保存」をあげている。

（6）一九〇三（明治三六）年当時、「村」所有となった土地は、共有の性質を有する入会地である。多くの杣山などは官有となったが、日常的に利用する山林原野やため池などのコモンズは「村」所有となり、その翌年に、旧「村」の惣代や複数人の記名共有名義に移転登記している。「沖縄県土地整理法」（明治三二年法律第五九号）の第二条では「村ノ百姓地、地頭地、「オエカ」地、「ノロクモイ」地、上納田、「キナワ」畑ニシテ其ノ村ニ於テ地割セル土地ハ地割ニ依リ其ノ配當ヲ受ケタル者又ハ其ノ權利ヲ承継シタル者ノ所有トス但シ其ノ配當ヲ受クヘキ者多數ノ協議ニ依リ此ノ法律施行ノ日ヨリ一箇年以内ニ地割替ヲ為スコトヲ得」としている。

（7）二〇一七年九月二〇日、U氏への聞き取りによる。

（8）西表島を目前にする由布島は、潮流によって堆積した面積〇・一五平方キロメートルの砂の島である。二つの地番（字古見六八九番・六九〇番）からなり、島の南側にあたる六八九番には、ふるくより西表島の古見集落の（雨乞いの）御嶽があり、地目は「拝所」で「古見村」の共有地であった。北側の六九〇番は、一九〇三年以降、「竹富村」の共有地であり、シマのリーダー三人の連名登記というかたちをとっていた。というのも、当時、竹富島の住民の多くが由布島の対岸に位置する西表島のヨナラタバルの田んぼを耕していたからである。西表島には、マラリアを媒介するアノフェレス蚊が生息していたので、無病地であった由布島に田小屋を建て、寝泊まりしていた。すなわち、この島は竹富島の住民にとっては「入会宅地」とでもいえる土地であった。

（9）二〇一五年一二月一〇日、A氏への聞き取りによる。
（10）「竹富島憲章を生かす会」HPより（二〇一八年一月二一日取得。http://taketomijima.org/?page_id=36&cpage=6#comments）
（11）二〇一七年一二月二日、N氏への聞き取りによる。
（12）一九九一年の地方自治法の一部改正以降、八重山郡の公民館は、認可地縁団体として法人格を取得する傾向にあり、たとえば、石垣市では、一九九六年の伊原間公民館や新川字会による取得をさきがけとしている（『八重山毎日新聞』二〇〇一年七月五日）。
（13）二〇一七年一二月五日、U氏への聞き取りによる。
（14）二〇一七年一二月五日、U氏への聞き取りによる。
（15）二〇一七年一二月二日、Z氏への聞き取りによる。
（16）二〇一七年一二月五日、U氏への聞き取りによる。
（17）二〇一〇年八月二二日、X氏への聞き取りによる。
（18）佐治〔二〇〇四〕は、沖縄諸島の宮城島を対象とし、リスク回避を目的とした伝統的な小区画分散型の土地所有形態が石油基地建設という大規模開発の阻止につながったと指摘している。しかしながら、近代法上の土地所有権は「ハンコ」でどうとでもなる側面があり、くわえて、シマの所有観念は曖昧なところがあり、その授受はルースな性格をもっている。ゆえに、キチンとした「社会的な認知と承認にもとづくもの」〔藤村　二〇〇一：四二〕にする必要があった。その意味において、本章の名義変更の事例は、法的な手続き上のものというよりは、社会的な働きかけととらえることを主眼としている。

Feb. 15, 2024

動くグック。台風や水牛の角で崩れることがある。うまく積みなおしたら強くなる。また、夜な夜なグックをずらす人もいたという。土地をめぐった静かなるかけひきである。

終章

本書は、沖縄県の八重山諸島を研究対象とし、ローカルな生活コミュニティが暮らしを創るためにどのように土地を使用してきたのかを環境史的にあきらかにしてきた。本書で対象とした土地は、田や畑、宅地、墳墓地、池沼、保安林などに及び、土地台帳や地籍図を使用し、所有実態とその変遷を実証的に解明した。

最後に、各章を通してあきらかにしてきたファクトを総括し、土地所有の特徴と変遷やコミュニティの働きかけの特徴を考察していく。

第一節　土地所有の特徴と変遷

第一部と第二部では、通耕地や焼香地といった特殊な土地所有・利用形態をとりあげた。小さな平べったい島で暮らす人びとは「操舟に馴るゝは實に縣下第一とも云ふべきものにして恐らくは糸満人もこれには數着を輸せざるを得さるべし」といった具合に、卓越した操船技術を発達させることで島外に土地を求めてきた。たとえば、新城島では、西表島の南東部の土地をかなり大規模に所有していた。郡内にセンゴクタバルという大規模な耕地が四か所ほどあるが、そのうちのひとつ大保良田をもっていたのは新城島の住民であった。興味深いのが、西表島のなかに「村」所有の（すなわち、共有の）「宅地」をもっていたことである。離島の住民がこどもたちのために寮をつくる例はあるが、この場合は田んぼづくりのための合宿所のようなものをコミュニティがもっていたということになる。

また、西表島の北部では、鳩間島の住民が西表島の北部に土地を所有していた。新城島の事例とは少し様相が異なり、耕地がかなり広範囲にわたっている。西表島の北部村落との歴史的な因縁により、西表島のなかのフロンティアのエリアを開拓せざるをえなかったためである。鳩間節という有名な古謡のなかでは、西表島の北部村落のことをくさしつつも、西表島の北海岸一帯を「南端」と表現しており、村落のエリアが島外に及んでいることがわかる。ちなみに、こちらも「池沼」などを共有していた。これらの島々では、基本的に、西表島とつながりをもつことで暮らしを立ててきたといえる。

一方、竹富島や黒島は、さきにとりあげた新城島と鳩間島と同じく隆起サンゴ礁の島ではあるが生活条件に違いがある。前者に比べると、いくらか土地が広いため、西表島とのつながりは前者ほど強くはない。明治中頃のデータを確認すると、田んぼと畑のどちらに精力を傾けているのかという明確な差異を確認することができる。要するに、畑作に比重をおいたシマであった。

ただ、こうしたシマも、人口が増えてくると、西表島との結びつきを強化している。たとえば、人口が一〇〇〇人以上になると生活ができないという民話のある竹富島では、土地整理後の爆発的な人口増加を受けて、西表島の土地により積極的に働きかけている。かれらが対象とした土地は西表島の北東部で、もともとは古見村や高那村などの在地の村落が位置していたが、マラリアの猛威により疲弊していたため、在地の村落がもっていた土地の所有権の多くは竹富の住民に移っている。とくに、古見村のセンゴクタバルであったヨナラタバルはほぼ竹富の住民のものとなった。ヨナラタバルの東側に位置する砂でできた由布島には、マラリアを媒介するアノフェレス蚊が生息していなかったため、竹富を中心に通耕する人びとが多数の田小屋をかけていた。この土地は竹富の共有地となり、いまは、この共有地からのあがりが、コミュニティ運営の財政的基盤になっている。隆起サンゴ礁のシマでは、歴史的にマラリアの跋扈する「高い島」を資源獲得の中核とし、人口が爆発的に増えた際には、地域コミュニティが島外の各種地目を共同で所有することで暮らしの保全を図ってきたのである。

これらの四つの島は、浅いサンゴ礁海域の石西礁湖の内側や近いところに位置しているが、波照間島は外海に位置する。果ての珊瑚礁〔ウルマ〕が島の名前の由来というこの島は、ほかの四つの島とは異なり、西表島との日常的往来はかなり難しい。この島の住民にとって無主のフロンティアは、島内の絶家した家の土地であった。

島の歴史を紐解くと、複数回にわたる強制移住や、戦争マラリアなどの人口が急激に減るような契機を何度も迎えており、絶家した家の屋敷地や耕地、墓を他家が預かってきたのである。興味深いことに、こうして預かった田や畑を墓に添えられた土地という意味でパカサリィヌピテ／タナなどといった。絶家した家の墓の焼香の義務を継承するかわりに、耕地や屋敷地を預かるという仕組みである。預かる家にとっては、この限られた土地しかないシマにおいて二男や三男を分家させることができることにつながり、一方で、預けられる家にとっては、先祖の世話を誰かに託さないといけないという切実な課題の解決につながる。この二つが重なったところで「預け預かり慣行」が成立している。

村落秩序の側面からこの慣行を位置づけるならば、限られた土地のシマにおいて、特定の家の家産が増えるということは、ねたみの恰好の対象になる。絶家した家の先祖の世話をするという働きかけが「空き」の土地の土地利用の正当性につながり、ねたみの対象となることを回避することにつながるのである。波照間島では、「預け預かり慣行」をとくに活発化させることで暮らしの保全を図ってきたといえる。

第一部や第二部であきらかにしたこれらのファクトは、従来の先行研究や歴史解釈の言説と距離があり、史料の不足やいくつかのイデオロギーを背景としたものの見方に修正を図るものである。海上の往来を生活の営みのなかで描きだす作業や、祭祀筋といった民俗概念の抽出は、生活の実態からせまることで可能となったものである。

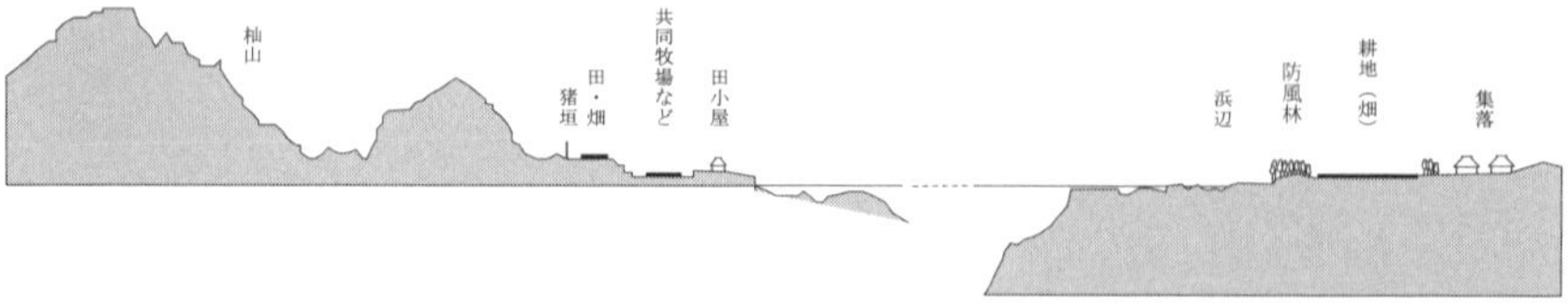

図1　隆起サンゴ礁島の村落空間モデルと水平構造

第一部と第二部では、おもに田や畑といった耕地が記述の軸であったが、つづく、第三部では、歴史的環境や自然環境などのローカル・コモンズに注目した。ここで第一部から第三部であきらかにした隆起サンゴ礁島の土地所有形態を視覚的に示したい。図1は、「高い島」を含めた隆起サンゴ礁のシマの村落空間モデルである。以下、私有度の高低という側面から説明を加える。

自らの「村」のある「低い島」では、もっとも私有度の高い屋敷の位置する集落、そしてその側に集落を守る防風林、その外側に耕地（畑）が広がる。これらの畑の多くは前近代より私有度の高い扱いを受けていた。一方、シマの外郭である海岸の防風林や砂浜、その外側に広がるイノーは共有の扱いであった。すなわち、宅地、田、畑の多くは私有度が高く、共同体的な「村」所有のものは保安林や池沼などのローカル・コモンズに限られていた。

石西礁湖の隆起サンゴ礁のシマでは、歴史的に西表島というマラリアの跋扈する「高い島」を資源獲得の中核としてきた。「低い島」の住民は、自然環境及び利用できる生態資源の偏在に対応するために、「高い島」において水稲耕作地だけではなく、田小屋や共同牧場などの各種地目を共同で所有し利用してきた。とくに、隆起サンゴ礁のシマの環境収容力を超える人口増加に対し、「高い島」との通耕関係をより強化することで対処してきた。この関係性自体は近代以前にも見られたものであり、隆起サンゴ礁のシマ固有の伝統的な暮らし方といえる。また、シマの集合的暮らしを立たせるうえで肝心となる土地は生活条件の変化に伴って可変する。したがって、シマの範域自体も伸縮するという表現も可能となる。

ここで強調しておきたいことは、隆起サンゴ礁のシマにおいて、土地整理以前の耕地割り替えは、旧村役人への奉仕田畑（オエカ田など）において認められるくらいで、そのほかの

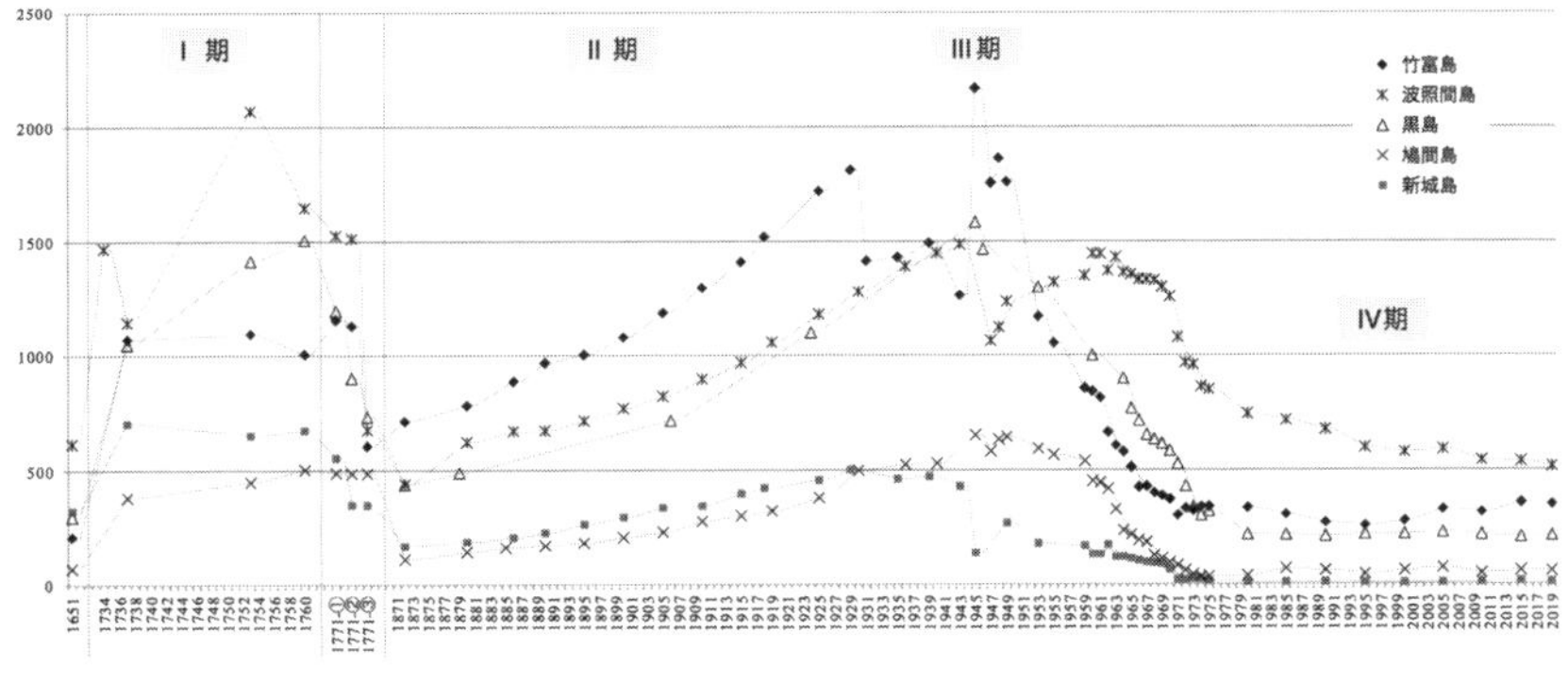

図２　隆起サンゴ礁島の人口動態（1651～2019年）
1771 - ①は津波前の人口、1771 - ②は津波後の人口、1771 - ③は津波後の寄百姓（強制的な移住）政策実施後の人口である。
竹富町の町史編集に長年携わってきた通事孝作氏による「竹富島の人口動態表」〔竹富町史編集委員会編 2011: 31-37〕、「波照間島の人口動態表」〔竹富町史編集委員会編 2018: 52-68〕、「鳩間島の人口動態表」〔竹富町史編集委員会編 2015: 34-46〕、「新城島の人口動態表」〔竹富町史編集委員会編 2013: 39-47〕を参照した。黒島に関しては、石垣市総務部市史編集室編〔1995b: 9, 70, 84〕、石垣市総務部市史編集室編〔1997: 64〕、石垣市総務部市史編集室編〔1998: 45-46〕、石垣市総務部市史編集室編〔1999: 30〕、竹富町史編集委員会町史編集室編〔1994: 290〕、竹富町史編集委員会町史編集室編〔1995: 280〕、竹富町史編集委員会町史編集室編〔1996: 348〕、竹富町史編集委員会町史編集室編〔2001: 499〕、竹富町史編集委員会町史編集室編〔2003: 744〕を参照した。また、「竹富町地区別人口動態票」を参照した。

大部分は宅地、田、畑などの私有度の高い土地や、保安林や池沼などのローカル・コモンズであった。本書では、基本的には、近代以降の土地所有の変遷を解明してきたが、土地台帳上の所有名義の変遷パターンや一九〇三（明治三六）年前後の史料（宮良當整の記した日誌や備忘録、南島踏査を行った笹森儀助の『南島探驗』などの民族誌的データなど）から、八重山においては制度的な地割の対象となった土地は極めて少数であったと結論づけることができる。

むしろ、現実にはより地域の実情に沿って、隆起サンゴ礁の島という限られた土地のなかでローカルな生活形態を創造してきた。本書でとりあげた通耕地や焼香地といった実践形態はその最たる例である。

これらの形態は、人口増減などの隆起サンゴ礁のシマにとってかなり切実な生活条件の変化の際に、その都度表出してきたものである（図２）。人口動態と関係させて検討すると、近世からの人口動態は、Ⅰ期、Ⅱ期、Ⅲ期、Ⅳ期に分けることができる。Ⅱ期は、人口が持続的に増えていく段階であり、西表島の「空き」の土地を使用することで、隆起サンゴ礁のシマの人口支持力を強化している。一方、Ⅰ期やⅢ期は、戦争や災害、移住政策などの人口減少を伴う段階であり、この際には、島内に生じた「空き」の土地を誰が利用するのかといった争点が浮かび上がるなか、「預け預かり慣行」によって生活秩序の安定化を図っている。同様に、Ⅳ期においても島内の「空き」の土地の所有者や利用方法などが争点となり、シマの憲章などを定めることにつながっている。どの段階においてもコミュニティは、生活の便宜を図る土地利用の調整や所有ルールの策定などの役割を果たしてきたといえる。

第二節　コミュニティの働きかけの特徴

これらの土地をめぐるコミュニティの働きかけの特徴をまとめると以下のとおりになる。

①共有地を持つこと

一つ目の特徴は、コミュニティは人びとの「生活の無事」を図るための共有地を持つことである。伝統的には、隆起サンゴ礁のシマの外郭である海岸の防風林や砂浜、その外側に広がるイノーは共有の扱いであった。共有地は生活条件の変化や、コミュニティの判断によっては可変的なものとなる。たとえば、シマの環境収容力を超える人口増加に対し、「高い島」のなかに田小屋や共同牧場などの各種地目を共同で所有することで、地域住民の生活の立て方を直接的にサポートしている。

また、家単位で対処することがむずかしい問題や手に余る「空き」の土地などが生じた際には、コミュニティはしばしばそれらの土地の〝守り〟を引き受けている。基本的には、地域コミュニティは、暮らしの直接的なバックアップや、地域生活の秩序維持などの生活保障を図るために共有地を持つといえる。

②あみかけの力をもつこと

コミュニティは、共有地の使用方法に対し、原則なにかしらルールを設ける。とくに、自然資源に関連するローカル・コモンズでは、その特徴が際立っている。たとえば、海の畑であったイノーでの潮干狩りや、海岸林でのソテツの実の収穫などに対し、時期的な利用規制をかけることはその典型である。こうしたコミュニティの発言力や規範などは、私有度の高かった屋敷地や耕地に対しても及ぶことがあり、伝統的なものでいうと、火事のリスクを低減させるために炊事場と母屋とを分けるといったものから、近年のものでいうと、赤瓦の集落景観を守ろうといったものまでその幅は広い。とくに、「島の土地や家などを島外者に売ったり無秩序に貸したりしない」などを基本理念とする竹富島憲章が明示した規範は、私有地に対してもかなり強いあみかけの力をもっている。二つ目の特徴は、このあみかけの力をもつことである。

第三節　暮らしの奥行と創造性

農村社会学者や農業経済学者らは、これらのプライベートな土地を含む村落内の土地に対し、村落が関与していく実態を「総有」という概念で把握してきた。この視角の特徴は「「私」の所有の基盤に潜在的に併存するムラ（共同体）の全体所有」（菅　二〇〇四：二五二）を強調するところにある。この「総有」観をクリアに明示したのが川本彰であり、「ムラ全体の土地はムラ全体のもの、オレの土地もムラ人全体のオレ達の土地であった」（川本　一九八三：二四三）と表現している。ただ、こういったとらえ方が在地の生活感覚と一致しているのか検討する余地がある。

たしかに、本書で取り扱った事例において、私有地を「シマの土地」と名指すことは少なくはないし、地割制による「実質的な家産の欠如」〔北原・安和　二〇〇一：二〇〕といった主張が無批判に流布する現状において、「総有」的なる状態は想起しやすい。しかしながら、人びとの個々の暮らしに先立つものとして基層的なレイヤーとして「総有」が存在しているのかというと疑わしい[1]。総有概念に批判的であった有賀喜左衛門は、総有を具体的に説明する資料がほとんどないことや、総有概念自体がマルクス主義的世界像自体に依拠している点を喝破している[2]〔有賀　一九六六：四八六 - 四八七〕。

そもそも在地の人びとは「総じて村の土地である」といった言葉づかいをすることはないことに気を付けておきたい。なぜなら自らの土地に対する正当性が脆弱であることを認めることにつながるからである。また、こうした不安定な権利状態は、コミュニティ内部の秩序を脅かすものとなる。本書の事例でいうと焼香地はその典型であるが、自らの土地に対する所有観念はかなり強いものがある。

「シマの土地」といった言葉づかいは、固定的な超歴史的な領土観念の表出としてとらえるのではなく、あくまで都度必要とする地域生活の便宜に基づくものであり、地域の生活者に対して納得と説得の力をもつ理屈「イディオム」〔松田　一九八九：一一五〕の表現としてある[3]。このイディオムを注意深くみると、「みんなのものだから」というホリスティックな規範的な理屈というよりは、たとえば、「土地は個人のものであっても、先祖から引き継ぎ子孫へ引き渡していくもの、自分はその中継者だという意識があれば軽々しく他者へ、ましてや地域外の手に渡るような愚は避けねばなりますまい」といった具合に、タテの生活史を含む文体として編む。

なぜなら、顔の見える共時的な関係性をもとにした「みんな」がどうだからどうだといった理屈は潜在的に個々を脅かすものとなる傾向がある一方で、個々の家などの生活史を軸にしたとき、先祖や子孫は地域のなかの存在として浮かび上がるため現世代よりは公共的な性質を帯びる[4]。コミュニティはこのあたりの「私」のなかに潜在する「共」を強調しながら、ルールや規範力を発揮していく。小さなコミュニティゆえに、「私」に対する細心の配慮は、対象によって高低ありつつも欠くことはできないのである。ある共有地をめぐって、名義を根拠に私有権を主張した家に対して、「末代までの恥」といった縦のロジックを強調し、説得に当たるのも同じ理由である。

本書でとりあげたフィールドで以下のようなことがあった。歴史的に共有地的な位置づけの「畑」があり、制度変更に伴って、一九〇四年、X1ほか十数人で登記することになった。その後、X家が長い間、実質的に土地に働きかけ、税金も払ってきた。ゆえに、X家の当主は「自分の土地」と主張しているが、地域コミュニティのリーダーらはそのことに一定の理解を示したうえで、「今はいいと、言わせとけと。X2さんが亡くなった後にこの問題は解決するから、捨てとけと」といった具合に、いわば土地への働きかけによって獲得する「所有の本源的性格にもとづく権利」〔鳥越 一九九七a〕が生じている個々の顔を立てている。過去の経緯をふまえ、一時的に棚上げするといった対処をしているのも、村落としての生活保全にさしせまる課題がない限り、いらぬ波風を立てないように腐心しているからである。

共有地ですら、そうした配慮をしている。「私」を立てながら、「共」を展開するありように顔が見えるシマの暮らしの創造性がある。

〈注〉

（1）鳥越は、土地への働きかけによって獲得する権利のことを「所有の本源的性格にもとづく権利」と名付け、総有を「本源的所有の現代版」〔鳥越 一九九七a：五六〕として位置づける。「私」的・「公」的空間の地域への埋め戻しに総有論を展開する実践的な意味のひとつがあり、本源的所有と関連づけることで総有論の根拠を補強する意図からである。しかしながら、そもそも村落内のすべての土地に村落コミュニティが働きかけ続けることは原理的に不可能である。ゆえに、「時代状況や地域により、この共同占有の発想や事実が強まったり、弱まったりする」〔鳥越 一九九七a：七〇〕といった表現になる。

（2）有賀は「しかるに従来は総有権などというような安易な説明に傾いていったが、これを具体的に説明する資料はほとんどない。入会争論において一村落が他村落に全体として対抗するというようなことは、他の村落に対する場合に共通の利害のためには当然であるが、そのことは村落の内部組織におけるいかなる関係をも語るものではない。また、この種の数村落の入会地が発生する以前の条件をも示すものではない。総有権説の根拠となるものは常に原始共産制の観念か、それと脈絡ある村落共同体の思想であって、そこでは各戸が平等であるという先入観に支配されている。それらはある一部の未開人社会の慣行やマルクにおける耕地の平等割替の慣行のようなものを先行形態として設定する世界史的発展系列によるものであるが、未開人の慣行はそれが文化人の生活にみられるような批判的発展の歴史を持つものの原始的意義を示すものでありうるか、もしくは彼らの現実生活の示すように、低度で、批判が少ないから存在しうるものなのかどうかを判定することは困難であるし、またたとえば、マルクのような耕地の平等割替は個々の家族が確立している社会結合の性格を持つ社会において可能であるから…（中略）…不明確な一般的理論の適用は特に避けられなければならない」〔有賀 一九六六：四八六 - 四八七〕と指摘する。

（3）生活環境主義の認識論からすると、生活者のエリア意識とマルクス主義的世界像である「総有」とを直接に結びつけて理解することは避けたい〔cf. 松田 一九八九：一一七〕。

（4）鳥越は「祖父・祖母世代と子どもの世代との関係は、家という枠組みを超えて」〔鳥越 二〇二三：五七〕いくことを指摘している。

あとがき

本書は、筆者の出会ってきた人びとの厚意と助力のなかで書き記すことができた記録からなる。見ていたものはその時その時おもしろいと感じたものであり、後から振り返ると、その多くはシマで生きる知恵であった。読者に、その一部でも伝わるとさいわいである。

本書は、左記のとおり発表済みの原稿を収録している。

序　章　書き下ろし

第一章　「八重山諸島の近海航海者――礁湖環境をめぐる水平統御の成立と終焉」『文化の遠近法――エコ・イマジネールⅡ』言叢社　二〇一七年三月

第二章　「子孫の絶えた家の先祖祭祀――波照間島における預かり墓と焼香地」『日本民俗学』二八五　二〇一六年二月

第三章　「地域コミュニティと無縁墓の守りの方法――沖縄県竹富町波照間の事例から」『生活環境主義のコミュニティ分析――環境社会学のアプローチ』ミネルヴァ書房　二〇一八年一〇月

第四章　「観光まちづくりをめぐる地域の内発性と外部アクター――竹富公民館の選択と大規模リゾート」『観光学評論』六（一）　二〇一八年三月

第五章　「ローカル・コモンズとしての浜辺――認可地縁団体による所有者不明土地の名義変更をめぐって」『環境社会学研究』二四　二〇一八年一二月

終　章　書き下ろし

なお、本書は、日本学術振興会科学研究費助成事業二〇二四年度研究成果公開促進費（学術図書）課題番号24HP5082の交付を受けたものである。

二〇二四年八月

藤井紘司

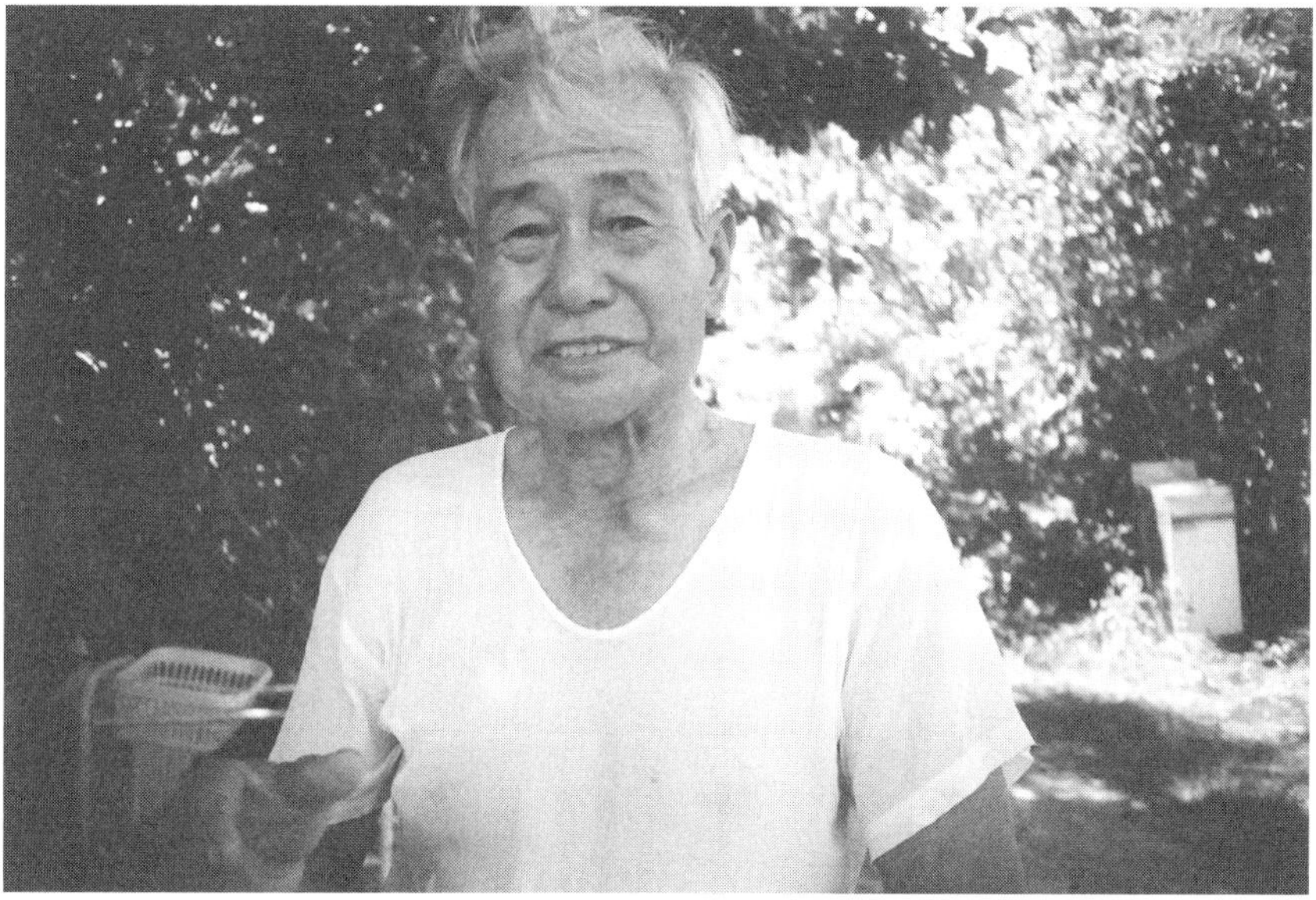

この本をあなたに捧ぐ

Sep. 10, 2023

Gaillardia pulchella

参考文献

青嶋敏（一九九四）「入会権と登記」『中日本入会林野研究会会報』一四：一六‐二四
秋道智彌（一九九五）『海洋民族学——海のナチュラリストたち』東京大学出版会
秋道智彌（二〇〇〇）「オセアニアの地域史」川田順造・大貫良夫編『生態の地域史』（地域の世界史四）山川出版社　二六八‐三〇九
秋道智彌（二〇〇四）『コモンズの人類学——文化・歴史・生態』人文書院
阿佐伊孫良（一九七九）「「竹富島の種子取」を考える」『八重山文化』七：一八‐五六
安里進（一九九八）『グスク・共同体・村——沖縄歴史考古学序説』（琉球弧叢書六）榕樹書林
安里清信（一九七七）「跳梁する妖怪」『新沖縄文学』三四：一四‐一五
安里清信（一九八一a）「金武湾の海の物語Ⅱ」『東海岸』二九：四‐六
安里清信（一九八一b）『海はひとの母である——沖縄金武湾から』晶文社
安里武信（一九七六）『新城島（パナリ）』私製
東環境・建築研究所／東利恵（設計）・オンサイト計画設計事務所（ランドスケープ）（二〇一二）「八重山の伝統集落を継承する星のや　竹富島」『新建築』八七（一五）：一〇一‐一一〇
足立重和（二〇〇四）「ノスタルジーを通じた伝統文化の継承——岐阜県郡上市八幡町の郡上おどりの事例から」『環境社会学研究』一〇：四二‐五八
天野正子（一九九六）『「生活者」とはだれか——自律的市民像の系譜』中央公論社
有賀喜左衛門（一九六六）『日本家族制度と小作制度（下）』（有賀喜左衛門著作集Ⅱ）未来社
有賀喜左衛門（一九七一）『同族と村落』（有賀喜左衛門著作集Ⅹ）未来社
淡路剛久（一九八〇）『環境権の法理と裁判』有斐閣
安渓遊地（一九七八）「西表島の稲作：自然・ヒト・イネ——伝統的生業とその変容をめぐって」『季刊人類学』九（三）：二七‐

一〇一
安渓遊地（一九八八）「高い島と低い島の交流――大正期八重山の稲束と灰の物々交換」『民族學研究』五三（一）：一‐三〇
安渓遊地（一九九八ａ）「西表島の焼畑――島びとの語りによる復元研究をめざして」『沖縄文化』八八：四〇‐六九
安渓遊地（一九九八ｂ）「西表島の焼畑　第二部――生態的諸条件とその歴史的変遷をめぐって」『沖縄文化』八九：六七‐九五
安藤光義（二〇一六）「農地・山林の不在村地主問題への対策――土地改良事業の経験から」『都市問題』一〇七（一一）：六二‐六九
安藤由美（二〇一三）「テーマ別研究動向（沖縄）」『社会学評論』六四（二）：二九四‐三〇五
イヴァン・イリイチ・玉野井芳郎（一九八二）「現代産業文明への警告」『エコノミスト』六〇（二六）：五〇‐六二
池ノ上真一（二〇一三）『竹富島における生活の持続のためのソーシャル・イノベーションに関する研究』北海道大学博士論文
石垣市総務部市史編集室編（一九八九）『石垣市史――資料編　近代三　マラリア資料集成』石垣市
石垣市総務部市史編集室編（一九九二）『与世山親方八重山島規模帳』（石垣市史叢書二）石垣市
石垣市総務部市史編集室編（一九九五ａ）『参遣状抜書　上巻』（石垣市史叢書八）石垣市
石垣市総務部市史編集室編（一九九五ｂ）『参遣状抜書　下巻』（石垣市史叢書九）石垣市
石垣市総務部市史編集室編（一九九七）『日記抜（蔵元日記）・廃藩置県時（明治一二年）の八重山』（石垣市史叢書一〇）石垣市
石垣市総務部市史編集室編（一九九八）『大波之時各村之形行書・大波寄揚候次第』（石垣市史叢書一二）石垣市
石垣市総務部市史編集室編（一九九九）『八重山島年来記』（石垣市史叢書一三）石垣市
石垣市役所編（一九八三）『石垣市史――資料編　近代四　新聞集成Ⅰ』石垣市役所
石川隆男（一九八三）「預け預かり地　あずけあずかりち」沖縄大百科事典刊行事務局編『沖縄大百科事典　上巻』沖縄タイムス社
五七
石田英一郎（一九五〇）「沖縄研究の成果と問題――巻頭のことば」『民族學研究』一五（二）：八七
磯辺俊彦（一九八五）『日本農業の土地問題――土地経済学の構成』東京大学出版会
磯辺俊彦（一九八九）「沖縄農業における［家族制度⇅土地制度］の推転過程」沖縄総合事務局農林水産部農政課『農家の土地保有・利用関係基礎調査報告書』沖縄総合事務局農林水産部農政課　五一‐七〇
稲村哲也（一九九六）「アンデスとヒマラヤの牧畜――高地適応型牧畜の家畜移動とその類型化の試み」『Tropics』五（三）：一八五‐二一一

稲村哲也（二〇〇〇）「アンデス山脈とヒマラヤ・チベット山塊」川田順造・大貫良夫編『生態の地域史』（地域の世界史四）山川出版社　二一四‐二六七

井上真（二〇〇一）「自然資源の共同管理制度としてのコモンズ」井上真・宮内泰介編『コモンズの社会学――森・川・海の資源共同管理を考える』新曜社　一‐二八

伊波普猷（一九二七）「朝鮮人の漂流記に現れた尚眞王即位當時の南島」『史學雜誌』三八（一二）：四四‐八四

今井一郎（一九八〇）「八重山群島西表島におけるイノシシ猟の生態人類学的研究」『民族學研究』四五（一）：一‐三一

西表メリ編（一九九七）『生涯を由布島と共に――米寿・生年祝記念誌　西表正治・ハツ』私製

印東道子（一九九四）「オセアニアの島嶼環境と人間居住」『Tropics』三（一）：八七‐一〇八

印東道子（二〇〇七a）「生態資源の利用と象徴化」内堀基光編『資源と人間』（資源人類学一）弘文堂　一八三‐二〇八

印東道子（二〇〇七b）「序――生態資源と象徴化」印東道子編『生態資源と象徴化』（資源人類学七）弘文堂　一三‐二三

上勢頭亨（一九七六）『竹富島誌――民話・民俗篇』法政大学出版局

上勢頭亨（一九七九）『竹富島誌――歌謡・芸能篇』法政大学出版局

上勢頭芳徳（二〇一二）「竹富島：町並み保存運動四〇年――どうして星野リゾートを受け入れたのか」沖縄大学地域研究所〈「復帰」四〇年、琉球列島の環境問題と持続可能性〉共同研究班編『琉球列島の環境問題――「復帰」四〇年・持続可能なシマ社会へ』高文研　八二‐八九

上勢頭芳徳・小林文人・前本多美子（二〇〇七）「竹富島憲章と竹富公民館（対談）」『東アジア社会教育研究』一二：一九八‐二一八

上地武昭（一九九六）「住民自治活動の拠点としての沖縄の公民館――とくに字（あざ）公民館の可能性を探る」『月刊社会教育』四九一：四二‐五〇

上野和男（一九九六）「波照間島の祖先祭祀と農村儀礼――ムシャーマ行事を中心とする盆行事の考察」『国立歴史民俗博物館研究報告』六六　一七九‐二二二

植松明石（一九九六）「沖縄における屋敷地の特定性」長谷川善計・江守五夫・肥前栄一編『家・屋敷地と霊・呪術』（シリーズ比較家族六）早稲田大学出版部　一四五‐一七五

浮田典良（一九七四）「八重山諸島における遠距離通耕」『地理学評論』四七（八）：五一一‐五二四

浮田典良（一九七六）「沖縄の地割制度」九学会連合沖縄調査委員会編『沖縄――自然・文化・社会』弘文堂　四一‐五〇

牛島巌（一九七七）「火山島と珊瑚礁（人間生態学的に）」石川榮吉編『オセアニア』（世界地誌ゼミナールⅧ）大明堂　一五〇-一六三
牛島巌（一九八七）『ヤップ島の社会と交換』弘文堂
内田司（二〇一五）「竹富島におけるツーリズムの展開と新来住者たちの移住物語（その二）――「観光化する島」・竹富島の一員となることの意味を考える」『札幌学院大学人文学会紀要』九八：四一-六二
梅木哲人（二〇〇〇）「古文書による八重山の基礎的研究」法政大学沖縄文化研究所沖縄八重山調査委員会『沖縄八重山の研究』相模書房　一一-五一
蛯原一平（二〇〇九）「沖縄八重山地方における猪垣築造の社会的背景」『歴史地理学』五一（三）：四四-六一
江守五夫（一九六三）「琉球八重山群島の社会組織――その概観と問題点」岡正雄教授還暦記念論文集編集委員会編『民族学ノート　岡正雄教授還暦記念論文集』平凡社　六三-七六
大真太郎（一九七四）『竹富島の土俗』日本ジャーナリズム出版社
大藤時彦（一九六五）「日本民俗学における沖縄研究史――とくに柳田国男の位置づけと展望」東京都立大学南西諸島研究委員会編『沖縄の社会と宗教』平凡社　五-二四
太田好信（一九九三）「文化の客体化――観光をとおした文化とアイデンティティの創造」『民族學研究』五七（四）：三八三-四一〇
大城公男（二〇一一）『八重山　鳩間島民俗誌』榕樹書林
大塚久雄（一九五五）『共同体の基礎理論――経済史総論講義案』岩波書店
大貫良夫（一九七九）「アンデス高地の環境利用――垂直統御をめぐる問題」『国立民族学博物館研究報告』三（四）：七〇九-七三三
大浜信賢（一九七一）『八重山の人頭税』三一書房
岡田光平（二〇一六）「委任の終了と認可地縁団体の登記特例制度による多数共有地の取得」『技術研究会記録』一四：三三-三六
岡正雄（一九五八）「日本文化の基礎構造」『日本民俗学の歴史と課題』（日本民俗学大系第二巻）平凡社　五-二一
沖縄県警察部（一九一一）『沖縄県統計書　明治二五年』沖縄県警察部
沖縄縣八重山嶋役所（一八九四）「沖縄縣八重山嶋統計一覧略表」東京國文社
沖縄県八重山事務所（二〇二一）『八重山要覧（令和元年度版）』沖縄県八重山事務所

沖縄タイムス社（一九四八-）『沖縄タイムス』（引用箇所は本文に記載）

小田亮（一九八七）「沖縄の「門中化」と知識の不均衡配分――沖縄本島北部・塩屋の事例考察」『民族學研究』五一（四）：三四四-三七四

小野武夫編纂（一九三二）『近世地方經濟史料　第十巻』近世地方經濟史料刊行會

オンサイト計画設計事務所／長谷川浩己（二〇一五）「星のや竹富島　ランドスケープデザイン」『JA』九八：五四-五九

笠原政治（一九八九）「沖縄の祖先祭祀――祀る者と祀られる者」渡邊欣雄編『祖先祭祀』（環中国海の民俗と文化三）凱風社　六五-九四

風間計博（二〇〇六）「環礁生態系における植物利用システムの再編成――サンゴ島の生業経済と換金作物栽培」印東道子編『環境と資源利用の人類学――西太平洋諸島の生活と文化』明石書店　六一-八三

柄木田康之（二〇〇六）「島嶼間交易における集権化と分権化――サウェイ交易をめぐる論争」印東道子編『環境と資源利用の人類学――西太平洋諸島の生活と文化』明石書店　二四一-二六三

狩俣恵一（二〇〇八）「竹富島観光の行方――星野リゾートに向き合うことの重要性」『星砂の島』一一：四-七

狩俣恵一（二〇一一）「うつぐみの島　竹富島」竹富町史編集委員会編『竹富町史――第二巻　竹富島』竹富町役場　三-九

苅谷剛彦（二〇一九）『追いついた近代　消えた近代――戦後日本の自己像と教育』岩波書店

川喜田二郎（一九六一）「ネパール・ヒマーラヤにおける二，三の生態学的観察――トルボ民族誌，その三」『民族學研究』二五（四）：一-四二

川喜田二郎（一九七七）「中部ネパールヒマラヤにおける諸文化の垂直構造――生態学的・文化史的・発展段階的の三観点を総合しての展望」『季刊人類学』八（一）：三-八〇

川崎晃稔（一九九一）『日本丸木舟の研究』法政大学出版局

川島武宜（一九八三）『慣習法上の権利一』（川島武宜著作集　第八巻）岩波書店

川本彰（一九八三）『むらの領域と農業』家の光協会

川本彰（一九八六）「ムラと土地」村落社会研究会編『村落社会研究　共通課題・土地と村落Ⅰ（第二二集）』御茶の水書房　九九-一三二

川森博司（一九九六）「ふるさとイメージをめぐる実践――岩手県遠野の事例から」清水昭俊ほか編『思想化される周辺世界』（岩波講座文化人類学一二）岩波書店　一五五-一八五

観光資源保護財団編著（一九七六）『竹富島の民家と集落――景観保全と観光活動に関する報告』観光資源保護財団
神田精輝（一九六八）『沖縄郷土歴史読本』琉球文教図書
神田嘉延（二〇〇〇）「沖縄における環境問題と自治公民館――開発をめぐる支配統制と地域民主主義の形成」『鹿児島大学教育学部研究紀要、教育科学編』五二：一二一‐一四二
岸政彦（二〇一三）『同化と他者化――戦後沖縄の本土就職者たち』ナカニシヤ出版
岸政彦・打越正行・上原健太郎・上間陽子（二〇二〇）『地元を生きる――沖縄的共同性の社会学』ナカニシヤ出版
喜舎場永珣（一九二四）『八重山島民謡誌』郷土研究社
喜舎場永珣（一九六七）『八重山民謡誌』沖縄タイムス出版部
喜舎場永珣（一九七〇）『八重山古謡　下巻』沖縄タイムス社
喜舎場永珣（一九七五）『八重山歴史』（新訂増補）国書刊行会
喜舎場永珣（一九七七）『八重山民俗誌　上巻・民俗篇』沖縄タイムス社
北原淳（一九九一）「沖縄のヤー（家）の二重的性格について」村落社会研究会編『転換期農村の主体形成』（村落社会研究二七　農村社会編成の論理と展開Ⅲ）農山漁村文化協会　二一七‐二五六
北原淳・安和守茂（二〇〇一）『沖縄の家・門中・村落』第一書房
北村喜宣（二〇一二）「「墓地に関する政策研究」に寄せて」『かながわ政策研究・大学連携ジャーナル』三：三一‐三四
京都大学建築学教室三村研究室編著（一九七六）「竹富島の民家と集落」『近代建築』三〇（九）：一七‐三六
金武湾を守る会（一九七八）『海と大地と共同の力』金武湾を守る会
熊本一規（一九九五）『持続的開発と生命系』学陽書房
来間泰男（一九九〇）『沖縄経済論批判』日本経済評論社
来間泰男（一九九一）「沖縄農業の現状と課題」『農業法研究』二六：四‐一六
孝本貢（一九九二）「共同納骨碑の造立と先祖祭祀――新潟県糸魚川市押上「百霊廟」の事例」『国立歴史民俗博物館研究報告』四一：一五一‐一七四
國書刊行會編（一九〇六）『續々群書類従第九』國書刊行會
小濱光次郎（一九九六）『鳩間島追想』私製
小林茂（一九七四）「ユーゴスラヴィアの移動牧畜」『人文地理』二六（一）：一‐三〇

小林茂（一九八四）「南西諸島の「低い島」とイネ栽培」『民博通信』二三：七七-九〇
小林茂（一九九六a）「ネパールにおけるマラリアに対する文化的・生物学的適応」『比較社会文化』二：五九-七三
小林茂（一九九六b）「十五世紀後半の南西諸島南部の土地利用と景観――『李朝実録』所載の漂流記録の分析から」丸山雍成編『前近代における南西諸島と九州――その関係史的研究』多賀出版　一六一-一八〇
小林茂（二〇〇三）『農耕・景観・災害――琉球列島の環境史』第一書房
小林茂（二〇〇四）「環境への適応」小林茂・杉浦芳夫編『人文地理学』放送大学教育振興会　九二-一〇四
小林茂（二〇〇五）「疾病にみる近世琉球列島」沖縄県文化振興会公文書管理部史料編集室編『沖縄県史――各論編四　近世』沖縄県教育委員会　五三九-五六五
小林文人（二〇〇二）「沖縄戦後史と社会教育実践――その独自性と活力」小林文人・島袋正敏編『おきなわの社会教育――自治・文化・地域おこし』エイデル研究所　一〇-二一
佐々木高明（一九七八）「『李朝実録』所載の漂流記にみる沖縄の農耕技術と食事文化」藤岡謙二郎先生退官記念事業会編『歴史地理研究と都市研究　上』大明堂　四一四-四二三
佐々木高明（二〇〇三）『南からの日本文化　上――新・海上の道』日本放送出版協会
笹森儀助（一八九四）『南島探験』私製
佐治靖（二〇〇四）「離島・農村社会の在地リスク回避と開発――宮城島における伝統的土地所有形態の分析」松井健編『沖縄列島――シマの自然と伝統のゆくえ』（島の生活世界と開発三）東京大学出版会　一五-四八
佐藤康行（二〇〇七）「アジアの共同体比較」日本村落研究学会編『むらの社会を研究する――フィールドからの発想』農山漁村文化協会　一四〇-一五二
佐渡和子（一九九〇）「沖縄における年齢階梯型村落――家連合型村落との比較」村落社会研究会編『転換期の家と農業経営』（村落社会研究二六　農村社会編成の論理と展開Ⅱ）農山漁村文化協会　一一五-一四七
敷田麻実（二〇〇九）「よそ者と地域づくりにおけるその役割にかんする研究」『国際広報メディア・観光学ジャーナル』九：七九-一〇〇
島袋伸三（一九九八）「サンゴ島の土地利用と農業――波照間島」『地域開発』四〇四：七三-七六
島袋伸三・渡久地健（二〇〇一）「サンゴ島におけるサトウキビ農業の変化――圃場整備後の波照間島の事例」『人間科学』八：一五一-一九二

白砂剛二（一九七四）「自立する農村——家畜的管理社会をさける道」『農村文化運動』五五：一-四二
白砂剛二（一九七五）「農村の生活と土地資源の再評価——現代農村計画批判」『農村文化運動』六〇：一-四四
白砂剛二（一九七六）「伝統的土地利用における海浜の価値」『環境破壊』七（一一）：一六-二一
白砂剛二（一九七九）「海浜利用の変遷とその現代的課題」『環境論叢』二：二八-三四
菅豊（二〇〇一）「コモンズとしての「水辺」——手賀沼の環境誌」井上真・宮内泰介編『コモンズの社会学——森・川・海の資源共同管理を考える』新曜社　九六-一一九
菅豊（二〇〇四）「平準化システムとしての新しい総有論の試み」寺嶋秀明編『平等と不平等をめぐる人類学的研究』ナカニシヤ出版　二四〇-二七三
杉原たまえ（一九九一）「沖縄における土地相続・利用調整の慣行特質——今帰仁村崎山集落の家族制農業の推転過程」村落社会研究会編『転換期農村の主体形成』（村落社会研究二七　農村社会編成の論理と展開Ⅲ）農山漁村文化協会　二五九-三〇七
鈴木広（一九八六）『都市化の研究——社会移動とコミュニティ』恒星社厚生閣
須藤健一（一九八四）「サンゴ礁の島における土地保有と資源利用の体系——ミクロネシア，サタワル島の事例分析」『国立民族学博物館研究報告』九（二）：一九七-三四八
須藤健一（一九八九）「ミクロネシアの土地所有と社会構造」『国立民族学博物館研究報告別冊』六：一四一-一七六
須藤健一（二〇〇八）『オセアニアの人類学——海外移住・民主化・伝統の政治』風響社
住谷一彦・クライナー・ヨーゼフ（一九七七）『南西諸島の神観念』未来社
関一敏（二〇一五）「「福の民」——ふくはくより」『文化人類学研究』一六：四-八
關雄二（二〇〇七）「ジャガイモとトウモロコシ——古代アンデス文明における生態資源の利用と権力の発生」印東道子編『生態資源と象徴化』（資源人類学七）弘文堂　二〇九-二四四
関礼子（一九九九）「この海をなぜ守るか——織田が浜運動を支えた人びと」鬼頭秀一編『環境の豊かさをもとめて——理念と運動』（講座人間と環境一二）昭和堂　一二六-一四九
高桑史子（一九八二）「八重山一島嶼社会における系譜意識の変化——過疎化による社会変容の一側面」『民族學研究』四七（二）：一五七-一八九
高崎裕士（一九七八）「発議六」『公害研究』八（二）：五五-五六
高橋明善（一九八六）「戦後日本農村の形成　解説」中田実・高橋明善・坂井達朗・岩崎信彦編『農村　リーディングス日本の社会学　六』

東京大学出版会
高良倉吉（一九八七）『琉球王国の構造』吉川弘文館
高良倉吉（一九八二）「近世末期の八重山統治と人口問題――翁長親方仕置とその背景」『沖縄史料編集所紀要』七：一‐四五
竹田旦（一九七六）「先祖祭祀――とくに位牌祭祀について」九学会連合沖縄調査委員会編『沖縄――自然・文化・社会』弘文堂
一六五‐一八〇
竹田旦（一九九〇）『祖霊祭祀と死霊結婚――日韓比較民俗学の試み』人文書院
竹田聴洲（一九五七）『祖先崇拝――民俗と歴史』平楽寺書店
竹富町史編集委員会編（二〇一一）『竹富町史――第二巻　竹富島』竹富町役場
竹富町史編集委員会編（二〇一三）『竹富町史――第五巻　新城島』竹富町役場
竹富町史編集委員会編（二〇一五）『竹富町史――第六巻　鳩間島』竹富町役場
竹富町史編集委員会編（二〇一八）『竹富町史――第七巻　波照間島』竹富町役場
竹富町史編集委員会町史編集室編（一九九四）『竹富町史――第一一巻　資料編　新聞集成Ⅰ』竹富町役場
竹富町史編集委員会町史編集室編（一九九五）『竹富町史――第一一巻　資料編　新聞集成Ⅱ』竹富町役場
竹富町史編集委員会町史編集室編（一九九六）『竹富町史――第一二巻　資料編　戦争体験記録』竹富町役場
竹富町史編集委員会町史編集室編（二〇〇一）『竹富町史――第一一巻　資料編　新聞集成Ⅳ』竹富町役場
竹富町史編集委員会町史編集室編（二〇〇二）『竹富町史――第一〇巻　資料編　近代二』竹富町役場
竹富町史編集委員会町史編集室編（二〇〇三）『竹富町史――第一一巻　資料編　新聞集成Ⅴ』竹富町役場
竹富町史編集委員会町史編集室編（二〇〇四）『竹富町史――第一一巻　資料編　新聞集成Ⅵ』竹富町役場
竹富町史編集委員会町史編集室編（二〇〇五）『竹富町史――第一〇巻　資料編　近代一　竹富島喜宝院蒐集館文書』竹富町役場
竹富町史編集委員会町史編集室編（二〇〇六）『竹富町史――第一〇巻　資料編　近代三　新城村頭の日誌』竹富町役場
田代安定（一八八五a）「八重山島管内西表島仲間村巡検統計誌」国文学研究資料館所蔵
田代安定（一八八五b）「八重山島管内宮良間切鳩間島巡検統計誌」国文学研究資料館所蔵
谷沢明（二〇一〇a）「一九七〇年代前期の開発と保存に関する動向――沖縄県竹富島における観光文化研究（一）」『愛知淑徳大学論集　現代社会学部・現代社会研究科篇』一五：一七‐三五
谷沢明（二〇一〇b）「一九八〇年代の集落保存に関する動向――沖縄県竹富島における観光文化研究（二）」『愛知淑徳大学現代社

会研究科研究報告』五：一一-二八

谷富夫（一九八九）『過剰都市化社会の移動世代――沖縄生活史研究』（広島女子大学地域研究叢書一〇）渓水社

谷富夫（二〇一四）「沖縄的なるものを検証する」谷富夫・安藤由美・野入直美編『持続と変容の沖縄社会――沖縄的なるものの現在』ミネルヴァ書房　二-二二

多辺田政弘（一九九〇）『コモンズの経済学』学陽書房

多辺田政弘（二〇〇一）「コモンズ論――沖縄で玉野井芳郎が見たもの」エントロピー学会編『「循環型社会」を問う――生命・技術・経済』藤原書店　二四四-二六四

玉野井芳郎（一九七七）『地域分権の思想』東洋経済新報社

玉野井芳郎（一九八五）「コモンズとしての海――沖縄における入浜権の根拠」『南島文化研究所所報』二七：一-三

玉村和彦（一九七四）「竹富島（沖縄）にみる観光地化への軌跡」『同志社商学』二五（四・六）：五六五-五八六

田村浩（一九二七）『琉球共産村落之研究』岡書院

多良間村史編集委員会編（一九九三）『多良間村史――第四巻　資料編三（民俗）』多良間村

近森正（一九八八）『サンゴ礁の民族考古学――レンネル島の文化と適応』雄山閣出版

近森正・塩崎豊（二〇〇八）「生存のための伝統――ナサウ島をめぐる領有問題」近森正編『サンゴ礁の景観史――クック諸島調査の論集』慶應義塾大学出版会　二四五-二八二

千葉徳爾（一九七〇）「沖縄・八重山諸島のイノシシとその狩猟」『愛知大學文學論叢』四四：一二九-一五三

千葉徳爾（一九七二）「八重山諸島におけるマラリアと住民」『地理学評論』四五（七）：四六一-四七四

辻弘（一九八五）『竹富島いまむかし』辻理容所

坪井洋文（一九八六）『民俗再考――多元的世界への視点』日本エディタースクール出版部

鶴見和子（一九九八）『魂の巻――水俣・アニミズム・エコロジー』（鶴見和子曼荼羅Ⅵ）藤原書店

得能壽美（二〇〇七）『近世八重山の民衆生活史――石西礁湖をめぐる海と島々のネットワーク』榕樹書林

戸谷修（一九九五）「産業構造と就業構造の変動」山本英治・高橋明善・蓮見音彦編『沖縄の都市と農村』東京大学出版会　五一-九三

鳥取県八頭総合事務所県土整備局（二〇一二）「補償事例　多数共有地の土地の取得に際し、認可地縁団体が訴訟手続きにより登記名義変更を行い、解決を図った事例」『用地ジャーナル』二一（三）：八-一四

鳥越皓之（一九八二）『トカラ列島社会の研究――年齢階梯制と土地制度』御茶の水書房
鳥越皓之（一九八八）「実践の学としての有賀理論――国学・日本民俗学から社会学への流れ」柿崎京一・黒崎八洲次良・間宏編『有賀喜左衛門研究――人間・思想・学問』御茶の水書房
鳥越皓之（一九八九）「経験と生活環境主義」鳥越皓之編『環境問題の社会理論――生活環境主義の立場から』御茶の水書房　一三-五三
鳥越皓之（一九九四a）『地域自治会の研究――部落会・町内会・自治会の展開過程』ミネルヴァ書房
鳥越皓之（一九九四b）「有賀喜左衛門――その研究と方法」瀬川清子・植松明石編『日本民俗学のエッセンス――日本民俗学の成立と展開（増補版）』ぺりかん社
鳥越皓之（一九九七a）『環境社会学の理論と実践――生活環境主義の立場から』有斐閣
鳥越皓之（一九九七b）「コモンズの利用権を享受する者」『環境社会学研究』三：五-一四
鳥越皓之（二〇〇二）『柳田民俗学のフィロソフィー』東京大学出版会
鳥越皓之（二〇一〇a）「まえがき――パートナーシップと開発・発展」鳥越皓之編『霞ヶ浦の環境と水辺の暮らし――パートナーシップ的発展論の可能性』早稲田大学出版部　三-七
鳥越皓之（二〇一〇b）「パートナーシップ的発展論の可能性」鳥越皓之編『霞ヶ浦の環境と水辺の暮らし――パートナーシップ的発展論の可能性』早稲田大学出版部　二三三-二四九
鳥越皓之（二〇一二）『水と日本人』岩波書店
鳥越皓之（二〇一三）「都市化と自然の破壊――春の小川はどうなったのか」鳥越皓之編『自然利用と破壊――近現代と民俗』（環境の日本史五）吉川弘文館　五三-七三
鳥越皓之（二〇一四）「東日本大震災以降の社会学的実践の模索――家・ムラ論をふまえてのコモンズ論から」『社会学評論』六五（一）：二-一五
鳥越皓之（二〇二三）『村の社会学――日本の伝統的な人づきあいに学ぶ』筑摩書房
鳥越皓之・嘉田由紀子編（一九八四）『水と人の環境史――琵琶湖報告書』御茶の水書房
中尾英俊編（一九七三）『沖縄県の入会林野』沖縄県
中川千草（二〇〇八）「浜を「モリ（守り）」する」山泰幸・川田牧人・古川彰編『環境民俗学――新しいフィールド学へ』昭和堂　八〇-九九

中筋由紀子（二〇〇六）『死の文化の比較社会学――「わたしの死」の成立』梓出版社

仲地宗俊（一九八九）『南西諸島における農地相続慣行と農地の所有構造に関する研究』（研究代表者：仲地宗俊　一九八六年度〜一九八八年度科学研究費補助金〈一般研究（C）〉研究成果報告書［研究課題番号六一五六〇二五〇］）

仲地宗俊（一九九四）「沖縄における農地の所有と利用の構造に関する研究」『琉球大学農学部学術報告』四一：一‐一二六

仲地哲夫（二〇〇二）「近世中期における八重山諸島の村落と寄百姓――西表島東部の各村落と周辺離島との関係を中心に」『南島文化』二四：一九‐二六

中田実（一九八六）「概説　日本の社会学　農村」中田実・高橋明善・坂井達朗・岩崎信彦編『農村　リーディングス日本の社会学　六』東京大学出版会

中根千枝（一九六二）「南西諸島の社会組織序論」『民族學研究』二七（一）：三三五‐三四〇

中野卓（一九六六）「『むら』の解体」（共通課題）の論点をめぐって」村落社会研究会編『村落社会研究　第二集』塙書房　二五五‐二八二

永野由紀子（二〇一八）「イエの継承・ムラの存続」日本村落研究学会編『イエの継承・ムラの存続――歴史的変化と連続性・創造（年報　村落社会研究　第五四集）』農山漁村文化協会　一三‐三七

仲松彌秀（一九四二）「琉球列島に於けるマラリア病の地理學的研究」『地理學評論』一八：三一九‐三四三

中村尚司・鶴見良行編（一九九五）『コモンズの海――交流の道、共有の力』学陽書房

仲吉朝助（一八九五）『八重山島農業論』大日本農会

仲吉朝助（一九二八ａ）「琉球の地割制度」『史學雑誌』三九（五）：四四一‐四六六

仲吉朝助（一九二八ｂ）「琉球の地割制度（第二回）」『史學雑誌』三九（六）：五七八‐六〇二

仲吉朝助（一九二八ｃ）「琉球の地割制度（第三回）」『史學雑誌』三九（八）：七九七‐八三〇

西山徳明・池ノ上真一（二〇〇四）「地域社会による文化遺産マネジメントの可能性――竹富島における遺産管理型ＮＰＯの取り組み」『国立民族学博物館調査報告』五一：五三‐七五

日本史料集成編纂会編（一九七九）『中國・朝鮮の史籍における日本史料集成――李朝實録之部四』国書刊行会

日本土地法学会編（一九七六）『近代的土地所有権・入浜権』（土地問題双書六）有斐閣

野入直美（二〇一四）「本土移住と沖縄再適応」谷富夫・安藤由美・野入直美編『持続と変容の沖縄社会――沖縄的なるものの現在』ミネルヴァ書房　一二三‐四四

農政調査委員会（一九七六）『沖縄の農業・土地問題』（日本の農業――あすへの歩み一〇六・一〇七）農政調査委員会
野本寛一（一九八四）『焼畑民俗文化論』雄山閣出版
野本寛一（一九八七）『生態民俗学序説』白水社
花井正光（二〇〇三）「シシ垣を掘り起こしてみよう！第六回　亜熱帯の島の多様な猪垣――西表島の地域文化財としての猪垣とその活用の意義」『地理』四八（五）：九四‐一〇一
花崎皋平（二〇〇六）「沖縄がはらむ民衆思想――ピープルネス・サブシステンス・スピリチュアリティ」新崎盛暉・比嘉政夫・家中茂編『地域の自立 シマの力（下）――沖縄から何を見るか 沖縄に何を見るか』（沖縄大学地域研究所叢書七）コモンズ　一〇六‐一二八
花城良廣・盛口満（二〇一〇）「鳩間島・海上を通う田仕事」安渓遊地・盛口満編『田んぼの恵み――八重山のくらし』（聞き書き・島の生活誌三）ボーダーインク　八七‐九八
比嘉徳（一九一〇）『八重山郡誌』私製
平良市史編さん委員会編（一九八一）『平良市史――第三巻　資料編一　前近代』平良市役所
藤岡和佳（二〇〇一）「村落の歴史的環境保全施策――沖縄県竹富島の町並み保存の事例から」『村落社会研究』七（二）：二五‐三六
藤村美穂（二〇〇一）「「みんなのもの」とは何か――むらの土地と人」井上真・宮内泰介編『コモンズの社会学――森・川・海の資源共同管理を考える』新曜社　三二‐五四
法政大学沖縄文化研究所（二〇〇五）『琉球八重山嶋取調書　全Ⅱ』（沖縄研究資料二二）法政大学沖縄文化研究所
星野リゾート（二〇一〇a）「（二〇一〇年七月九日）新たに運営を予定している施設の進行状況を更新しました。」（最終閲覧日二〇一七年三月一六日）
星野リゾート（二〇一〇b）「（二〇一〇年七月二六日）竹富島計画　二〇一二年夏前開業予定」（最終閲覧日二〇一七年三月一六日）
星野佳路・山本恵久（二〇一二）「観光事業で地域経済に貢献する――星野リゾートの星野佳路代表取締役社長」『日経アーキテクチュア』九七八：五四‐五六
毎日新聞社（一九四三‐）『毎日新聞』（引用箇所は本文に記載）
牧野篤（二〇一八）『公民館はどう語られてきたのか』（小さな社会をたくさんつくる 一）東京大学出版会
牧野清（一九七二）『新八重山歴史』私製

真島俊一（一九七九）「竹富島」日本生活学会編『生活学　第五冊』ドメス出版　一五〇‐一八七
松井健（二〇〇一）『遊牧という文化――移動の生活戦略』吉川弘文館
松下竜一（一九七六）「入浜権と明神の海」『環境破壊』七（一）：五二‐五四
松下竜一（一九七八）「発議五」『公害研究』八（二）：五四‐五五
松田武雄（二〇〇二）「沖縄の集落（字）公民館」小林文人・島袋正敏編『おきなわの社会教育――自治・文化・地域おこし』エイデル研究所　三五‐三七
松田素二（一九八九）「必然から便宜へ――生活環境主義の認識論」鳥越皓之編『環境問題の社会理論――生活環境主義の立場から』御茶の水書房　九三‐一三二
松田素二（一九九七）「植民地文化における主体性と暴力――西ケニア、マラゴリ社会の経験から」山下晋司・山本真鳥編『植民地主義と文化――人類学のパースペクティブ』新曜社　二七六‐三〇六
松田素二・古川彰（二〇〇三）「観光と環境の社会理論――新コミュナリズムへ」古川彰・松田素二編『観光と環境の社会学』新曜社　二一一‐二三九
松原治郎（一九七六）「沖縄農村の社会学的研究」九学会連合沖縄調査委員会編『沖縄――自然・文化・社会』弘文堂　五五三‐五五七
馬淵東一（一九六五）「波照間島その他の氏子組織」『日本民俗学会報』四一：一‐一一
三木健（一九八〇）『八重山近代民衆史』三一書房
三俣学（二〇〇八）「コモンズ論再訪――コモンズの源流とその流域への旅」井上真編『コモンズ論の挑戦――新たな資源管理を求めて』新曜社　四五‐六〇
三俣学・菅豊・井上真（二〇一〇）「実践指針としてのコモンズ論――協治と抵抗の補完戦略」三俣学・菅豊・井上真編『ローカル・コモンズの可能性――自治と環境の新たな関係』ミネルヴァ書房　一九七‐二一七
宮城能彦（二〇一六）「沖縄村落社会研究の動向と課題――共同体像の形成と再考」『社会学評論』六七（四）三六八‐三八二
宮澤智士（一九八七）「竹富島の家造到来帳（解説）」『普請研究』二二：九五‐一一二
宮西郁美（二〇〇五）「波照間島ユイマールにみる協同労働組織の実態と新たな機能」『農業経済研究』七七（一）：三六‐四六
宮本常一（一九六七）『日本の中央と地方』（宮本常一著作集　第二巻）未来社
宮本常一（一九六八）『ふるさとの生活・日本の村』（宮本常一著作集　第七巻）未来社

宮本常一（一九七五）『旅と観光』（宮本常一著作集　第一八巻）未来社
宮本常一（一九八四）『民俗のふるさと』（宮本常一著作集　第三〇巻）未来社
宮良高弘（一九七二）『波照間島民俗誌』木耳社
三輪大介（二〇一〇）「入会における利用形態の変容と環境保全機能――入会地の〝保存型〟利用に関する考察」『環境社会学研究』一六：九四－一〇八
三輪大介・室田武（二〇一〇）「沖縄県「海浜条例」と入浜権運動――入浜権運動の現代的意義と課題」『居住福祉研究』一〇：五二－六五
村武精一（一九七〇）「日・琉祖先祭祀からみた系譜関係の塑形性――いわゆる〈半檀家〉・〈入墓制〉などの民俗慣行から」論文集刊行委員会編『民族学からみた日本　岡正雄教授古稀記念論文集』河出書房新社　一一五－一三四
村武精一（一九七五）『神・共同体・豊穣――沖縄民俗論』未来社
村武精一（一九七六）「沖縄民俗文化の社会的・象徴的秩序――親族・村落・異人」九学会連合沖縄調査委員会編『沖縄――自然・文化・社会』弘文堂　三六七－三七三
室田武（一九七九）『エネルギーとエントロピーの経済学――石油文明からの飛躍』東洋経済新報社
目崎茂和（一九七八）「沖縄における地域」『地理』二三（一〇）：一八－二五
目崎茂和（一九八〇）「琉球列島における島の地形的分類とその帯状分布」『琉球列島の地質学研究』五：九一－一〇一
目崎茂和（一九八五）『琉球弧をさぐる』沖縄あき書房
森賢吾・鈴木繁編（一九〇三）『沖縄法制史』大蔵省
森謙二（二〇〇五）『少子高齢社会における墓地及び墳墓承継に関する法社会学的研究』私製
森田真也（一九九七）「観光と「伝統文化」の意識化――沖縄県竹富島の事例から」『日本民俗学』二〇九：三三－六五
八重山毎日新聞社（一九五〇－）『八重山毎日新聞』（引用箇所は本文に記載）
八重山タイムス社（一九四七－一九六七）『八重山タイムス』（引用箇所は本文に記載）
安村克己（二〇一〇）「観光社会学における実践の可能性――持続可能な観光と観光まちづくりの研究を事例として」遠藤英樹・堀野正人編『観光社会学のアクチュアリティ』晃洋書房　一〇二－一二二
家中茂（一九九六）「新石垣空港建設計画における地元の同意」日本村落研究学会編『川・池・湖・海　自然の再生　二一世紀への視点（年報　村落社会研究　第三二集）』農山漁村文化協会　二一一－二三七

家中茂（二〇〇一）「石垣島白保のイノー――新石垣空港建設計画をめぐって」井上真・宮内泰介編『コモンズの社会学――森・川・海の資源共同管理を考える』新曜社　一二〇－一四一
家中茂（二〇〇二）「生成するコモンズ――環境社会学におけるコモンズ論の展開」松井健編『開発と環境の文化学――沖縄地域社会変動の諸契機』榕樹書林　八一－一一二
家中茂（二〇〇六）「実践としての学問、生き方としての学問――解題と論点の整理」新崎盛暉・比嘉政夫・家中茂編『地域の自立シマの力（下）――沖縄から何を見るか　沖縄に何を見るか』（沖縄大学地域研究所叢書七）コモンズ　七－五七
家中茂（二〇〇九ａ）「コミュニティと景観――竹富島の町並み保全」鳥越皓之・家中茂・藤村美穂『景観形成と地域コミュニティ――地域資本を増やす景観政策』農山漁村文化協会　七一－一一九
家中茂（二〇〇九ｂ）「開発と景観――新空港建設・大型リゾートホテル開発・文化財保護」鳥越皓之・家中茂・藤村美穂『景観形成と地域コミュニティ――地域資本を増やす景観政策』農山漁村文化協会　一六五－二一二
柳田國男（一九三四）『民間傳承論』（現代史學大系七）共立社書店
柳田國男（一九六二（一九一〇））『時代ト農政』（『定本柳田國男集』第一六巻　筑摩書房　一－一六〇）
柳田國男（一九六二（一九二八））『雪國の春』（『定本柳田國男集』第二巻　筑摩書房　一－一三六）
柳田國男（一九六二（一九四六））『先祖の話』（『定本柳田國男集』第一〇巻　筑摩書房　一－一五二）
柳田國男（一九六三（一九三一））『明治大正史　世相篇』（『定本柳田國男集』第二四巻　筑摩書房　一二七－四一四）
矢野敬生・中村敬・山崎正矩（二〇〇二）「沖縄八重山群島・小浜島の石干見」『早稲田大学人間科学研究』一五（一）：四七－八三
山口景子（一九九二ａ）「沖縄県八重山群島でのかよい耕作が島の生計維持システムとマラリアに対する行動的適応に与えた影響」『民族衛生』五八（四）：二三五－二四五
山口景子（一九九二ｂ）「沖縄県八重山群島におけるマラリア流行と人口変動」『民族衛生』五八（六）：三〇七－三一九
山口徹（二〇〇九）「「高い島」と「低い島」――歴史生態学の視点から」吉岡政徳監修『オセアニア学』京都大学学術出版会　一一七－一三一
山下詠子（二〇〇八）「所有形態からみた入会林野の現状――長野県北信地域を事例として」井上真編『コモンズ論の挑戦――新たな資源管理を求めて』新曜社　九六－一一六
山下詠子（二〇一一）『入会林野の変容と現代的意義』東京大学出版会
山下詠子（二〇一六）「多数共有地の現状と認可地縁団体制度――入会林野を例に」『都市問題』一〇七（一一）：八一－九〇

山城善三・上勢頭亨編（一九七一）『おきなわのふるさと竹富島』八重山群竹富町字竹富公民館
山城千秋（二〇〇六）「戦後沖縄の公民館の歩みと課題——公民館研究覚書（沖縄研究）」『東アジア社会教育研究』一一：一〇六-一一八
山村哲史（二〇〇三）「都市—農村関係の変容——京都府大江町の棚田交流」古川彰・松田素二編『観光と環境の社会学』新曜社 三一-五二
山本紀夫（一九八〇）「中央アンデス南部高地の環境利用——ペルー，クスコ県マルカパタの事例より」『国立民族学博物館研究報告』五（二）：一二二-一八九
与那国暹（一九七六）「沖縄村落の社会的特質——沖縄農村の自作農的性格を中心に」九学会連合沖縄調査委員会編『沖縄——自然・文化・社会』弘文堂 五六八-五七四
与那国暹（一九七九）「沖縄の村落共同体について——アジア的形態試論」田村浩（与那国暹編）『沖縄の村落共同体論』至言社 三〇七-三四〇
与那国暹（一九九四）『ウェーバーの社会理論と沖縄』早稲田大学
琉球新報社（一八九三-）『琉球新報』（引用箇所は本文に記載）
琉球政府編（一九六八）『沖縄県史——第二一巻 資料編一一 旧慣調査資料』琉球政府
琉球政府編（一九七〇）『沖縄県史——第二巻 各論編一』琉球政府
琉球大学民俗研究クラブ（一九六五）「八重山 竹富島調査報告」『沖縄民俗』一〇：二七-一一九
若林敬子（二〇〇九）『沖縄の人口問題と社会的現実』東信堂
渡部忠世（一九九〇）「宝満神社の赤米と踏耕——オーストロネシア的稲作の北上」大林太良著者代表『隼人世界の島々』（海と列島文化五）小学館 三七八-四〇四
渡邊欣雄（一九八五）『沖縄の社会組織と世界観』新泉社
渡邊欣雄（一九九〇）『民俗知識論の課題——沖縄の知識人類学』凱風社
Alkire, W. H. (1965) Lamotrek Atoll and Inter-Island Socioeconomic Ties. University of Illinois Press.
Alkire, W. H. (1978) Coral Islanders. AHM Publishing.
Balée, W. (2006) "The Research Program of Historical Ecology", Annual Review of Anthropology. 35: 75-98.
Balée, W. ed. (1998) Advances in Historical Ecology. Columbia University Press.

Brown, P. J., (1981) "Cultural Adaptations to Endemic Malaria in Sardinia", Medical Anthropology, 5(3): 313-339.
Geertz, C., (1963) Agricultural Involution: The Processes of Ecological Change in Indonesia, University of California Press.（＝二〇〇一『インボリューション――内に向かう発展』（池本幸生訳）NTT 出版）
Goodenough, W. H., (1957) "Oceania and the Problem of Controls in the Study of Cultural and Human Evolution", The Journal of the Polynesian Society, 66(2): 146-155.
Kaplan, S., (1976) "Ethnological and Biogeographical Significance of Pottery Sherds from Nissan Island, Papua New Guinea", Fieldiana, Anthropology, 66(3): 35-89.
Kirch, P. V., (1980) "Polynesian Prehistory: Cultural Adaptation in Island Ecosystems: Oceanic Islands Serve as Archaeological Laboratories for Studying the Complex Dialectic between Human Populations and their Environments", American Scientist, 68(1): 39-48.
Kirch, P. V. and Hunt. T. L. eds., (1997) Historical Ecology in the Pacific Islands: Prehistoric Environmental and Landscape Change, Yale University Press.
Lessa, W. A., (1950) "Ulithi and the Outer Native World", American Anthropologist, 52(1): 27-52.
Malinowski, B. K., (1922) Argonauts of the Western Pacific: An Account of Native Enterprise and Adventure in the Archipelagoes of Melanesian New Guinea, G. Routledge & Sons, ltd.; E.P. Dutton & Co.（＝一九六七「西太平洋の遠洋航海者――メラネシアのニュー・ギニア群島における、原住民の事業と冒険の報告」（寺田和夫・増田義郎訳／泉靖一責任編集）『マリノフスキー／レヴィ＝ストロース』（世界の名著五九）中央公論社　五五 - 三四二）
Murra, J. V., (1972) "El Control Vertical de un Máximo de Pisos Ecológicos en la Economía de las Sociedades Andinas", Formaciones Económicas y Políticas del Mundo Andino, Instituto de Estudios Peruanos, 59-113.（＝一九九九「多様な環境の垂直統御――アンデス社会の経済」（溝田のぞみ・山本紀夫抄訳）『エコソフィア』四：八九 - 九九）
Orlove, B. S., (1980) "Ecological Anthropology", Annual Review of Anthropology, 9: 235-273.
Ouwehand, C., (1985) Hateruma: Socio-Religious Aspects of a South-Ryukyuan Island Culture, E. J. Brill.（＝二〇〇四『Hateruma――波照間：南琉球の島嶼文化における社会＝宗教的諸相』（中鉢良護訳）榕樹書林）
Redfield, R., (1956) The Little Community and Peasant Society and Culture, University of Chicago Press.
Sahlins, M. D., (1958) Social Stratification in Polynesia, University of Washington Press.

Sahlins, M. D., (1962) Moala: Culture and Nature on a Fijian Island, University of Michigan Press.

Sahlins, M. D., (1972) Stone Age Economics, Aldine.（＝一九八四『石器時代の経済学』（山内昶訳）法政大学出版局）

Sandel, M. J., (2007) The Case against Perfection: Ethics in the Age of Genetic Engineering, Belknap Press of Harvard University Press.（＝二〇一〇『完全な人間を目指さなくてもよい理由——遺伝子操作とエンハンスメントの倫理』（林芳紀・伊吹友秀訳）ナカニシヤ出版）

Smith, V. L., (1977) Hosts and Guests: The Anthropology of Tourism, University of Pennsylvania Press.

ＴＥＭ研究所（一九七七）「二棟造りの間取りと使い方」『季刊民族学』一（二）：一〇二‐一一二

Terrell, J., (1986) Prehistory in the Pacific Islands: A Study of Variation in Language, Customs, and Human Biology, Cambridge University Press.

Thomas, W. L. Jr., (1965) "The Variety of Physical Environments among Pacific Islands", Fosberg, F. R. ed., Man's Place in the Island Ecosystem, Bishop Museum Press, 7-37.

■ 著者プロフィール

藤井 紘司（ふじい・こうじ）

1982年、広島県広島市生まれ。

早稲田大学大学院人間科学研究科博士課程修了。博士（人間科学）。

現在、千葉商科大学人間社会学部准教授。

専攻は環境社会学・民俗学。

おもな論文に、「CSR型エシカル・ツーリズムの探求：沖縄県八重山郡の事例から」（『日本観光研究学会全国大会学術論文集』37、2022）、「水俣の踊るネコの〈命〉学：狂猫と神猫とのあわいに」（『BIOSTORY：人と自然の新しい物語』37、2022）、「歴史文化保護区内の胡同の現状：中国北京市の都市計画と路地ツーリズムとのあわいに」（『比較文化研究』136、2019）、「種子どりとにぎりめし：シラを舞台とした季節儀礼の比較研究から」（『沖縄文化研究』46、2019）、「沖縄・波照間島のある家の旧盆〔ソーロン〕の場と生活史：作法としての先祖祭祀」（『人間科学研究』28（2）、2015）、「坪井理論における民俗把握の方法：交流の民俗学にむけて」（『現代民俗学研究』5、2013）など。

隆起《りゅうき》サンゴ礁島《しょうとう》の環境史《かんきょうし》
沖縄《おきなわ》・八重山諸島《やえやましょとう》の地域《ちいき》コミュニティと土地制度《とちせいど》

二〇二四年十一月三十日　第一刷発行

著　者　藤井紘司
発行者　向原祥隆
発行所　株式会社 南方新社
〒八九二―〇八七三
鹿児島市下田町二九二―一
電話 〇九九―二四八―五四五五
振替口座 〇二〇七〇―三―二七九二九
URL http://www.nanpou.com/
e-mail info@nanpou.com

印刷・製本　シナノ書籍印刷株式会社
定価はカバーに表示しています
乱丁・落丁はお取り替えします
ISBN978-4-86124-520-6 C0040

琉球列島のフクギ並木

陳 碧霞著、A5 判、264 ページ（カラー口絵 8 ページ）、定価（本体 4,300 円＋税）

300 年前、祭温の時代から続くフクギ屋敷林を未来へつなぐ

沖縄では、かつてほとんどの集落で屋敷林としてフクギ並木が見られた。
ハヂチやジーファーが沖縄の精神文化を象徴するように、
フクギ屋敷林は沖縄の暮らしの原風景である。
その歴史は、300 年前、琉球王国の三司官蔡温の時代に遡る。

著者は、3 万本の毎木調査、東南アジア・東アジアでの分布と
利用状況の比較をはじめ、あらゆる角度からフクギを追究した。
本書は、消滅しつつあるフクギ屋敷林を未来へつなぐ再評価の試みである。

ご注文は、お近くの書店か直接南方新社まで（送料無料）
書店にご注文の際は必ず「地方小出版流通センター扱い」とご指定下さい。